流域水生态保护修

乡村小微湿地保护修复模式

主　编　安树青
副主编　鲍达明　袁兴中
　　　　陈永华　张轩波

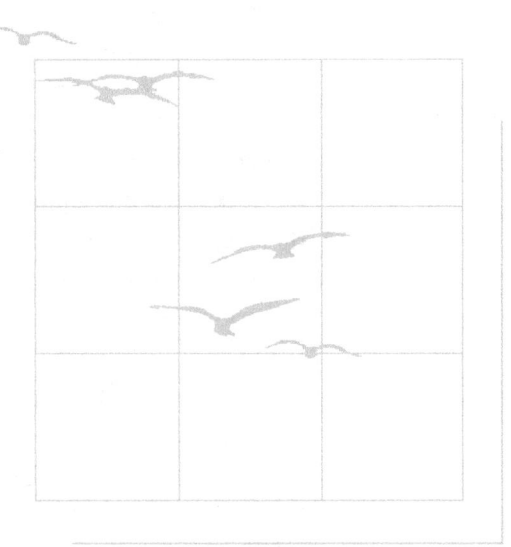

南京大学出版社

图书在版编目（CIP）数据

乡村小微湿地保护修复模式／安树青主编.—南京：南京大学出版社，2025.5.—（流域水生态保护修复丛书／安树青主编）.-- ISBN 978-7-305-28595-0

Ⅰ.P941.78

中国国家版本馆 CIP 数据核字第 20259V3M41 号

出版发行	南京大学出版社		
社　　址	南京市汉口路 22 号	邮　　编	210093

丛 书 名　流域水生态保护修复丛书

书　　名　**乡村小微湿地保护修复模式**
　　　　　XIANGCUN XIAOWEI SHIDI BAOHU XIUFU MOSHI

主　　编　安树青

责任编辑　范阳阳　　　　　　　　　　编辑热线　025-83595840

照　　排　南京开卷文化传媒有限公司

印　　刷　苏州市古得堡数码印刷有限公司

开　　本　718 mm×1000 mm　1/16　印张 23.5　字数 458 千

版　　次　2025 年 5 月第 1 版　2025 年 5 月第 1 次印刷

ISBN 978-7-305-28595-0

定　　价　98.00 元

网　　址：http://www.njupco.com
官方微博：http://weibo.com/njupco
微信服务号：njuyuexue
销售咨询热线：(025) 83594756

＊版权所有，侵权必究
＊凡购买南大版图书，如有印装质量问题，请与所购图书销售部门联系调换

流域水生态保护修复丛书
编委会

顾问委员会
刘世荣　李爱民　高吉喜

总主编
安树青

副总主编
（按姓氏音序排列）

傅海峰　冷　欣　盛　晟　万　安
万　云　张轩波　赵　晖　朱正杰

编　委
（按姓氏音序排列）

安　迪　安树青　陈　浩　陈佳秋　傅海峰　康晓光
冷　欣　盛　晟　宋思远　万　安　万　云　王春林
夏　露　杨棠武　姚雅沁　张静涵　张轩波　赵德华
赵　晖　周长芳　朱敦学　朱正杰

乡村小微湿地保护修复模式
编委会

主 编

安树青

副主编

鲍达明　袁兴中　陈永华　张轩波

编 委

（按姓氏音序排列）

陈佳秋	陈美玲	陈 伟	戴惠忠	傅海峰	戈萍燕
黄 永	姬文元	康晓光	罗为检	邱乐平	王 荣
肖立辉	许 信	薛 程	姚雅沁	叶 晔	余先怀
张静涵	赵 晖	郑隆迪	朱正杰		

前言

党的十八大以来，以习近平同志为核心的党中央推进中国特色社会主义事业，提出了经济建设、政治建设、文化建设、社会建设、生态文明建设"五位一体"的总体布局，并针对生态文明建设提出了一系列新思想、新观点、新论断。习近平总书记强调："生态兴则文明兴，生态衰则文明衰。"建设生态文明是关系人民福祉、关乎民族未来的长远大计，是实现中华民族伟大复兴的中国梦的重要内容，也是加快转变经济发展方式、提高发展质量和效益的内在要求。"绿水青山就是金山银山"和"绿色发展"理念，为生态文明建设提供了根本遵循与理论依据。保护和改善生态环境，是不断满足人民群众对高质量生态环境需求的必然要求。现阶段，我们应强化生态资源监管，推进退化生态系统修复，增强生态系统功能，维护生物多样性。

湿地被誉为"地球之肾"、物种基因库与文明发源地。作为全球重要生态系统之一，湿地具有涵养水源、净化水质、维护生物多样性、蓄洪防旱、调节气候和固碳等重要的生态功能，对维护我国生态安全、粮食安全和水资源安全具有重要作用。

小微湿地是良好的生物庇护所、重要的洪水调蓄体、优异的水质净化器、独特的气候调节器以及美丽的文化娱乐场所，在乡村景观建设、文化传承、公众休闲娱乐和提升自然科学知识等方面发挥着积极作用。由于小微湿地相较于大型湿地具有更高的蒸散速率、更大的周长-面积比和水土接触面，因此，在某种程度上，小微湿地的生态功能甚至更强。

《全球湿地展望：2021年特刊》指出，湿地目前仍然是世界上受到威胁最大的生态系统。自1970年以来，全球湿地面积已丧失了35%，其消失速度是森林的三倍，导致四分之一以上的湿地物种面临灭绝的威胁。联合国《千年生态系统评估报告》则指出，湿地退化和丧失的速度超过了其他类型生态系统的退化和丧失速度，尤其是孤立的小微湿地或作为大型湿地连接点的小微湿地丧失情况更为严重。中国拥有大量的小微湿地，但由于受重视程度较低、管理机制缺乏、科普宣教不足以及周边过度开发等问题普遍存在，小微湿地目前面临更大威胁，生态状况令人担忧。

近 30 年来，中国通过建设自然保护区、湿地公园、湿地保护小区等方式，对大型湿地进行了良好的保护及管理。因此，基于大尺度或较大尺度的湿地已基本得到良好保护，加强小微湿地保护修复标志着中国湿地保护进入了从"抢救性保护"到"全面保护"的新阶段。

2017 年 10 月 18 日，习近平同志在党的十九大报告中提出了实施乡村振兴战略。中国的小微湿地大量分布在乡村区域，多以"乡村湿地"的形式出现，与农业生产、农民生活密切相关，兼具自然属性和人工属性，是实现农村地区社会经济和生态环境可持续发展的重要基础。因此，乡村小微湿地成为新农村建设与湿地生态保护的契合点。乡村小微湿地能够美化农村景观，提供舒适的生活与休闲娱乐场所，增强群众环保意识，极大促进乡村发展。

小微湿地具有特别且重要的生态功能，保护修复与合理利用小微湿地是落实生态文明建设的一项具体创新行动。在农村，小微湿地多蕴含着生产、生活、生态"三生融合"的新型湿地保护修复与合理利用模式。基于对乡村小微湿地的研究，对典型案例进行分析与总结，提炼出乡村小微湿地保护修复与合理利用的模式，进而提出推广建议，以期在保护修复乡村小微湿地的基础上，积极探索其合理利用途径，实现乡村小微湿地保护与乡村振兴的"双赢"！

目录

第一章　小微湿地历史溯源与发展概况 …… **001**

  1.1　小微湿地历史渊源 ………………… 001

  1.2　小微湿地定义 ……………………… 004

  1.3　小微湿地特征与分类 ……………… 006

  1.4　小微湿地生态功能 ………………… 010

第二章　中国小微湿地研究状况与存在问题

    …………………………………… **018**

  2.1　小微湿地重要性 …………………… 018

  2.2　小微湿地修复状况 ………………… 019

  2.3　湿地乡村专题研究 ………………… 022

  2.4　小微湿地政策研究 ………………… 025

  2.5　小微湿地存在问题 ………………… 029

第三章　乡村小微湿地保护修复与合理利用

    模式探索 ……………………… **031**

  3.1　基于不同功能的模式 ……………… 031

  3.2　基于不同湿地类型的模式 ………… 054

  3.3　基于不同流域类型的模式 ………… 065

  3.4　基于不同水文类型的模式 ………… 076

  3.5　不同模式涉及的关键技术 ………… 079

第四章　流域上游乡村小微湿地保护修复与

    合理利用典型案例分析 ……… **083**

  4.1　西南地区乡村小微湿地典型案例分析

    （重庆） ……………………………… 083

4.2 高原地区乡村小微湿地典型案例分析（青海） ······ 226

第五章 流域中下游乡村小微湿地保护修复与合理利用典型案例分析 ······ **248**

5.1 中游地区乡村小微湿地典型案例分析（湖南湖北） ······ 248

5.2 下游地区乡村小微湿地典型案例分析（江苏） ······ 294

5.3 沿海地区乡村小微湿地典型案例分析（福建、上海、广西） ······ 320

第六章 乡村小微湿地保护修复与合理利用模式推广建议 ······ **337**

6.1 乡村小微湿地发展原则 ······ 337

6.2 乡村小微湿地发展方向 ······ 338

6.3 乡村小微湿地发展保障 ······ 341

附录一 小微湿地保护与管理的决议 ······ **343**

附录二 加强小微湿地保护和管理的决议 ······ **351**

参考文献 ······ **365**

1.1 小微湿地历史渊源

1.1.1 中国

对于小微湿地，究其历史，早有存在。对于不同类型的小微湿地，也有着不同的文字记载。如唐朝时期，江南河流的命名一般是"塘、浦、泾、浜、港、漕"，城市中的部分水塘、断头河等多以塘、浜等命名，这些可视为对小微湿地的初始探讨。由于我国的小微湿地大量分布在乡村区域，因此早期多以"乡村湿地"的形式出现。2016年，在第十届国际湿地大会（2016 The 10th INTECOL International Wetlands Conference）上，南京大学常熟生态研究院提出，传统湿地文化中的"圩、塘、浦、港、泾、浜、溇"，代表着一类在长期演变过程中形成的较稳定的小微湿地，它们在庇护生物、调节洪水、净化水质等方面具有重要功能。2017年6月，在美国召开的国际湿地科学家学会（Society of Wetland Scientists）年会上，南京大学常熟生态研究院的三位工程师分别分享了苏州三山岛国家湿地公园、上海大莲湖湿地社区和江苏常熟乡村湿地的经典案例，详细阐述了通过保护管理和合理利用小微湿地，实现农业生产、农村生活与生态保护"三生融合"的可持续发展模式，这一模式引发了国际专家学者的热烈反响。

中国于2003年和2013年完成了两次全国性的湿地资源调查，两次调查的起调面积分别为100 hm² 和 8 hm²。通过这两次调查，中国政府对国内8 hm² 以上的湿地本底资源有了充分的了解认知。然而，由于最小起调面积为8 hm²，所以我国对8 hm² 以下的小微湿地缺乏相应的数据。目前，只有北京、上海等少数城市针对地方特色，提高了湿地资源调查的工作要求，分别调查了1 hm² 以上和5 hm² 以上的湿

第一章 小微湿地历史溯源与发展概况

地资源类型和面积。在湿地保护修复与合理利用方面，我国过去主要着重于研究大型湿地的保护和管理，通过建设自然保护区、湿地公园、湿地保护小区等方式，对大型湿地进行了良好的保护修复及监测管理，但对于大部分小微湿地的保护，则没有明确的要求和保护体系。目前，我国小微湿地研究也主要聚焦于其概念、管理、生态修复技术应用及生态系统功能等方面。

2017 年，原国家林业局湿地保护管理中心委托南京大学常熟生态研究院编制了《关于加强小微湿地保护恢复与监测管理决议的调研报告》与《小微湿地保护恢复与监测管理决议草案》。基于上述草案，原国家林业局湿地保护管理中心向国际湿地公约提出了《小微湿地保护与管理决议》草案。2018 年 1 月，在城市发展与湿地保护国际研讨会上，小微湿地的保护管理与科学修复成为讨论的焦点。《城市发展与湿地保护最佳实践》英文版也于 2018 年 1 月在湿地公约秘书处官网公开发行。2018 年 10 月，《湿地公约》第十三届缔约方大会在阿联酋迪拜举办，大会通过了中国加入公约 26 年来首次提出的《小微湿地保护与管理》决议草案，呼吁所有缔约方将小微湿地的保护与管理纳入国家湿地保护战略……小微湿地的重要生态服务功能已在国际社会逐渐引起重视，小微湿地的保护修复与可持续利用进入了黄金时期！2022 年，中国再次向《湿地公约》第十四届缔约方大会提交了《加强小微湿地保护与管理》的决议草案。在第 59 次会议续会上，常委会在第 SC59/2022－24 号决定中批准了《加强小微湿地保护与管理》的决议草案，并同意将修订建议稿提交第十四届缔约方会议审议。2022 年 11 月 12 日，《湿地公约》第十四届缔约方大会顺利通过了中国提交的关于《加强小微湿地保护和管理》的决议，这是本届大会中国提交并顺利通过的三项决议之一，展现了中国在湿地保护方面的强大引领力。

1.1.2　欧洲

英国在 1984 年、1990 年、1996 年、1998 年和 2007 年进行的"乡村调查"中，对 2 hm² 以下的池塘（Pond）的数量和生态状况进行了实地调研（Williams et al.，2010）。结果显示：

英国的池塘数量总体呈净增长趋势，但原有大量池塘因人工开发等原因而消失，且植物物种丰富度、水质等生态状况明显下降。而"百万池塘项目"则旨在使英国乡村的池塘数量重新达到一百万个。该项目分为两个阶段：第一阶段从2008年到2012年，与土地所有者和管理者合作，为105种稀有且正在减少的池塘物种创建了上千个新池塘；第二阶段自2012年至2020年，主要在全国范围内确定重要的淡水区域，开发有针对性的景观尺度池塘创建项目，并争取进一步纳入国家政策举措，以期在未来继续创建成千上万个新的洁净池塘。苏格兰在1990年对其境内的小水体进行了调查（Biggs et al.，2000）。通过分析发现，苏格兰小水体面临的主要威胁包括湿地丧失、水体污染和缺乏管理。针对苏格兰的小微湿地现状，比格斯（Biggs）等专家于2000年编制了《池塘、水塘和小内湖：苏格兰小水体管理和建设的优秀实践指南》（Ponds, pools and lochans: guidance on good practice in the management and creation of small waterbodies in Scotland），该指南对苏格兰及其他区域的小微湿地的修复和管理具有重要的指导作用。

欧洲池塘保护网络（EPCN）于2004年在瑞士日内瓦成立，多年来致力于欧洲池塘的保护工作。EPCN认为，池塘是欧洲普遍存在的、具有高生物多样性的重要水生态环境，但在一些国家已丧失了约90%以上。因此，EPCN旨在通过多国合作，保护并修复欧洲的池塘生境。截至目前，EPCN成员已开展了多项相关项目，如英国的"乡村调查"（Countryside Survey）、"百万池塘项目"（Million Ponds Project），葡萄牙的"生机池塘"（Ponds with Life），以及"促进欧洲及地中海区域的池塘保护项目"（The Pro-Pond Project 2007–2010）。此外，EPCN还于2007年发布了"池塘宣言"（The Pond Manifesto），旨在推动欧洲和北非的池塘保护工作。

1.1.3　美国

美国从20世纪40年代开始，针对北美洲草原坑洼地区启动了"小湿地项目"（Small Wetlands Program），以促进小湿地和草地栖息地的保护和修复工作。依托此项目，美国鱼类及野生动植物管理局（U. S. Fish and Wildlife Service）对壶穴湿地进行了长期调研，并发布了《美国壶穴湿地现状及发展趋势（1997—2009）》的报告（Dahl，2014）。研究显示：从1997年到2009年，美国壶穴湿地总面积减少了30 100 hm^2，降低比例为1.1%；湿地数量减少了11万个，下降比例高达4%。丧失的湿地平均面积为0.3 hm^2，均为小微湿地，且49%以上为地理孤立湿地。同时，该项目授权管理局将出售联邦鸭子邮票的收益用于保护大草原坑洼地区近121万 hm^2 的水禽栖息地。

自1971年《湿地公约》签订以来，湿地资源日益受到各国政府的重视和保护。然而，根据国际和中国标准，湿地资源的普查起调面积为8 hm^2，主要关注较大面积的湿地资源。对于8 hm^{2}以下的小微湿地资源，由于对其重要性认识不足等原因，各国对其重视程度较低。相关法律法规和管理机制尚不健全、公众的保护意识也相对薄弱，导致人们对小微湿地及周边土地进行过度开发利用。大量的小微湿地在城市建设、农业发展等开发活动中消失或减少，其水质也因氮、磷、重金属等污染物的排放而日趋恶化。从英国和美国的调查结果来看，湿地面积的减少和严重的水质污染已经成为全球小微湿地当前面临的巨大威胁。

1.2 小微湿地定义

不同国家对小微湿地具有不同的称谓和定义（Adamus，2013；赵晖等，2018）：欧洲称之为"池塘"（Pond）、"水塘"（Pool）或"小湖"（Lochan），美国称之为"小湿地"（Small Wetland）或"孤立湿地"（Isolated Wetland），而中国则称之为"小微湿地"（Small Wetland）。

英国在2007年开展的乡村调查（Countryside Survey）中，将池塘（Pond）定义为每年至少4个月有水、面积在25 m^2～2 hm^{2}之间的水体。与20世纪90年代英国制定的标准《池塘保护-1993》（Pond Conservation 1993）相比，这一定义的主要变化是将调查面积的下限从1 m^{2}提高到了25 m^2，以与1996年的乡村调查保持一致。

苏格兰在2000年制定的《池塘、水塘和小内湖：苏格兰小水体管理和建设的优秀实践指南》中，将池塘（Pond）定义为全年或部分时间有水、面积在1 m²～2 hm² 之间的人工或自然淡水水体。

欧洲池塘保护网络（European Pond Conservation Network, EPCN）认为，池塘（Pond）是面积小于10 hm² 的小水体，广泛分布于全球各地，约占全球地表静水面积的30%。

美国自20世纪40年代起开展的"小湿地项目"（Small Wetlands Program）对北美洲草原壶穴区域（The Prairie Pothole Region of North America）的湿地进行了调查，起调面积为0.08 hm²（但实际调查中也涉及了更小的湿地），所调查的湿地平均面积不超过10 hm²。美国将这些湿地统称为小湿地（Small Wetland）。

20世纪90年代，美国国家研究委员会仅基于湿地特征和界线的研究，将孤立湿地（Isolated Wetland）简单定义为：不与其他水体相邻的湿地。

在此期间，其他研究人员则将其定义为"罕见和高度分散的栖息地""高度分离的池塘""陆地景观中的岛屿"。随着研究的深入，蒂纳（Tiner）指出，"孤立湿地"这一术语可以通过多种范畴来定义：从地理学、景观学、地貌学的角度来看，孤立湿地是指被高地所包围的湿地；从水文学的角度来看，孤立湿地则是指与其他湿地或水体没有表层水或地下水联系的湿地。

早期有中国学者（任全进等，2015）认为，小微湿地（Small Wetland）是指自然界在长期演变过程中形成的较稳定的生态系统，包括小湖泊、河湾、池塘、坑地、鱼塘、沟渠等小型湿地。

由于上海第二次湿地调查的下限为5 hm²，因此上海的小微湿地特指在上海市域范围内，全年或部分时间有水、面积在5 hm² 以下的近海与海岸湿地、湖泊湿地、人工湿地，以及宽度在10 m 以下、长度在5 km 以下的河流湿地。小微湿地应具备至少一项生态服务功能，如防洪蓄水、水质净化、保持土壤、消浪护岸、气候调节、固碳释氧等调节服务；休闲旅游、科研教育、历史文化、社会康养等文化服务；以及生物多样性维持、净初级生产力等支持服务。北京市的《小微湿地建设技术规程》（征求意见稿）则将小微湿地定义为：周期性积水、面积在 1 hm² 以下、具有一定生态功能的小型湿地，包括河流（宽度一般在 5 m 以下）、泡沼、溪流、泉、潭等天然湿地，以及坑塘、养殖塘、水田、城市景观水面和净化湿地等人工湿地。

基于《湿地公约》的规范和要求，结合国内外湿地资源调查的标准，安树青教授提出，小微湿地（Small Wetland）是指永久的或间歇性有水的、面积在 8 hm² 以下的近海和海岸湿地、湖泊湿地、沼泽湿地、人工湿地，以及宽度在 10 m 以下、长度在 5 km 以下的河流湿地；此外，还包括小型坑塘、潮沟、春沼、河浜、季节性水塘、壶穴沼泽、丹霞湿地、泉眼等自然湿地，以及雨水湿地、湿地污水处理场、养殖塘、分散的小块水田、城市小型水体等人工湿地。

目前，鉴于国内对小微湿地尚未形成明确统一的定义，这不利于小微湿地的保护修复与管理。综合考虑各方面因素，《小微湿地保护与管理规范》（GB/T 42481—2023）明确规定：小微湿地是指面积在 8 hm² 以下的单独湿地。

1.3 小微湿地特征与分类

1.3.1 小微湿地主要特征

有研究指出，湿地的主要特征是面积较小，分布广泛且分散，常因自然地理隔离或人为干扰等因素被分隔成若干斑块，这些斑块之间的联系程度较低，通常不具备完整的水系结构，但同时却具有丰富的生态系统服务功能（任全进等，2015；崔丽娟等，2021）。结合考察调查情况，总结小微湿地的主要特征如下：（1）一般以明水面为中心；（2）边界多为林地、农田、塘埂、石坡、道路等；（3）面积较小，呈线性或块状分布，且分布不均；（4）常因自然地理或人为干扰等原因被分隔成斑块状；（5）各斑块之间的联系度相对较低；（6）不具备完整的水系结构。

(a)

(b)

图 1-1　小微湿地特征示意图

1.3.2　小微湿地分类

关于小微湿地的分类，目前尚无统一标准，有研究人员（崔丽娟等，2021）根据与大型湿地的位置关系，将其划分为与大型湿地相联系的小微湿地和地理位置上相对独立的小微湿地。前者因与大型湿地同处于一个大的地理区位，属于大型湿地的附属部分，类型也因此与大型湿地相对应，如流域中的小型沼泽湿地、河流滨水湿地、天然渗流区、水文通道沿岸的潮湿洼地、与排水区相连的沟渠等。这些小微湿地能够丰富大型湿地的生境类型，提高整个区域的生境异质性。后者则是指与上下游水域缺乏明显地表水联系的一类小微湿地（Golden et al.，2017）。蒂纳（Tiner）将美国的小型独立湿地按照地理位置分为了以下9个不同类型：（1）大陆中部草原和草原盆地湿地，包括草原壶穴、盐湖、雨水盆地湿地和沙丘湿地；（2）半沙漠和沙漠盆地及平原湿地，包括盐湖、盐滩、河道疤地和沙漠泉等；（3）冰穴湿地；（4）大西洋海湾沿岸平原盆地湿地，包括德玛瓦半岛壶穴、卡罗来纳州港湾和浅沼泽等；（5）盆地湿地，包括柏树穹顶和石灰石天坑等；（6）春池湿地，包括西海岸春池和森林春池等；（7）滨海潮间带湿地；（8）五大湖矮灌木湿地；（9）不活跃的河漫滩湿地。这些小型湿地往往分布着一些独特的物种，或者某些物种的亚种、变种等，成为独特的生境类型。

　　参照《湿地分类》（GB/T 24708—2009），根据湿地成因的自然属性，可将小微湿地分为自然类小微湿地和人工类小微湿地两大类。自然类小微湿地是自然演变形成的，主要包括小湖泊、河湾、池塘、沟渠、坑塘、河浜、季节性水塘、壶穴沼泽、碟形洼地、壶形泡沼泽、溪流、泉眼等，具有面积小、生物多样性丰富、梯度变化较大和环境变化反应敏感的特点。人工类小微湿地则是指人为因素干扰形成的孤立湿地景观板块或人类为了改善生存环境，人为模拟自然湿地而设计与营造的由基质、植物、微生物及水体组成的复合体，主要包括农田中的低洼地、雨水湿地、湿地污水处理场、小型景观水体、养殖塘、水田等。人工类小微湿地具有自然属性弱化、人文属性突出，以及景观、休闲娱乐等社会服务功能显著的特点。

　　自然类小微湿地按地貌特征可划分为近海与海岸型小微湿地、沼泽型小微湿地、河流型小微湿地、湖泊型小微湿地等四类，分别有2个、9个、3个、5个小微湿地型；人工类小微湿地则有6类16型（详见表1-1）。

表1-1 小微湿地分类体系

1级	代码	2级	代码	3级
自然类小微湿地	NSW Ⅰ	近海与海岸型小微湿地	NSW Ⅰ1	小型海岸咸水湖
			NSW Ⅰ2	小型海岸淡水湖
	NSW Ⅱ	沼泽型小微湿地	NSW Ⅱ1	小型苔藓沼泽
			NSW Ⅱ2	小型草本沼泽
			NSW Ⅱ3	小型灌丛沼泽
			NSW Ⅱ4	小型森林沼泽
			NSW Ⅱ5	小型内陆盐沼
			NSW Ⅱ6	小型季节性沼泽
			NSW Ⅱ7	小型沼泽化草甸
			NSW Ⅱ8	小型地热湿地
			NSW Ⅱ9	小型淡水泉/绿洲湿地
	NSW Ⅲ	河流型小微湿地	NSW Ⅲ1	小型永久性河流
			NSW Ⅲ2	小型季节性或间歇性河流
			NSW Ⅲ3	小型溪流
	NSW Ⅳ	湖泊型小微湿地	NSW Ⅳ1	小型永久性淡水湖
			NSW Ⅳ2	小型永久性咸水湖
			NSW Ⅳ3	小型永久性内陆盐湖
			NSW Ⅳ4	小型季节性淡水湖
			NSW Ⅳ5	小型季节性咸水湖
人工类小微湿地	ASW Ⅰ	农业用途型小微湿地	ASW Ⅰ1	小型灌溉用沟、渠
			ASW Ⅰ2	小型稻田/冬水田
			ASW Ⅰ3	水生蔬菜田
			ASW Ⅰ4	小型盐田
			ASW Ⅰ5	农用池塘
	ASW Ⅱ	水利用途型小微湿地	ASW Ⅱ1	小型水库（山塘）
			ASW Ⅱ2	小型运河、输水河
	ASW Ⅲ	水产养殖型小微湿地	ASW Ⅲ1	小型淡水养殖场
			ASW Ⅲ2	小型海水养殖场
	ASW Ⅳ	景观娱乐型小微湿地	ASW Ⅳ1	景观水体

第一章 小微湿地历史溯源与发展概况

续 表

1级	代码	2级	代码	3级
人工类小微湿地	ASW Ⅴ	生态净化型小微湿地	ASW Ⅴ1	雨水湿地（雨水花园）
			ASW Ⅴ2	农田尾水强化净化人工湿地
			ASW Ⅴ3	畜禽养殖尾水强化净化人工湿地
			ASW Ⅴ4	生活污水强化净化人工湿地
			ASW Ⅴ5	污水处理厂强化净化人工湿地
	ASW Ⅵ	采掘积水型小微湿地	ASW Ⅵ1	采矿挖掘和塌陷积水区

1.4 小微湿地生态功能

1.4.1 良好的生物庇护所

研究显示，小微湿地相较于大型湿地具有更大的周长-面积比，能够为植物、昆虫、两栖爬行动物、鸟类等湿地生物提供更多适宜的浅滩栖息地，是极为优秀的生物庇护所（Blackwell et al.，2011；Cohen et al.，2016）。它们为迁移距离不远的两栖动物和部分昆虫提供关键栖息地，并作为某些湿地水鸟迁移途中的"驿站"；同时某些地理上孤立的小微湿地还能为珍稀和孤立的物种提供庇护所，促进分区物种的形成。

理查森（Richardson）等在新西兰的研究表明，多个小微湿地的植物丰富度和多样性均高于单个大型湿地。迪恩（Deane）等建立的模型也得出了相同结论：在相同湿地面积损失的情况下，多个小型、孤立湿地的损失会导致超过两倍于单个大型湿地损失后的植物物种灭绝。此外，部分小微湿地存在季节性干旱，导致掠食性鱼类无法在此期间捕食两栖动物的卵，从而使得两栖动物更倾向于在小微湿地中生存，因此小微湿地的两栖动物多样性高于大型湿地。在美国东南部滨海

(a)

(b)

图 1-2 小微湿地为野生生物提供庇护所

湿地的研究也表明，小微湿地具有极高的两栖动物多样性，例如，罗素（Russell）等在南卡罗来纳州的5个小微湿地（面积均在0.38～1.06 hm²之间）中记录到了20种两栖动物和36种爬行动物；泽姆利奇（Semlitsch）等在南卡罗来纳州萨凡纳河沿岸的一个仅0.08 hm²的池塘中记录到了19种两栖动物；多德（Dodd）等在美国佛罗里达州帕特南县的一个0.16 hm²的池塘中发现16种两栖动物，且从1985年至1990年间，这个小微湿地至少栖息了2 500只条纹东美螈（世界自然保护联盟近危物种，仅在季节性小微湿地中繁殖）。同样，小微湿地的季节性干旱也为昆虫繁殖提供了机会，导致其生物多样性较高。

此外，大量的植物、昆虫等为湿地水鸟提供了丰富的食物来源，也使得小微湿地拥有较高的鸟类多样性。

1.4.2　重要的洪水调蓄体

小微湿地能够有效地吸收和储存洪水，调节小环境水位。生长在湿地的树木和草层能够阻挡大雨带来的洪水，减缓洪水流速，从而减少自然灾害对人类的影响。

研究表明，小微湿地相较于大型湿地具有更高的蒸散速率，因此能够更有效地减少地表径流，从而调蓄洪水。美国佛罗里达州马丁县的城郊小湿地（约0.2 hm²）就是调蓄洪水的典型案例（Braun et al., 2017）（见图1-3）。在旱季，由于湿地植物的蒸散作用，湿地的明水面仅限于湿地中心位置；而当雨季暴雨来临时，湿地的明水面会扩散到整个小湿地范围，明显储存了大量洪水，起到了防洪减灾的作用。

(a)

(b)

(c)

图1-3 暴雨前后的美国佛罗里达州马丁县城郊小湿地（0.2 hm²）对比

1.4.3 优异的水质净化器

小微湿地具有丰富多变的水位,这导致好氧环境和厌氧环境交替出现,从而增强了湿地的硝化和反硝化过程及其效果。自然或人工小微湿地能够充分发挥不同生物的净化能力,通过物理、化学、生物等多种作用,水中的有机物、氮、磷、重金属以及一些有毒有害物质得以沉淀、降解或进入生物循环链,实现污水的低成本生态处理。研究发现,美国缅因州中部的春池是凋落物分解、反硝化和酶活性最为活跃的区域之一(Capps et al.,2014)。

图1-4 农田尾水净化人工湿地

加拿大学者(Braun et al.,2017)的研究表明,小微湿地相较于大型湿地具有更大的水土接触面,因此能够更有效地去除水体中的氮、磷等营养污染物质。此外,对全球湿地的统计分析也发现,10个1 hm^2 的小微湿地相比1个10 hm^2 的大型湿地,在水质净化方面表现出更好的效果。

1.4.4 独特的气候调节器

小微湿地表面的水汽蒸发、热量交换以及植被的蒸腾作用等都会直接或间接地影响区域气候环境(赵晖等,2018)。植物的蒸腾作用能够将一部分水分蒸发到大气中,参加大气水循环,提高大气湿度,并以降水的形式返回到周围环境中,从而起到湿润环境和调控温度的作用,使当地气候趋于稳定。由于小微湿地比大型湿地具有更高的蒸散速率,因此,小微湿地的气候调节作用更为显著。

对科伦坡的研究显示,湿地温度比硬地地面的温度低10 ℃。这种效应能够向外延伸100 m,覆盖科伦坡市区50%以上的区域。该效应每年可为当地节省约1.41亿卢比的空调费用。

(a)

(b)

图1-5 科伦坡湿地为城市降温

1.4.5 美丽的文化娱乐场

小微湿地在乡村景观建设、文化传承、公众休闲娱乐以及自然科学知识普及方面发挥着积极作用。鉴于小微湿地广泛分布于城郊农村区域，其保护修复与合理利用能够显著提升农村景观的美丽程度，为当地民众提供便捷、美丽的休闲娱乐场所。同时，通过科普宣教设施，小微湿地还能提升当地社区群众的环境保护意识，极大地促进美丽乡村的发展。此外，小微湿地也是人类文化的重要组成部分，一些小微湿地具有重要的考古价值，其土壤成分能够揭示我们祖先的生活方式；小微湿地还是人与野生动物共存发展的重要见证（Biggs et al.，2000）。

(a)

(b)

图1-6 常熟泥仓溇小微湿地

1.4.6　绿色的基础设施

绿色基础设施是湿地规划的重要组成部分，它指的是天然或半天然的湿地，这些湿地提供的生态系统服务与建造的"灰色"基础设施相类似。作为具有成本效益的自然基础设施，小微湿地无论是单独使用还是与传统的"灰色"基础设施相结合，都有助于获取资金投入。

小微湿地作为居住区经济实惠的"绿色"自然基础设施，有助于减少灾害风险、提高弹性，增加自然景观元素，改善景观质量，并增加市民的亲水空间。它让居民在闲暇之余有更多的去处，成为贯彻绿色发展理念的生动体现。

(a)

(b)

图 1-7　小微湿地作为绿色基础设施

第二章 中国小微湿地研究状况与存在问题

2.1 小微湿地重要性

2.1.1 开启湿地"全面保护"新阶段

自 1992 年加入《湿地公约》以来，党中央、国务院高度重视湿地保护工作，相继采取了一系列重大举措以加强湿地保护修复，初步构建起了以自然保护区和湿地公园为主体的湿地保护体系。自 2000 年以来，我国实施了一系列湿地保护修复工程，这些工程的实施对地方湿地保护起到了示范带动作用，有效推动了我国湿地保护事业的发展。在"十三五"期间，我国实施了湿地补助和湿地保护修复项目 2 000 多个，修复了退化湿地 701.1 万亩[①]，新增湿地面积 303.9 万亩，新增国际重要湿地 15 处、国家重要湿地 29 处、国家湿地公园 201 处，湿地保护率提高到 50% 以上，湿地保护工作取得了显著成效。2003 年和 2013 年，我国完成了两次全国性的湿地资源调查，中国政府对国内 8 hm^2 以上的湿地本底资源有了充分的了解认知。上述工作对大型湿地进行了良好的保护修复及监测管理，然而 8 hm^2 以下的小微湿地则缺乏相应的数据支撑和保护管理。因此，基于大尺度或较大尺度的湿地已基本得到良好保护，加强小微湿地保护修复标志着我国湿地保护进入了从"抢救性保护"到"全面保护"的新阶段。

2.1.2 充分发挥小微湿地的独特生态功能

小微湿地是良好的生物庇护所、重要的洪水调蓄体、优异的水质净化器、独特的气候调节器以及美丽的文化娱乐场，在乡村的景观建设、文化保留、公众休闲娱乐和提升自然科学知识方面发挥着积极

---

① 1 亩≈666.7平方米。

作用。同时，小微湿地分布广泛，是解决河道黑臭、面源污染等问题，建设美丽乡村的重要抓手。然而，小微湿地也是最为脆弱、受威胁最为严重的生态系统。因此，保护修复乡村小微湿地，并充分合理利用小微湿地的独特生态功能，对提高环境质量具有重要意义。

2.1.3　创新探索乡村振兴新形式

我国的小微湿地大量分布在乡村区域，乡村小微湿地可以有效提升农村的美丽景观，提供美丽的休憩场所，并通过科普宣教设施提高群众的环保意识，促进美丽乡村的发展。作为新农村建设与湿地生态保护的契合点，引入新的湿地保护理念，以湿地空间为基础，以河湖水系为纽带，以实现生产、生活、生态"三生融合"为目标，打造宜居、宜产、宜游的复合型湿地乡村，是基于乡村小微湿地的农村发展新模式，对区域生态保护、环境质量、人民生活以及经济生产的协调发展起到了重要的作用。

2.1.4　提升完善湿地保护修复环节

从全球来看，湿地面积减少、功能退化、生物多样性锐减等问题依然突出，联合国千年生态系统评估报告指出，湿地退化和丧失的速度超过了其他类型生态系统的退化和丧失速度，尤其是孤立的或作为大型湿地连接点的小微湿地丧失更为严重。据第二次全国湿地资源调查成果显示，近10年来我国湿地面积每年约减少500万亩，湿地生态功能不断退化，湿地生物多样性有所减退，湿地面临的威胁有增无减，湿地不合理利用现象屡禁不止，湿地保护空缺依然很大。根据调查了解，小微湿地问题更为严重，保护修复小微湿地已成为提升和完善中国湿地保护修复工作的重要环节。

2.1.5　助力履行《湿地公约》决议

2.2　小微湿地修复状况

我国在乡村小微湿地建设方面，可以算是走在世界前列。

通过第十届国际湿地大会，我国在乡村小微湿地建设方面的成效也展现在了全世界面前。在国家林业和草原局的支持和指导下，中国各地形成了生态保育主导型、水质净化主导型、生境恢复主导型、景观营造主导型、文化展示主导型、调蓄调节主导型、生物资源利用主导型、水质资源保护利用主导型、多功能复合型等多种模式，优化了乡村景观品质，带动了乡村生态旅游，增加了就业机会，促进了群众增收，使小微湿地成为乡村绿色发展的生动实践，产生了显著的生态、经济和社会效益。

作为全球首批国际湿地城市之一，常熟市于2014年率先在全市范围内开展了小微湿地的建设工作。通过基于泥仓溇、沉海圩等乡村湿地的保护管理和合理利用实践，常熟市创立了农业生产、农村生活与生态保护"三生融合"的可持续发展模式。另外，结合"千村美居"工程，常熟市通过河道综合治理创新项目，打造了特色生态乡村案例。2020年，淮安市将小微湿地建设纳入民办实事项目，提出"建设一批特色游园小湿地、田园小湿地"，在全市4区3县范围内广泛开展了小微湿地调查和规划设计工作，并在该年度内建设了24个小微湿地（分景观营造主导型、生境修复主导型、水质净化主导型三大类）；2021年，淮安市又建设了34个湿地保护小区、湿地乡村（社区）。

2020年，上海市园林科学规划研究院以区—镇—村为尺度梯度，对接"新城—新市镇—乡村"体系，以自然保育、景观游憩、特色文化、生态旅游等为建设目标，归纳形成了一套具有上海特色的小微湿地利用和管理模式。

2019年6月，湖南省启动了小微湿地研究建设工作，并陆续实施了江永普美岛、武村等多个小微湿地保护与建设试点项目。同年11月，湖南省湿地保护中心和世界自然基金会联合举办了湖南省小微湿地保护与建设现场推进会，重点推介了湖南祁阳县作为全国率先试点建设小微湿地从而破解农村面源污染的典型案例，为湖南省"一湖四水"树立了湿地治理的"祁阳样板"，为湖南全省"一湖三山四水"生态安全战略格局作出了重要贡献。

2019年，北京市在亚运村建成了首个小微湿地——北辰中心花园小微湿地，占地 4 100 m²。2020 年，《北京市湿地保护发展规划（2021 年—2035 年）》提出，到 2025 年将恢复建设小微湿地不少于 50 个，到 2035 年不少于 100 个。

2019 年，重庆市在梁平区和开州区等地进行了小微湿地保护与利用的探索。利用浅丘地带中的沟、塘、渠、堰、井、泉、溪、田等优越湿地资源基础，重庆市采取"小微湿地＋"模式，推动乡村小微湿地保护建设与脱贫攻坚、乡村振兴、旅游发展、农村环境整治等深度融合。如在百里竹海核心景区，建成了"民宿经济＋梯塘湿地"乡村小微湿地示范群，发展美丽经济。

2018 年，福建省明溪县林业局通过实地调研，将下汴村小微湿地修复项目列为县里国际候鸟迁徙通道保护与修复项目的子项目。下汴村利用当地丰富的鸟类资源，大力发展乡村"观鸟＋康养"经济，打造出护鸟和谐示范村的特色模式。2020 年，下汴村成为福建省首个小微湿地提升改造示范点。

2019 年，湖北省武汉市园林和林业局采用遥感卫星判读区划与实地调查相结合的方法，首次对全市小微湿地的面积、类型及分布状况等进行了科学、全面的调查。2021 年，武汉市打造了 3 个小微湿地示范点，并在总结经验后在全市进行推广。此外，湖北省远安县也在积极探索多种类型的小微湿地建设之路，与全域旅游、乡村振兴、河库长制等工作紧密结合，建设了生态修复型、景观生态型、污水处理型、农业生产型小微湿地。

2019 年，四川省阆中市大力开展乡村小微湿地建设，成功打造了虎溪村等典型的乡村湿地保护和合理利用示范点，通过湿地保护带动了有机农业的发展。2020 年，广安市结合白云湖国家湿地公园（试点）建设，充分利用白云湖库塘、稻田湿地等资源优势，加快推进了集美化环境、生态观光、乡村旅游等功能于一体的小微湿地建设，旨在打造具有生态功能、服务功能和景观美学功能的小微湿地项目。

2020 年，江西省各地开展了小微湿地摸底调查工作，并在赣州市寻乌县、南丰县九联村等10处地区推进了小微湿地保护和合理利用示范点的建设，旨在充分发挥小微湿地在改善和美化生态环境等方面的突出作用，并将其融入乡村振兴战略中。2021年，江西省安排专项资金1 440万元，用于建设36处小微湿地示范点，并计划到"十四五"规划末期，全省小微湿地示范点数量将达到100处。

2020年，青海省首次尝试性地开展了小微湿地认定建设的相关前期工作，围绕自然河流、库塘、泉眼以及人工小微湿地等类型开展实地调研，共勘察小微湿地18处，并初步确定在自然生境保持较为良好的海东市2区4县中，各选1处开展试点工作。

2019年，山东省济宁市共建设小微湿地62个；2020年，济宁市印发了《关于进一步完善提升湿地乡镇、湿地村居和小微湿地创建工作的通知》，公布了《济宁市小微湿地管理办法（试行）》，建设了小微湿地60余处；2021年，济宁市新建了精品小微湿地10处。

此外，浙江省注重对小池塘、小沟渠、小河浜等"小微水体"的治理和修复工作，积极探索小微水体的长效管理机制。广西则依托其现有的湿地资源，通过湿地保护、生态修复、科普宣教设施补充等措施，探索小微湿地保护修复与合理利用的新形式。

2.3　湿地乡村专题研究

2.3.1　湿地乡村定义

湿地乡村是由湿地空间与紧邻其周边的村落共同构成的区域。在此区域中，湿地与村落交错分布，其主要特点表现为：湿地生境分布广泛且多呈斑块化，生物多样性丰富且功能多样，自然生态与人类生产生活交互频繁。因此，本研究将湿地乡村定义为以湿地空间为基础，以河湖水系为纽带，实现生产、生活、生态的"三生融合"，集宜居、宜游于一体的现代化复合型乡村地理区域（康晓光，2017）。

2.3.2 湿地乡村内涵

（1）湿地乡村空间结构基础：湿地乡村是湿地资源与乡村聚落的综合体，其形成与发展均以湿地空间为基础并展现其特色，若无湿地，湿地乡村便无从谈起。河湖水系不仅是湿地乡村生态空间的重要组成部分，还起着联系生态空间、生活空间和生产空间的纽带作用。因此，湿地率指标的确定对于湿地乡村的评价具有重大意义。

（2）湿地乡村综合服务功能：湿地乡村是由生产空间、生活空间和生态空间交汇融合而形成的聚合体，其"三生融合"的空间结构决定了它所具备的综合服务功能。其中，生产空间的功能涵盖农产品安全生产、旅游产品生产及特色产品生产等；生活空间的功能则包括聚落-居住生活、交往-休闲生活、旅游-慢生活；生态空间的功能则包括湿地保护、环境保护和生物多样性保护。

（3）湿地乡村创新发展途径：湿地乡村是在信息化高速发展和乡村转型发展背景下不断更新的有机体。无论是湿地乡村转型发展的内在需求，还是旅游市场对优质生态资源和特色乡村文化的外在需求，都要求湿地乡村的建设紧跟时代步伐，关注民生改善。因此，湿地乡村的建设应宜居、宜游且现代化。具体来说，宜居是指要让以当地居民为主体的人群有获得感；宜游是指要让以外来游客为主体的人群有体验感；现代化则是指湿地乡村的管理与建设应注重智慧管理、低碳环保以及便捷性。

2.3.3 湿地乡村空间

中共十八大报告中明确指出国土生态、生产、生活空间的发展目标为"生产空间集约高效、生活空间宜居适度、生态空间山清水秀"。

湿地乡村空间类型及土地利用类型见表2-1。

表 2-1　湿地乡村空间类型及土地利用类型分析表

空间类型	土地利用类型	空间类型	土地利用类型	空间类型	土地利用类型
生产空间	水田	生活空间	农村宅基地	生态空间	林地
	水浇地		科教用地		草地
	果园		文体娱乐用地		河流水面
	茶园		公共设施用地		湖泊水面
	工业用地		公园与绿地		沼泽地
	坑塘水面		街巷用地		
	沟渠		农村道路		
	水工建筑用地				

2.3.4　湿地乡村范围

国内外对乡村概念的理解和划分标准存在差异，一般认为乡村具有人口密度低、聚居规模小、以农业生产为主要经济基础、社会结构相对简单且类同、居民生活方式及景观与城市有明显区别等特点。因此，乡村也被称为非城市化地区，通常指社会生产力发展到一定阶段后产生的，相对独立的，具有特定经济、社会和自然景观特点的地区综合体。

从行政含义的角度来看，乡村可以分为自然村和行政村。自然村是村落实体，行政村是行政实体。一般情况下，一个大自然村可能包含几个行政村，而一个行政村也可能由几个小自然村组成。湿地乡村则是基于湿地空间和乡村聚落的综合体。从行政管理的角度来看，湿地乡村可以是一个行政村，也可以是多个行政村组成的区域，可以是一个自然村，也可以是由若干个小自然村组成的集合体。但从湿地保护与合理利用的角度来看，湿地乡村应具备相对独立且完整的湿地空间，以确保湿地生态系统在结构和功能上的完整性。因此，确定湿地乡村的范围需要综合考虑湿地资源的完整性和独立性，以及村落行政管理等多个因素。

基于以上论述，确定湿地乡村规划建设范围时，主要考虑以下几个方面：湿地生态系统的完整性与湿地类型的独特性；乡村行政管理的方便高效性；历史文化与社会的连续性；地域单元的相对独立性；保护、管理及合理利用的必要性与可行性。此外，还应要求规划范围内具有明确的地形标志物。

2.3.5 湿地乡村发展

乡村小微湿地是处于湿地乡村环境下的湿地，是大尺度湿地系统的重要组成部分，也是我国小微湿地保护修复和研究的重要载体。乡村小微湿地与农业生产、农民生活密切相关，兼具自然属性和人工属性，是实现农村地区社会经济和生态环境可持续发展的重要基础。

乡村小微湿地是乡村旅游的重要资源，而乡村旅游则是实现乡村振兴的重要途径。乡村振兴战略为湿地乡村建设提供了充足的资金和技术支持，有助于乡村小微湿地的保护利用。同时，湿地乡村建设将农村面源污染治理和生态农业的发展有机结合起来，既治理了农村面源污染，又促进了生态产业的优化升级。湿地乡村与乡村小微湿地建设相辅相成，小微湿地的保护修复与合理利用对于实现湿地全面保护、乡村振兴、乡村旅游发展及生态产业转型具有重要意义。

2.4 小微湿地政策研究

2.4.1 湿地全面保护

党中央、国务院高度重视湿地保护工作。自 1992 年我国加入《关于特别是作为水禽栖息地的国际重要湿地公约》（通常简称《湿地公约》）以来，国务院先后批准了《全国湿地保护工程规划（2002—2030 年）》及三个五年实施规划，并出台了《关于加强湿地保护管理的通知》《湿地保护修复制度方案》等一系列重要文件。党的十八大报告提出了"扩大森林、湖泊、湿地面积"的要求，党的十九大报告则明确指出"强化湿地保护和恢复"，这为全国湿地保护管理工作指明了方向。

2016 年，国家林业局（现国家林业和草原局）会同国家发展改革委、财政部等相关部门编制了《全国湿地保护"十三五"实施规划》（以下简称《规划》），这是我国湿地保护从"抢救性保护"阶段迈入"全面保护"新阶段的首个全国性专门规划。《规划》明确了湿地保护的主要任务，即根据湿地全面保护的要求，划定并严守湿地生态红线，实施湿地分级管理，以实现湿地总量控制。《规划》的建设内容包括全面保护修复湿地、湿地保护修复重点工程、可持续利用示范和能力建设等四个方面。其中，全面保护修复湿地旨在将所有湿地纳入保护范围，进行系统修复，并发挥中央财政林业补助政策的引导作用，在重要湿地开展湿地保护与修复、退耕还湿和湿地生态效益补偿等项目。《规划》的实施标志着我国湿地保护进入了从"抢救性保护"到"全面保护"的新阶段。

2.4.2 乡村振兴战略

2017年10月18日，习近平同志在党的十九大报告中提出了实施乡村振兴战略，并概括了乡村振兴的总要求，即"产业兴旺、生态宜居、乡风文明、治理有效、生活富裕"。2017年12月29日，中央农村工作会议围绕党的十九大报告提出的实施乡村振兴战略，全面分析了"三农"工作面临的形势和任务，并研究了实施乡村振兴战略的重要政策，进行了相关部署。会议首次提出走中国特色社会主义乡村振兴道路，旨在让农业成为有奔头的产业，让农民成为有吸引力的职业，让农村成为安居乐业的美丽家园。2018年2月4日，国务院公布了2018年中央一号文件，即《中共中央、国务院关于实施乡村振兴战略的意见》。该文件全面贯彻党的十九大精神，以习近平新时代中国特色社会主义思想为指导，围绕实施乡村振兴战略定方向、定思路、定任务、定政策，坚持问题导向，对统筹推进农村经济建设、政治建设、文化建设、社会建设、生态文明建设和党的建设作出了全面部署。2018年9月，中共中央、国务院印发《乡村振兴战略规划（2018—2022年）》，将小微湿地保护作为农村人居环境治理的重要内容，并提出了"开展乡村湿地保护恢复和综合治理工作，整治乡村河湖水系，建设乡村湿地小区"等任务。

为贯彻落实《乡村振兴战略规划》关于建设生态宜居美丽乡村的任务，2019年国家林业和草原局印发的《关于贯彻落实乡村振兴战略规划的实施意见》明确提出，要大力推进乡村小微湿地保护建设，出台乡村小微湿地保护和修复标准，鼓励结合实际开展乡村小溪流、小池塘等小微湿地保护修复工作，在人口集中分布的乡村建设净化型人工湿地，逐步修复乡村原有的自然景观。

乡村小微湿地在乡村旅游、休闲娱乐等方面具有巨大潜力。在保护修复乡村小微湿地的前提下，我们应加强对小微湿地合理利用的管理，积极探索小微湿地保护与利用的平衡点，既保护好小微湿地，又能创造出经济价值，实现小微湿地保护与乡村振兴"的双赢"！

2.4.3 小微湿地保护修复

2018年10月，《湿地公约》第十三届缔约方大会通过了"小微湿地保护与管理"决议草案，标志着小微湿地建设进入了新阶段。为科学指导小微湿地建设，国家林业和草原局制定了《小微湿地保护与管理规范》国家标准。此外，为全面掌握湿地资源的保护与利用状况，第三次全国国土调查采用了国家新颁布的《土地利用现状分类》，在顶层设计上与《湿地分类》进行了对接，明确将森林沼泽等湿地类型在土地利用分类中凸显出来，并将水田、红树林地等14个土地利用二级类归入湿地类；同时，单独设立了"湿地"一级地类，并将小微湿地纳入调查范畴。

为明确国内小微湿地保护建设的具体方向，2019年5月，国家林业和草原局在江苏省常熟市成功举办了全国首届小微湿地研讨班。来自各省（区、市）林草主管部门和拟建小微湿地项目县（市、区）湿地管理机构的相关负责人、技术人员近百人参加了培训。另外，南京大学常熟生态研究院作为国内率先开展小微湿地调查研究与规划设计的机构，其院长安树青教授多次受邀参加在北京、长沙、杭州、乌兰察布、武汉、无锡等地举办的重要会议，并分享小微湿地保护修复与合理利用的成功案例。在湿地领域援外工作方面，2018年"一带一路"沿线国家湿地及候鸟保护与管理国际研修班（杭州）、2019年"一带一路"国家湿地保护与管理研修班（杭州）、2019年乌干达湿地保护与管理技术海外培训班等均设有"小微湿地保护与管理"专题报告，对发展中国家学习和开展小微湿地建设工作具有重要的指导和借鉴意义。

2018年，北京市政府办公厅印发了《北京市湿地保护修复工作方案》，将小微湿地保护修复纳入其中。2020年，《北京市湿地保护发展规划（2021—2035年）》要求根据北京不同地区的地形地貌和水资源分布特点，因地制宜地在中心城区重点建设小微湿地，并在水资源丰富的地区扩展小微湿地的生物多样性，将小微湿地的建设和平原造林绿化相结合。2021年，北京市出台了《小微湿地修复技术规范》（DB11/T 1928—2021）。

2019年3月，江苏省林业局印发了《2019年全省湿地保护工作要点及目标任务》，提出开展小微湿地、乡村湿地保护修复试点工作。为进一步指导各市小微湿地保护管理工作，2020年4月，江苏省林业局印发了《江苏省小微湿地修复技术方案》；无锡市首部湿地保护地方性法规《无锡市湿地保护条例》于2021年5月1日起正式实施，首次对"小微湿地"进行了界定，明确将河、荡、浜、塘等面积小于 8 hm² 的"小微湿地"纳入保护体系，以改善水生态环境，提升人居环境品质；2022年，扬州市出台了《乡村小微湿地修复规范》（DB3210/T 1103—2022）。

《上海市生态空间专项规划（2018—2035）》提出了上海市湿地"两圈、一带、一网、两集合群"的总体布局体系，其中"两集合群"之一即为城市人工库塘和景观水面等小型湿地集合群。该规划要求以城市精细化管理和乡村振兴战略为契机，因地制宜地建设一批近自然小微湿地保护修复工程，形成广泛共享的湿地体验式生态产品。2019年11月，上海市绿化和市容管理局（上海市林业局）委托南京大学常熟生态研究院编制了《长三角小微湿地修复一体化建设标准研究报告》，助力长三角区域小微湿地协同保护。此后，又继续委托其编制了《上海市2035湿地保护战略研究报告》《上海市湿地保护规划（2020—2035）》，将"加强小微湿地保护修复，开展小微湿地资源调查，推广湿地绿色基础设施建设与小微湿地修复模式"列为总体目标。

2019年，湖北省武汉市编制了《武汉市小微湿地保护与修复指南》，用于指导武汉市 8 hm² 以下的自然和人工小微湿地保护与修复工作，逐步构建起"自然保护地—市级湿地公园—小微湿地"三级湿地管理体系；2021 年，江西省印发了《小微湿地建设指南》（DB36/T 1545—2021）和《江西省小微湿地保护和利用示范点建设细则》，青海省出台《小微湿地认定规范》（DB63/T 1988—2021）；2022 年，黑龙江省出台了《天然小微湿地修复技术规程》（DB23/T 3178—2022），并实施了《黑龙江省在小微水体实施河湖长制工作方案》。

此外，2021 年，陕西省西安市印发了《西安市湿地保护总体规划（2021—2030 年）》，将小微湿地纳入规划；2022 年，辽宁省印发了《辽宁省"十四五"林业草原发展规划》，提出开展小微湿地保护与修复示范项目，适时推进小微湿地试点建设，积极探索小微湿地保护恢复、管理与合理利用的新模式。

2.5　小微湿地存在问题

2.5.1　周边过度开发，生态功能受损严重

由于各国对小微湿地的重视程度较低、相关法律法规和管理机制不完善、公众的保护意识薄弱等因素，导致人们对小微湿地及周边土地进行了过度的开发利用，大量小微湿地在城市建设、农业发展等开发活动中消失或减少（宋丽萍，2020）。从英国和美国的调查来看，湿地面积的减少和严重的水质污染已经成为当前全球小微湿地面临的巨大威胁。小微湿地的萎缩、退化和水质污染，进一步导致小微湿地生物多样性急剧减少，生态服务功能丧失（安树青等，2019）。

2.5.2　管理机制缺乏，法律法规不完善

目前，对于 8 hm² 以上的湿地资源的保护修复与管理，世界各国政府均已出台了相关的法律法规，并建立了相应的管理机制，如美国的《清洁水法》、中国的《中华人民共和国湿地保护法》和《湿地保护修复制度方案》等。同时，各国政府也构建了国家公园、自然保护区、湿地公园等湿地保护体系，有效

保护和管理了 8 hm² 以上的湿地资源。然而，由于对 8 hm² 以下湿地的重要性认识不足，各国在此方面的法律法规和管理机制建设尚不完善，甚至是完全缺失，因此需要进一步完善保护小微湿地的法律法规，构建健全的小微湿地管理机制，并积极开展小微湿地的保护工作。

2.5.3　科普宣教不足，保护意识较低

自《湿地公约》发布以来，各国政府针对湿地资源的保护开展了多种形式的科普宣教活动，如"世界湿地日""爱鸟周"等，这些活动对提升公众湿地保护意识起到了巨大的推动作用。然而，这些科普宣教活动往往忽略了小微湿地的存在，也缺乏专门针对小微湿地的科教宣传内容，导致人们对小微湿地的保护意识相对较低。因此，加强对小微湿地的科普宣教，提升公众对小微湿地重要性的认识和保护意识，成为各国开展小微湿地保护的重要手段。

2.5.4　重视程度较低，科研创新欠缺

自 1971 年《湿地公约》签订以来，湿地资源越来越受到各国政府的重视和保护。然而，根据国际和中国标准，湿地资源的普查起调面积为 8 hm²，主要关注较大面积的湿地资源。对于 8 hm² 以下的湿地资源，由于对其重要性认识不足等原因，各国对其重视程度较低。仅有英国、美国等少数国家对其中的部分湿地资源进行了科研工作，但大部分研究也局限于 2 hm² 以下的池塘水体，导致 2~8 hm² 区间的湿地资源缺乏深入研究。因此，我们需要理清小微湿地的范畴和特征，加强对小微湿地的重视程度，加大投入开展小微湿地的全面科研工作，探索创新保护修复与合理利用技术，构建全球范围内的小微湿地保护修复网络，以解决各国政府迫切需要的技术问题。

3.1 基于不同功能的模式

小微湿地与大型湿地不同，其功能相对单一。针对小微湿地的退化程度和威胁因素，需要制定明确的修复目标，并通过自然修复和人工措施相结合，来修复小微湿地的生态系统和功能，从而保护其中的特殊物种。因此，在设计和实施小微湿地的保护修复与合理利用时，以主导功能为导向，可以使目标更加清晰，技术更具针对性，更有利于标准化推广，同时后期的维护与管理也会更加具有可行性。

3.1.1 生态保育主导型小微湿地

1. 问题与需求

生态保育主导型小微湿地的主要功能是保护现有生态功能，其实施对象为具有重要生态功能价值且生态状况良好的小微湿地。例如，位于国家湿地公园保育区或生态涵养区的小微湿地，其生态环境质量已经处于较好的状态并具有重要的生态价值，如作为当地野生物种及珍稀濒危物种的栖息地，因此需要进行生态保育。

2. 修复思路

修复思路应以预防措施为主，重点在于保护现状，避免人为干扰，确保水质、水量、动植物、地形、地貌等不发生较大变化，以此作为不影响现有生态结构和环境的准则。生态保育包括保护和复育两个方面：保护主要是针对生物物种与栖息地的监测和维护；而复育则是针对濒危生物的育种繁殖和对受破坏生态系统的重建。目标是保护小微湿地的自然性、原真性和完整性。

3. 模式组成

（1）避免人为干扰：通过封闭管理和严密的巡护

管理，确保生态保育主导型小微湿地免受人为干扰。

（2）保护生境现状：采取低人为干扰的保护修复措施，确保水质、水量、动植物、地形、地貌等不发生较大变化。

（3）复育土著物种：通过修复生境多样性，为土著物种提供适宜的栖息地，从而提高其生存和繁殖能力。

通过对小微湿地生态系统的保护，恢复其自修复和自适应能力，修复生境多样性，复育土著物种，从而提高生物多样性的保育功能。

4. 模式应用

福建明溪观鸟小微湿地位于福建省明溪县，当地海拔高、森林资源丰富，特别是野生鸟类资源丰富。通过科学合理的保护与修复小微湿地，为鸟类创建了更多适宜的栖息地，为观鸟旅游产业的发展奠定了坚实的基础，其中黄金井观鸟湿地和旦上观鸟湿地最具代表性。项目以鸟类生态保育为主，保护鸟类栖息地，保护了湿地中的土著物种，使自然发育的湿地更具当地特色。

黄金井观鸟湿地，属于河滩湿地类型，面积约为 1 200 m^2，海拔 380 m。湿地内植被以草本为主，主要栖息的鸟类包括黑水鸡、白胸苦恶鸟、彩鹬、白腰草鹬、普通翠鸟、北红尾鸲、黑喉石䳭、白鹭、牛背鹭、池鹭、八哥、黑领椋鸟、丝光椋鸟、小青脚鹬、强脚树莺、红头咬鹃、叉尾太阳鸟、暗绿绣眼鸟、金眶鸻、扇尾沙锥等。湿地内主要种植荷莲和茭白，并兼放养鱼，以此吸引当地野生鸟类和迁徙鸟类前来栖息。

旦上观鸟湿地，属于溪流湿地类型，面积约为 10 000 m^2，海拔 820 m。湿地内植被以乔木类的壳斗科、樟科、蔷薇科为主要树种，以及小乔木与草本植物，主要有水杨梅、五节芒、石菖蒲等。主要栖息的鸟类有白鹇、白颈长尾雉、黄腹角雉、灰背燕尾、星头啄木鸟、黄嘴绿啄木鸟、黑冠鹃隼、赤腹鹰、普通翠鸟、池鹭等。该区域以自然森林为主体，湿地由溪流贯穿，众多鸟类在此栖息。

此外，明溪县在大力保护、修复当地小微湿地的同时，还积极鼓励村民自愿申请成立观鸟旅游合作社，积极探索"村社合一"的发展道路。通过深入挖掘当地丰富的野生鸟类资源，

(a)

(b)

图 3-1　黄金井与旦上观鸟湿地实景图

开发观鸟和生态旅游项目,有效带动了全体村民收入的增加。

　　青海省海东市互助县东沟乡大庄村黑泉小微湿地大部分区域以生物多样性保育为主,并不建设任何设施,并采用网栏等方式阻止人们对湿地的破坏。该小微湿地群以 108 个泉眼、溪流和沼泽湿地为特色,而作为保育对象,它与其他小微湿地有所不同,它以保护保育为主,尽量减少人为干扰,使自然发育的湿地更具当地特色，并保障了湿地中土著物种的生存。

3.1.2 水质净化主导型小微湿地

1. 问题与需求

水质净化主导型小微湿地以污染净化及水质改善为主要功能，其实施对象为具有自净潜力且来水为污染水体的小微湿地。例如，乡村地区的种植废水、养殖废水及农村生活污水，这些水体中常含有大量有机污染物、氮磷等营养物、重金属、盐类等多种污染物。因此，需要对这些污染物进行高效去除，以净化水质。

2. 修复思路

针对不同污染来源的水体，通过结合当地地形和水文条件，相关单位引入了多种水污染控制措施，包括生态沟、沉淀塘、挺水植物净化塘、浮叶植物净化塘、沉水植物净化塘、生态浮床以及渗滤堰等。这些措施共同作用下，能够高效地去除水中的有机污染物、氮磷等营养物、重金属、盐类等多种污染物，从而成功构建了一个集约、灵活、美观且成本低廉的水质净化主导型小微湿地体系，这一体系在生产、生活和生态空间之间形成了一道接近自然的生态屏障。

3. 模式组成

（1）集中式农村生活污水净化湿地

所有农户产生的污水被集中收集，并统一建设处理设施，以处理村庄内的全部污水。污水处理过程首先采用自然处理、常规生物处理等前处理工艺，随后尾水被引入生态沟、沉淀塘、挺水植物净化塘、浮叶植物净化塘、沉水植物净化塘、生态浮床以及渗滤堰等多种净化措施相结合的小微湿地体系中进行进一步净化。此体系特别适用于村庄布局相对密集、规模较大、经济条件良好、村镇企业或旅游业发达，且位于水源保护区内的单村或联村污水处理项目。

（2）分散式农村生活污水净化湿地

将农户污水按照分区进行收集，以稍大的村庄或邻近村庄的联合为单位较为适宜。每个区域的污水将进行单独处理，并依据当地的地形和水文条件，建设包含不同净化措施的小微湿地体系。此体系适用于村庄布局分散、规模较小、地形条件复杂、污水不易集中收集的村庄污水处理项目。

（3）畜禽养殖废水净化湿地

将畜禽养殖废水进行集中收集，针对废水中氮、磷等营养物质及有机物等污染物含量高的问题，相关单位采用人工湿地、氧化塘等生物处理方法进行处理。该方法具有去除畜禽养殖废水污染物效率高、成本低廉、无二次污染等优点。

（4）农田尾水净化湿地

将农田种植废水进行收集，通过小微湿地体系进行水质净化，高效去除化肥农药遗留的有机污染物、氮磷等营养物、重金属、盐类等多种污染物，达到水质净化目标。

（5）污水处理厂尾水净化湿地

将城镇污水厂下游小型河道和村庄沟塘定位为水质净化主导型小微湿地，以净化改善汇流雨水、散排生活污水和小型污水厂尾水为主要目标，选择干扰最小的施工工艺，最大限度地保留湿地近自然状态。

4. 模式应用

江苏常熟泥仓溇乡村湿地中包含河流6条，每条长度在0.5~1.5 km之间，宽度在7~13 m之间；池塘（包括养殖塘）12处，单处面积在0.14~6.4 hm²之间；水田65块，单块面积在0.15~2.7 hm²之间。常熟泥仓溇通过生活污水湿地净化、农田尾水湿地净化、畜禽养殖湿地净化等措施净化了村庄水质，属于水质净化主导型小微湿地。

农村生活污水经湿地净化后，总氮（TN）去除率60%左右，总磷（TP）去除率55%左右，化学需氧量（COD）去除率25%左右，氨氮去除率95%左右，水质由一级B标准达到地表水Ⅲ类标准。农田尾水湿地净化工程，TN去除率50%，硝氮去除率53%，TP去除率80%，活化磷去除率85%，COD去除率25%；农田尾水水质由劣Ⅴ类水提升至准地表水Ⅲ类标准。畜禽养殖湿地净化工程有效分解水中的磷、氮等污染物质，出水污染物浓度明显降低，达到排放标准。

常熟泥仓溇通过生活污水湿地净化、农田尾水湿地净化、畜禽养殖湿地净化，与此同时，泥仓溇乡村湿地通过开展蛙稻共生、稻鱼共生、桑基鱼塘等有机农业,大大减少了系统对外部化学物质的依赖,增加了系统的生物多样性,实现稻、鱼、桑、蚕的丰收,由此促进区域内生活、生产、生态的和谐共生。

(a)

(b)

图3-2　常熟泥仓溇农田尾水湿地净化工程与农村生活污水人工湿地净化示范工程

3.1.3 生境修复主导型小微湿地

1. 问题与需求

根据区域生物多样性保护与修复目标的具体要求，并结合不同类型的生物生境需求的具体差异，相关单位可以实施针对性的修复措施，以分别满足鸟类（如涉禽、游禽）、两栖爬行类（如蛙类、蛇类）、鱼类、昆虫类（如萤火虫、蜻蜓）以及底栖动物（如虾、蟹）等不同生物的栖息需求。

2. 修复思路

通过结合退塘还湿、生态驳岸修复、生态岛构建、沼泽林修复、乡土湿地植被修复、砾石滩修复以及健康水生态系统构建等工程措施，为鸟类、鱼类、昆虫类、底栖动物等提供更为适宜的栖息生境，从而丰富区域湿地生物多样性并增强湿地生态系统的稳定性。

3. 模式组成

（1）涉禽生境修复主导型小微湿地：在部分区域塑造沟渠，增加地形的多样性。觅食区主要通过在不同水深种植沉水植物和湿生草本植物来构建，涉禽避险区和繁殖区则通过种植一定数量的挺水植物来优化，这些措施有利于大型涉禽夜间休憩和鸟类的繁殖。

（2）游禽生境修复主导型小微湿地：功能分区包括觅食区、避险区和休憩区，通过垦埂、进水渠、排水沟和水下地形的改造等，营造适宜游禽生存的生境。

（3）蛙类生境修复主导型小微湿地：通过地形改造和植被恢复，合理配置水塘、常年积水区、沼泽、林地等地貌类型，以优化蛙类的迁徙通道。

（4）鱼类生境修复主导型小微湿地：通过地形改造连通水系，恢复自然水文过程，营造鱼类产卵场、越冬场和索饵场，以改善鱼类的生存环境。

（5）昆虫类生境修复主导型小微湿地：利用场地内部及周边区域内的倒木、枯木、砖头、瓦片等自然材料，构建复合的多孔隙结构，为蜜蜂、蝴蝶、甲虫等昆虫提供丰富的栖息地。

（6）底栖动物生境修复主导型小微湿地：通过地形塑造，营造适合表层底栖类、中层底栖类和底层底栖类生存的适宜生境。

4. 模式应用

重庆市梁平区双桂湖环湖小微湿地群通过对场地进行微地形设计,增加了雨水花园、生境塘等典型湿地结构,从而增加了生物的栖息空间,为动植物的繁衍、生长提供了栖息地。后期调查表明,雨水花园等湿地结构的植物种类有所增加,生物多样性提升效果明显(图 3-3)。据统计,湖岸多维小微湿地群内共有维管植物 161 种,以禾本科、菊科、莎草科、豆科、

(a)

(b)

图 3-3 植物多样性丰富

蔷薇科为优势科。湖岸多维小微湿地群内共有湿地植物80种。其中，沉水植物3种，漂浮植物1种，根生浮叶植物3种，挺水植物27种，湿生植物46种。沉水、漂浮、浮叶、挺水和湿生植物分别占湿地植物总数的3.75%、1.25%、3.75%、33.75%和57.5%。

3.1.4 景观营造主导型小微湿地

1. 问题与需求

景观营造主导型小微湿地主要位于乡村地区的生活空间，也就是农民最为集中的生活区、管理服务区等区域。这类小微湿地旨在强化雨水源头控制，提升景观氛围，优化居住环境，并承载居民的休闲活动。

2. 修复思路

景观营造主导型小微湿地以下沉式绿地、雨水花园、生态滞留沟、景观水池等为主要元素，在美化乡村景观的同时，有效控制雨水径流和污染。这类小微湿地构建的生态空间，既注重景观效果，又兼顾生物生境，为鸟类、两栖爬行类、底栖类动物等提供生存、繁衍和躲避的空间，从而将生物景观引入乡村生活区。

3. 模式组成

（1）增加水环境容量的地形塑造：通过地形塑造，一方面拓宽河道以增加水体容量，另一方面将水体串联成湖，以延长水力停留时间。

（2）融入当地特色的景观植物配置：以当地乡土植物为基础，配置适宜的彩色植物群，使植物配置既具有观赏性，又彰显当地特色。

4. 模式应用

邳州市官湖镇授贤村小微湿地主要集中在该村东侧，邻近沂河，设计面积为4.8925 hm²，是授贤村积极响应乡村振兴战略，推进特色田园乡村建设的成果。该小微湿地不仅周边景色宜人，而且湿地资源丰富。鉴于周边居住区分布密集，景观需求显著，且环境污染相对较少，该小微湿地的功能被设定为以景观营造为主导，同时兼具生态修复和水质净化等多重功能。

按照生态学和美学原理，相关单位精心规划了小微湿地的岸线形态、植被配置和水域面积比例。在构建基本的小微湿地生态系统结构的基础上，注重形成丰富多样的湿地生态景观，以满足公众的观赏、休闲及湿地科普需求。在植物选择和配置上，他们特别强调了生态景观营造的功能需求，确保物种搭配合理，生态功能完备，同时实现观赏功能和水体自净功能的和谐统一。物种搭配主次分明，高低错落，符合各水生植物对生态环境的特定要求。将原有驳岸进行整平，并种植耐水湿植物，水边则点缀黄菖蒲等挺水植物，形成层次丰富的生态驳岸。塘中漂浮着睡莲等浮叶植物，增添了景观的趣味性。此外，将南岸原有的油菜田改造成樱花林，保留了原有的荷塘，并在荷塘周围挖沟以形成高低差，防止荷塘无序扩张。因此处水域较浅，种植了狐尾藻等沉水植物，以净化水质，增强生态活力。岛上植物经过整理，杂草被清除，周围种上了玉蝉花，成为一道亮丽的景观节点。同时，还适量增加了景观植物与景观石，对原有植物进行了合理布局。此外，对原有驳岸进行了整理和平整，并种植了耐水湿植物；挖除了塘埂，以增强水系的流通性。

(a)

(b)

(c)

(d)

图 3-4 授贤湖小微湿地景观主要框架

3.1.5　文化展示主导型小微湿地

1. 问题与需求

将自然教育与生活习俗、地方文化、生态保护联系起来，将"生态自然教育"概念贯穿于小微湿地环境中，鼓励主动式学习、参与式学习，增强生态文明建设理念，营造出全民参与生态环境保护的氛围。

2. 修复思路

文化展示主导型小微湿地以乡土湿地文化保护、湿地科学知识宣传和生态环境教育为主要功能，深入挖掘当地与湿地相关的社会人文资源，并与小微湿地的保护修复、合理利用充分结合，构建重要的且具有地域特色的湿地生态科普教育空间，并为推动乡村地区的生态旅游建设提供优质的平台和载体。

3. 模式组成

具体结合当地的社会人文资源，包括：（1）当地社会与湿地相关的重要历史事件或历史人物；（2）与湿地相关的传统文化、民俗活动、季节性的庆典活动等非物质文化遗产；（3）当地传统中人们对湿地及水资源的理解和利用方式；（4）与湿地相关的重要的人文景观、历史建筑、考古遗迹或文物等。

4. 模式应用

海东市互助县威远镇大寺路村毛斯河小微湿地位于青海省海东市互助县威远镇大寺路村。互助县位于青海省东北部，地处祁连山脉东段南麓，是黄土高原与青藏高原的交汇地带，这里土族人口最为集中，因此被誉为"彩虹的故乡"。该县国土面积 3 424 km², 总人口 40.16 万人，其中包含土、藏、回、蒙等 28 个少数民族，少数民族人口共计 11.31 万人，占总人口的 28.16%。其中，土族人口达 7.53 万人，占总人口的 18.75%，互助县是全国唯一的土族自治县。项目的地理坐标位于东经 101°53′55″~101°54′36″，北纬 36°46′28″~36°46′34″之间。其范围包括东面（从北到南依次为：鼓楼花园小区、七彩星河湾、互助县中医院、毛斯路、毛斯北路、毛斯南路、互助县生态园等）；南面（互助县生态园及道路）；西面（从北到南依次为：威北公路、迎宾大道和宁互一级公路）；北面（西宁环城公路）。

该项目将原有的溪流改造成串联的人工湖,总面积 220 000 m²,其中包括溪流一条,长度为 325 m;人工湖 14 个,总面积为 90 000 m²。毛斯河小微湿地为互助县居民提供休闲游憩的场所,并打造具有高度观赏性的湿地景观。同时,该项目还通过湿地与土族文化的结合,对当地文化及湿地知识进行科普宣教。最后,结合地形塑造和湿地植物配置等手段,保育湿地生物,提升生物多样性。

(a)

(b)

图 3-5　毛斯河建成后现场照片

项目以土族的传统服饰当中的彩虹袖作为毛斯湖水系景观带的文化主题，并根据彩虹袖当中使用的五种色彩引申后形成各自的景观节点主题。通过毛斯湖水系自北向南的延伸，将各个文化主题节点有机串联，形成主题完整、景色宜人的城市滨水景观带；同时，结合宣教系统对湿地知识进行宣传，以提高公众对湿地的认识，进而增强他们的湿地保护意识。

小微湿地工程是结合当地土族文化特色的项目，一方面项目以生态文化休闲的方式增加当地旅游机遇，从而推广了当地特色文化。另一方面项目湿地为当地民众的文化依恋提供了载体，丰富了民众的生活。

3.1.6 生物资源利用主导型小微湿地

1. 问题与需求

生物资源利用主导型小微湿地以提供丰富的动植物产品为主要功能，以发展乡村湿地循环农业、生态农业，增加土地的经济效益为主要目的。

2. 修复思路

通常以水稻种植、水生蔬菜种植、渔业养殖为基础，引入循环农业、生态农业的发展理念，开展稻蛙共生、稻鱼共生、稻鳝共生、水生蔬菜种植、桑基鱼塘、果基鱼塘、清洁养殖等生态农业模式，优化农村产业结构，将居民的生活、生产和生态融为一体，同时增加单位土地的经济效益，提高居民收益。

3. 模式组成

具体结合当地资源，包括稻蛙共生、稻鱼共生、稻鳝共生、水生蔬菜种植、桑基鱼塘、果基鱼塘、清洁养殖等生态农业模式。

4. 模式应用

常熟蒋巷村旅游体验湿地乡村位于常熟、昆山、太仓三市交界处的阳澄湖水系内的戚浦塘流域，是常熟市内自然形成的最低洼地段。全村192户，850人，村辖面积3 km²。蒋巷村有河流6条，每条长度在0.46~1.5 km之间，宽度在

8～12 m 之间；池塘（包括养殖塘）11 处，单处面积在 0.07～5.4 hm² 之间；水田 65 块，单块面积在 0.15～2.7 hm² 之间。蒋巷村通过湿地科技花园进行污水处理净化，通过七巧湖休闲区修复湿地生态，通过千亩粮油生产基地发展生态农业。湿地科技花园污水生态处理出水达到《城镇污水处理厂污染物排放标准》（GB 18918—2002）一级 A 排放标准。

经过科学规划和多年建设，蒋巷村现已形成"蒋巷工业园""村民蔬菜园""村民新家园""蒋巷生态园"和"千亩无公害优质粮油生产基地"等五大主要板块，并建设有污水生态处理设施、小型沼气池、秸秆气化站、大气环境自动监测站等配套设施。作为全国文明村和国家级生态村，其发展历程始终贯穿着生态理念，成为发展"绿色能源、循环经济"的典范，同时也是中国现代化新农村的典型代表。

图 3-6 湿地科技花园

3.1.7 调蓄调节主导型小微湿地

1. 问题与需求

调蓄调节主导型小微湿地以调蓄径流、补充地下水、调节局部小气候和固碳增汇为主要功能。

2. 修复思路

通过水文梳理、植被修复、驳岸修复、食物链修复等措施，完善小微湿地水文水系，保障湿地植被群落稳定。

3. 模式组成

海绵型湿地、调蓄多塘湿地、季节性湿地。

4. 模式应用

开州区环汉丰湖"湿地五小工程"坐落于重庆市开州区汉丰湖南岸滨湖带。该项目在环汉丰湖滨水区域实施了雨水花园、生物沟、生物洼地、青蛙塘、蜻蜓塘等小型湿地工程,即"湿地五小工程",总建设面积约为 50 000 m²。这些工程指在防控城市面源污染、调蓄雨洪、提升生物多样性,并兼具改善局地微气候和美化优化景观的功能。

雨水花园等生态细胞工程与湖岸带湿地的"三带缓冲系统"紧密结合,共同为区域提供了强大的生态保障。项目实施后,不仅丰富了滨湖带的植物种类,提高了生物多样性、生境异质性,而且有效减少了城市地表径流的面源污染,解决了水敏型城市面临的水质问题。

图 3-7 汉丰湖芙蓉坝环湖"湿地五小工程"之小微湿地

由于开州区汉丰湖南岸原多采用硬质高陡坡护岸，滨水空间内硬质化道路和人工建筑众多，导致生态缓冲区严重不足。通过引入"湿地五小工程"理念，建设了雨水花园、连续生物沟、生物洼地、青蛙塘、蜻蜓塘，不仅实现了湖岸微地形的异质性，提升了水文连通性，还通过种植多样的湿地植物美化了景观。"湿地五小工程"构成了环湖的水敏性缓冲带，持续发挥着雨洪调蓄、初期雨水污染削减与生物多样性提升等生态系统服务功能，成为汉丰湖湖岸连续生态屏障的重要补充。这一举措不仅促进了滨水空间与自然水体之间的功能联系，还为城市居民提供了亲近自然、科普宣教的宝贵场所。

3.1.8 小微湿地综合体

1. 问题与需求

小微湿地综合体一般由多个小微湿地组成，通常具备2个及以上主导功能。各小微湿地之间在空间上相近，水系相连，处于同一生态环境的区域内。在水网密集地区，往往分布着众多小微湿地，需要根据地形特点恢复和强化小微湿地的不同主导功能，以充分发挥小微湿地群体的生态功能。

2. 修复思路

主要通过地形改造、水域修复、植被修复、水系连接等手段，联通并协调系统中各分系统的相互关系，同时统筹考虑小微湿地生态系统的完整性，充分利用各小微湿地在空间、水系等方面的紧密联系，防止生境破碎化，以充分发挥小微湿地群体的生态功能。

3. 模式组成

将同一区域内分布的空间相近、水系相连的几个小微湿地，分别赋予各自一个主导功能，这些小微湿地共同组成小微湿地综合体。小微湿地综合体集生态保育、水质净化、生境修复、调蓄调节、文化传承、景观提升等多种功能于一体，能够充分发挥各种生物功能群的作用和小微湿地群的生态功能。

4. 模式应用

沙家浜国家湿地公园小微湿地综合体位于沙家浜国家湿地

公园东南部科普园片区，项目区面积约 2.4 hm^2，原为展示湿地动物的渔乐园，有七个水池，这些水池加上连接它们的进水渠和溪塘，水体总面积约为 5 331 m^2。该综合体功能定位为湿地净化示范、科普宣教和湿地体验。在设计上巧妙地利用这七个水池及其连接水系串成一套水质净化的活水链，每个塘各具主导功能，共同组成了一个小微湿地综合体。在空间和水系上实现了连通，不仅具有水质净化功能，还具有观赏、体验和科普功能，充分发挥了各种生物功能群的作用和小微湿地群的生态功能。

作为沙家浜景区内部湿地，项目区可以净化沙家浜圩内河水，日处理水量 500 m^3，年处理水量 182 500 m^3。进水渠设置 2 组手摇水车，作为无动力设施，提升了儿童的湿地体验。一号耐污沉水植物塘主要用于沉淀。二号藻类塘利用藻类光合过程释放的 O_2，为异养细菌降解有机物、自养细菌氧化氨氮提供电子供体；此外，藻类容易被分解为简单有机物，为后续工艺脱氮提供有效的碳源。三号水生动物挺水植物塘利用发达的挺水植物根系净化水体并固定沉积物。四号水生动物沉水植物塘中，浮游动物增加水体有机碳含量，调节水体碳氮平衡，促进微生物脱氮除磷；沉水植物则吸收营养、增加水体氧含量，为浮游动物提供氧气，且茂密的沉水植物枝叶附着微生物群落，能增加微生物生长繁衍的场所。五号浮叶植物塘中，浮叶植物浮在水面进行光合作用，又遮挡阳光以抑制水中植物的光合放氧，为兼氧微生物脱氮除磷提供良好水体缺氧环境。六号小型鱼类塘中，小型鱼类取食浮游植物、浮游动物、有机颗粒等，形成捕食食物链；底栖动物摄食动植物残体、有机碎屑、悬浮颗粒等，形成腐食食物链，进而完善食物链结构，提高生物多样性。七号鱼类产卵塘中，沉水植物为鱼类提供产卵及附着场所，浮游生物、小型鱼类、底栖动物则为鱼类提供了丰富的饵料。

3.1.9 湿地乡村

1. 问题与需求

乡村小微湿地与农业生产、农民生活密切相关，蕴含着生

图3-8 沙家浜国家湿地公园小微湿地综合体

产、生活、生态"三生融合"的新兴湿地管理模式，是实现农村地区社会经济和生态环境可持续发展的重要基础。探索小微湿地保护与利用的平衡点，既可保护小微湿地，又可创造出社会、经济价值。

2. 修复思路

以湿地空间为基础，河湖水系为纽带，实现生产、生活、生态"三生融合"，打造宜居、宜游的现代化复合型乡村。根据湿地乡村所具有的资源特征和分布情况，将湿地乡村划分成既相对独立、又相互联系的不同地理单元，明确各单元的建设方向和主要功能，采取相应的管理措施。

3. 模式组成

（1）湿地乡村应依据规划对象的属性、特征和管理的需要，进行科学合理分区，实施分区管理，遵循同一区内规划对象的特性及其存在环境基本一致的原则，同时确保管理目标和技术措施也基本一致，并坚持保持自然、人文单元的完整性。

（2）根据功能不同，湿地乡村大体划分为生活区、生产区、生态区等。根据不同湿地乡村的具体条件，生活区可根据细分功能的不同划分为村落生活区、管理服务区、乡村度假区等区域；生产区可根据产品的不同划分为粮食生产区、重要农产品生产区、特色产品生产区等；生态区可根据生态敏感性的不同划分为生态保育区、生态修复区、生态体验区等。

表 3-1　湿地乡村功能分区分析表

功能分区		功能分析
生活区	村落生活区	以当地居民为主体的村民生活空间
	管理服务区	湿地乡村管理者开展管理和旅游服务活动的区域
	乡村度假区	以外来游客为主体的旅游居住空间
生产区	粮食生产区	小麦、稻谷、玉米三大谷物粮食生产的区域
	重要农产品生产区	大豆、棉花、糖料蔗、油菜籽、天然橡胶等五类重要农产品生产的区域
	特色产品生产区	水果、工艺品以及工业产品生产的区域
生态区	生态核心区	综合湿地保育、湿地文化展示、湿地科普宣教，体现人与自然和谐共生的核心区域。该区域须严格控制人为活动的强度
	生态修复区	可供开展退化湿地的修复重建和培育活动，兼顾生态观光游览体验
	生态体验区	可供开展生态旅游以及其他不损害湿地生态系统的利用活动

4. 模式应用

常熟沉海圩休闲观光湿地乡村有河流 11 条，每条长度在 0.3～2.1 km 之间，宽度在 7～10 m 之间；池塘（包括养殖塘）8 处，单处面积在 0.1～3.05 hm^2 之间；水田 49 块，单块面积在 0.05～0.86 hm^2 之间。通过退塘还湿、生态驳岸重塑、湿地生态岛构建、湿地植被种植等措施，修复重建了近自然的湿地生境，从而为鸟类、鱼类、底栖动物提供更为适宜的栖息生境，丰富了湿地生物的多样性，做到湿地生产与湿地生态的和谐共存，也为原住居民和外来游客提供了休憩、观光的良好生态空间，成为地方重要的休闲活动集聚场所。

图3-9 沉海圩乡村湿地功能分区图

常熟沉海圩湿地乡村以乡村自然河流为纽带，将分布于其中的核心湿地区、稻田湿地区、果林种植区、水质修复区、村落生活区、公共服务区连接起来，形成了集湿地自然环境、湿地农业生产、滨水乡村生活、休闲旅游观光于一体的乡村湿地模式。根据区域功能的不同，沉海圩乡村湿地划分为六个功能分区。稻田湿地区是沉海圩中面积最大的功能区，在保留基本农田生产功能的同时，采用生态农业、循环农业技术，实现了生产、环保和景观的有机结合。核心湿地区以湿地植物园与鸟类栖息生态岛为核心，提供乡村休闲旅游空间与相应的旅游服务设施与景观设施。果林种植区在保留现状果林的基础上，注重提升其生态价值与观赏价值，以此来增加旅游参与功能。水质修复区通过连通现状水道、池塘，形成两条湿地河道，对规划区从北向南的水流和规划区外直接流经的水体进行过滤净化。村落生活区是现状自然村落，是村民生活空间。公共服务区具有服务村民和游客的功能。

3.1.10 湿地小镇

1. 问题与需求

湿地小镇以湿地空间为基础,河湖水系为纽带,旨在实现产业、文化、旅游"三位一体",以及生产、生活、生态"三生融合",从而打造成为宜居、宜游的新兴特色小镇。湿地小镇是旅游景区、消费产业聚集区、新型城镇化发展区三区合一,产城乡一体化的新模式。

2. 修复思路

提升湿地小镇水环境、物质空间构造以及特色湿地产业的集聚度。空间布局应综合生态科学、景观美学、建筑艺术等,实现生态治水、景观美水,湿地孕产业、产业惠湿地的规划目标。从功能、形态、产业和制度这四个维度,将发展理念和内涵进行交叉构建,指导小镇规划及产业布局,从而实现湿地产业发展与湿地生态融合。

3. 模式组成

强湿:湿地生态保护与修复、生态廊道生境改善、交通道路生态廊道景观改善、动植物栖息地斑块保护修复等。

乐居:生活空间"湿地特色化提升"、建设湿地社区——具有居住、医疗、养生、文化、体育等功能的新型养老社区。

优产:通过农田面源污染综合治理、尾水人工湿地构建、生态净化湿地构建等,优化水质,提升产品品质,打造生态农产品。

铸核:开展湿地产品生态结构优化,探索优质多抗高产品种筛选繁育、减灾避灾、生物防治等技术,聚焦生态产业。

筑游:与旅游结合,充分发挥湿地生态功能。

琢文:梳理湿地文化体系,开展文化体验。

4. 模式应用

沙家浜湿地小镇以"沙家浜""水"及"滨水"三个关键词为线索,延长产业链,提高产业效能,从而创造有利于水生态和水环境发展的基础条件。同时,规划将"生态水"元素贯穿产业运营全过程,为到访游客创造多维的"湿地感知"。在未来的湿地小镇建设中,对湿地的认知将不再仅仅停留在为村民家门口增添一片绿色、呈现一片清澈的水面这些层面，而是会更加注重人与湿地的和谐相处，将湿地保护工作与改善农村环境、湿地产业提升相结合，更充分考虑景观、旅游要素，为湿地旅游业的可持续发展和小镇的全面湿地化转型留下充足的空间，打下坚实的基础。湿地和小镇共建共美，产业与生态效益兼顾，期待沙家浜湿地依托产业开发与环境重塑，勾勒出一幅现代水乡小镇的风情图。

图3-10　沙家浜湿地小镇以湿地为特色的集聚产业

　　绿色产业模式植入。(1)发展渔业规模化养殖和生态循环农业模式等第一产业。① 渔业规模化养殖：以生态保护为前提，引进优质水产品种，在连片的较大水面区域建设标准化健康养殖示范园。② 生态循环农业模式：推广果基鱼塘、桑基鱼塘、竹基鱼塘、花基鱼塘和鱼藕混养等生态循环模式，这些模式通过鱼塘养鱼、鱼粪肥田、花粉肥鱼的循环机制，既传承了传统基塘农业文化，促进了湿地与农业的共生发展，又增强了生态系统的稳定性和可持续性，实现了生态环境保护。③ 生态渔业模式及配套技术。④ 观光生态农业模式及配套技术：发展温室大棚生态农业。(2)发展农副食品深加工业、食品制造业、手工业（非物质文化遗产）等第二产业。（3）在现有批发、零售业的基础上，植入特色餐饮、特色零售业及互动体验活动，以完善大闸蟹交易、船菜等产业链，从而发展第三产业。

重点发展湿地特色"芦苇"产业，传承并发扬传统艺术手工业，延长芦苇产业链，促进产业融合，以延缓农村"空心化"趋势。与地方高校及艺术机构联合，积极创作芦苇艺术新作品，以反映淀区民间生活及民间审美趋向。保护芦苇艺术创作环境，包括自然生态环境和社会人文环境，以确保淀区特有的民间民俗生活习惯、建筑风貌以及良好的自然风光得以保留，为艺术创作提供肥沃的土壤。以芦苇艺术为中心，积极开发相关产业，包括观光旅游业、服务业、农家乐、地方戏曲文化演出以及艺术写生基地建设。建立与游客互动的芦苇艺术创作体验馆。最后，必须强调白洋淀传统芦苇编织艺术的有效保护和传承。在文化产业发展的过程中，应避免只重视经济开发而忽略文化资源自身的发展，以免破坏其赖以生存的环境，对原本就十分脆弱的民间芦苇编织艺术造成不可挽回的损害。

3.2 基于不同湿地类型的模式

3.2.1 近海与海岸型小微湿地

1. 问题与需求

近海与海岸型小微湿地涵盖了海滨区域海岸性微咸水、咸水或盐水的小型湖泊，以及由潟湖与海隔离后自然演化形成的小型淡水湖泊。对于海岸性微咸水、咸水或盐水的小型湖泊，应确保其有一个或多个狭窄水道与海相通，以便修复和维护其咸水环境。

2. 修复思路

以保护湿地生态系统和生物多样性、拯救珍稀濒危禽鸟为核心目标，相关单位将湿地恢复工程与管护设施建设作为工作重点。通过采取科学合理的生态工程措施及湿地管理措施，他们将侧重于湿地基底的恢复、湿地水文状况的改善以及鸟类栖息生境的营造。这些努力旨在增强湿地生态系统的自我稳定性和生物多样性保护能力，推动科研和监测工作的顺利开展，逐步恢复已退化的海岸带湿地生态系统，提高湿地鸟类多样性及区域环境承载力，进而促进海岸带湿地保护和恢复的良性循环。

3. 模式组成

通过引水工程，解决土地旱化问题；通过淡水、海水水量调控工程，解决土壤盐碱问题；通过地形改造，创造多样性的生境，提高生物多样性；通过植被恢复工程，为不同鸟类提供食物及栖息空间；通过底栖及鱼类恢复工程，为不同鸟类提供食物；通过水文调控工程，控制不同的水位高程，为鸟类提供觅食空间。

4. 模式应用

射阳银宝盐场一号水库生态修复小微湿地位于江苏盐城湿地珍禽国家级自然保护区缓冲区内，总面积约 580 hm^2。该保护区地处东亚—澳大利西亚鸟类迁飞路线上，其总体功能定位为鸟类栖息地。修复前，项目区存在较严重的旱化和湿地退化问题，不适宜鸟类栖息。通过实施湿地补水及栖息地塑造等工程，包括对游禽栖息地中心区和涉禽栖息地中心区的地形改造，项目区已逐步恢复成近自然湿地，为鸟类提供了理想的栖息环境。从前期的植物群落单一，到修复后发现了 20 科 40 属 44 种陆生维管植物，植被覆盖度增加了 20%；同时，鸟类增加到 78 种，其中包括黑脸琵鹭等珍稀濒危物种，还发现了凤头鹏鹏、黑翅鸢、蚊鹞、白腹姬鹟、淡色沙燕等在该地区不常见的鸟类。

(a)

(b)

图 3-11 近海小微湿地鸟类恢复

3.2.2 沼泽型小微湿地

1. 问题与需求

沼泽型小微湿地包括小型苔藓沼泽（修复以苔鲜植物为优势群落的沼泽）、小型草本沼泽（修复以水生和沼生的草本植物为优势群落的淡水沼泽）、小型灌丛沼泽（修复以灌丛植物为优势群落的淡水沼泽）、小型森林沼泽（修复以乔木森林植物为优势群落的淡水沼泽）、小型内陆盐沼（修复受盐水影响，生长盐生植被的沼泽）、小型季节性沼泽（修复受微咸水或咸水影响，只在部分季节维持浸湿或潮湿状况的沼泽）、小型沼泽化草甸（修复为草甸向沼泽植被的过渡类型，包括分布在平原地区的沼泽化草甸以及高山和高原地区具有高寒性质的沼泽化草甸）、小型地热湿地（修复以地热矿泉水补给为主的沼泽）、小型淡水泉和绿洲湿地（主要由露头地下泉水补给的沼泽）等。沼泽湿地修复后必须具有以下三个特征之一：（1）地表经常过湿或有薄层积水；（2）生长沼生和部分湿生、水生或盐生植物；（3）有泥炭积累。

2. 修复思路

根据不同沼泽类型，因地制宜，通过地形改造以沟通水系，通过修复植被以恢复沼泽生境，从而提供多样化的栖息地环境，提升生物多样性，修复生态系统，恢复生态景观。

3. 模式组成

在湖湾区域通过微地形营造与修复，来营造湖湾浅水湿地沼泽，从而形成湿地岸带—浅滩浅水区—深水区平缓过渡的湖岸生态与景观界面，增强了水力连通性，促进了水体中物质的迁移与转换速率，同时修复了湿地植被，提升了生物多样性。

通过林地修复与林下微地形的塑造，打造出林下小微湿地。利用种植的灌木丛或枯死的灌木堆来营造湿地地形，这些地形结构不仅为动物提供了适宜的活动空间，还为植物生长提供了必要的附着表面，且这些地形结构在水面上下均可存在。此外，利用木质物残体，如树桩、倒木等，来进一步丰富湿地地形，使其更加自然，为动物提供了理想的栖息与隐蔽场所。这些木质物残体均可在原地或邻近的生态环境中就地取材。

4. 模式应用

鹅泉湿地保护小区位于广西靖西市城区西南 6 km 处，地处靖西市城区与乡村的交界地带，是靖西市著名的八景之一。小区内水田、河道、水塘稠密，主要水域景观包括泉眼、溪流、泽地、水堤、岛屿等。湿地小区总面积 97.33 hm²，其中湿地面积 47.93 hm²，占湿地总面积的 49.2%。小区内以水域沼泽和水田为主，沼泽面积约 2.48 hm²；池塘（含养殖塘）6 处，单处面积在 0.27～0.89 hm² 之间；水田面积各异，单块面积在 0.13～1.7 hm² 之间。

鹅泉为中国西南部的三大名泉之一，同时也是亚洲第一大跨国瀑布——德天瀑布的源头，还是中南地区母亲河——珠江的源头之一。小区内植被种类独特，绿化覆盖良好，有自然生长的杨柳群和环绕村庄的湿生竹林。湿地管理部门在建设湿地保护小区时，采取了多项措施：一是加强宣传和教育，提升公众保护意识，为解决游客对湿地造成污染的问题，景区管理部门全力做好相关宣传工作，科学规划并设置垃圾分类收集箱，做好垃圾清运与处理等工作；二是建立并完善湿地保护小区管理体系，湿地管理部门做好指导服务工作，在湿地保护小区内设立湿地管理机构，负责鹅泉湿地小区的日常管理工作；三是规划湿地资源保护措施，减少湿地污染现象的发生。

图 3-12　鹅泉/百色市旅游发展委员会

鹅泉湿地小区依托鹅泉湿地这一核心资源，充分利用湿地小区周边的自然资源，发展乡村旅游配套项目，有效解决了周边社区居民的就业问题，并提高了他们的经济收入水平。凭借湿地内丰富的溪流资源，开展游船载客服务，为社区居民增加了经济收入。同时，利用以鹅泉水草为主料并荣获美食金奖的泉草煎蛋，获银奖的鹅泉螺，获铜奖的鹅泉烧鹅，以及鹅泉神蚌汤等特色美食，弘扬了壮乡的饮食民俗文化。

3.2.3 河流型小微湿地

1. 问题与需求

河流型小微湿地涵盖小型永久性河流、小型季节性或间歇性河流以及小型溪流。对于小型永久性河流，应确保其河床部分常年有水；对于小型季节性或间歇性河流，则需保障其在相应季节或时段内有水；而小型溪流则需保障其源头集水区的水流涌出，地下水的保障在此类湿地中尤为重要。

2. 修复思路

通过小微湿地对水体进行深度净化后，再引导其流入河流，使整个系统能够发挥净化水质、调节局地气候、优化人居环境的综合作用。改造并优化了那些林相、林型、林种单一的农田防护林带，使其具备多功能、多效益的特征，同时作为河流的缓冲带，提高河岸抵御河水冲刷的能力，增强河岸的安全性。此外，为鸟类栖息地的保护、引鸟区营造等保护、保育措施提供足够的空间，从而丰富湿地公园的动植物种类，特别是提升鸟类的生物多样性。

3. 模式组成

尾水处理净化入河模式：所有场镇和集中农村居民居住点的生活污水，经过污水处理厂处理并达标后，进入小微湿地进行深度净化，随后再流入河流。他们设计了集蓄、排、净、利、调、控于一体的乡村污水治理小微水文系统。

河岸林—塘的模式：根据地形特点以及河岸带的多功能需求，他们将多塘系统与疏林巧妙结合，构建了疏林—多塘系统。在这个系统中，水塘不仅塑造了丰富的地形，还显著提升了生物多样性。水塘成了青蛙和水生昆虫的重要栖息地，从而有效促进了生物多样性的增加。此外，在塘基之上、疏林林下，一系列草本植物茁壮成长，他们种植了一些花卉及观赏草，也将自然生长繁衍。这一切得益于丰富的地形和优越的水文条件，共同构成了多塘系统独特的塘基景观。

4. 模式应用

梁平区龙溪河河岸疏林—多塘小微湿地位于重庆市梁平区龙溪河川西渔村段，龙溪河为长江北岸的一级支流，发源于梁平区东明月山东麓和梁平区铁凤山西北，两源汇合后流经垫江县普顺、大顺、高安，在高洞与发源于忠县的沙河合流始名龙溪河，再向西流12 km，入长寿境六剑滩，经石堰、龙河、双龙、云集、狮子滩、邻封、但渡、凤城等镇街，在长寿主城下游3 km处注入长江。项目范围自礼让镇省道S102桥，至仁贤镇国道G318桥，河流长度5.44 km，宽至两岸道路内侧40~50 m，建设项目整体范围约26.1 hm^2。龙溪河河岸疏林—多塘小微湿地是河、岸、林和小微湿地有机结合的结构，发挥着拦截作用，并净化高地地表径流的面源污染，兼具提升景观品质和丰富生物多样性的功能，属于多功能复合型小微湿地。

小微湿地建设采用了"河岸林—塘"模式，该模式不是大面积典型的镶嵌结构，而是将河、岸、林和小微湿地有机结合起来的复合结构。这种结构不仅首要作用是拦截并净化高地地表径流的面源污染，同时兼具提升景观品质和丰富生物多样性的功能，且在洪水冲刷导致的水位波动情况下，也能发挥稳定河岸的作用。

3.2.4 湖泊型小微湿地

1. 问题与需求

湖泊型小微湿地包括小型永久性咸水湖、小型永久性内陆盐湖、小型季节性淡水湖和小型季节性咸水湖。小型永久性淡水湖应保障长期稳定有淡水；小型永久性咸水湖应保障长期稳定有微咸水/咸水/盐水；小型季节性淡水湖应保障季节性或间歇性有淡水；小型季节性咸水湖应保障季节性或间歇性有微咸水、咸水或盐水。

图 3-13 河岸疏林—多塘小微湿地景观美化优化

2. 修复思路

利用生态清淤、地形梳理、生态修复等途径，对湖泊湿地系统进行修复重建。通过筛选对水体修复能力强且观赏性状好的荷花、芦苇等乡土植物，提高本区域物种多样性和湿地景观层次；通过在深水区散养草鱼、青鱼等多种淡水鱼，增加退化生态系统的物种多样性和食物链复杂性。

3. 模式组成

湖岸带湿地：利用生态工法，改造湿地空间，重塑自然蜿蜒的湖岸线。在湖湾处通过微地形改造，营造不同深浅的水体，从而形成湿地岸带—浅滩—浅水区—深水区平缓过渡的湖岸生态与景观界面，促进水体中物质的迁移与转化，修复湿地植被及生物多样性。

周边水系连通：设计遵循原有地形与汇水格局，通过微地形的重塑，建设多处连通水道，保持水力连通性。

4. 模式应用

黛湖山地溪塘小微湿地位于重庆北碚缙云山风景名胜区内，主要由黛湖及其周边的山体小微湿地群构成，涉及生态修复面积约 41 500 m^2，以及拆除总建筑面积 15 460.7 m^2，实施内容包括水体净化、湖滨植被修复、基地拆除、景观打造等，意在建设高效的山地溪塘复合生态系统，打造长江上游生态屏障的典型示范区。

通过建设系列溪塘小微湿地，修复并提升了黛湖与周边山体冲沟的水文连通性，湿地植物群落的构建则发挥了净化污染、减缓水流的作用。通过柔化与重塑蜿蜒化的湖岸，更有效地控制了土壤侵蚀，截留和降解了入湖污染物质，从而改善了入湖水质。多种措施并举下，修复后的黛湖水体水质明显改善，主要指标已达到地表水Ⅲ类标准。通过重塑湖底浅水沼泽，重塑多样的湖湾地形，为鱼类等水生生物提供良好的栖息场所。拆除湖岸人工建筑，为自然创造更多空间，修复自然栖息地与迁徙廊道。在植物修复方面主要采用当地本土物种进行补植补栽，分层级营造植物景观。植物多样性的增加为昆虫、鸟类提供了多样的栖息地和觅食场所。充分利用场地内部及周边区域内的倒木枯木、砖头、瓦片等，形成复合的多孔隙结构，为蜜蜂、蝴蝶、甲虫等昆虫提供栖息地，并针对性地在小微湿地区域设计了蝴蝶、蜻蜓、青蛙生境，完善和丰富了小区域内的食物网结构，修复后的黛湖及湖周区域生境类型多样，生物多样性得到明显提升。缙云山黛湖山地溪塘小微湿地生态修复工程依托缙云山优越的生态、景观价值，整合黛湖沿线水系、山林与动植物资源，通过修复湿地水文，增加湿地植被覆盖面积，修复生物多样性，建设富有山地特色的"山地湖库小微湿地"。

(a)

(b)

图 3-14 修复前后黛湖水质变化

3.2.5 人工型小微湿地

1. 问题与需求

人工型小微湿地包括小型灌溉用沟渠、小型稻田/冬水田、水生蔬菜田、小型盐田、农用池塘、小型水库（山塘）、小型运河、输水河、小型淡水养殖场、小型海水养殖场、景观水体、雨水湿地（雨水花园）、农田尾水强化净化人工湿地、畜禽养殖尾水强化净化人工湿地、生活污水强化净化人工湿地和污水处理厂强化净化人工湿地等。人工型小微湿地应根据其主导功能进行生态修复，合理利用其生态服务功能。

2. 修复思路

通过人工湿地净化水质，高效去除有机污染物、氮磷等营养物、重金属、盐类等多种污染物，并恢复湿地生态系统，提高生物多样性，发挥其生态服务功能。

3. 模式组成

小微湿地由多个人工湿地单元组成，处理农业面源混合废水。污水处理与新农村秀美乡村建设相结合。

采用"生态塘＋潜流/表流人工湿地＋景观塘"多级分段处理工艺，将设计区域分为一级生态塘、二级潜流/表流人工湿地、河道区和景观区等若干功能单元。

对于尾水的处理，先利用潜流人工湿地拦截颗粒悬浮物等污染物，再利用表面流人工湿地增强污染负荷的去除效率。这类以净化为主要功能的人工湿地，辅以科普宣教设施，不仅有效执行了净化任务，还成了宣传湿地生物保育、污染削减等生态功能的重要平台。

4. 模式应用

江永湿地公园小微湿地位于上江圩镇普美村（女书岛）东部和武村。普美村小微湿地保护与建设项目占地总面积为 8.86 hm²，其中包括小微湿地斑块 8 处，总面积 1.4 hm²，林地 0.7 hm²，农田（含沟渠）6.76 hm²，具体开展的建设内容包括修复生态荷塘 2 处、近自然湿地净化塘 1 处、浮叶植物塘 1 处、森林湿地 1 处、水生蔬菜种植 1 处、生态景观塘 2 处和生活污水净化湿地 1 处。武村小微湿地保护与建设项目占地总面积 1.98 hm²，其中包括小微湿地斑块 5 处，总面积 1.05 hm²，林地 0.78 hm²，新增碎石步道 497 m²，具体开展的建设内容包括生态景观塘 2 处、溪流生境湿地 1 处、生态荷塘 1 处和挺水浮叶植物生态塘 1 处。

图 3-15　湖南江永普美村小微湿地

通过自然修复和人工措施，两个项目均致力于修复小微湿地的生态系统、湿地功能和保护特殊物种。根据小微湿地退化程度、威胁因素制定明确的修复目标。乡村地区小微湿地在生态环境治理、生物多样性保护、乡土文化传承、乡村旅游产业发展和乡村农业转型发展等方面具有独特的优势。开展以不同主导功能为导向的乡村地区小微湿地保护与修复，将有助于从新的角度寻找乡村地区小微湿地的保护与合理利用之间的平衡点，推动乡村振兴战略在具体实践中实现三生空间的充分融合。

3.3 基于不同流域类型的模式

3.3.1 长江上游小微湿地

1. 问题与需求

长江上游因其重要的地理区位、优良的植被覆盖、丰富的水资源等，成为长江流域重要生态屏障。长江上游小微湿地是长江上游重要生态屏障建设的细胞工程，主要具备涵养水源、水资源供给、气候调节、环境净化、生物多样性保育等生态功能。

2. 修复思路

针对高程差异和相对陡峭的地势，对蓄水塘、小微湿地塘群、静置塘、风水塘、沟渠等要素，沿等高线方向进行空间布局。针对不同功能的塘结构进行设计，包括水平方向上不同生活型的湿地植物水平镶嵌，也包括在垂直方向上从水下沉水植物开始形成的垂直分层群落结构。结合山地地表起伏度，除了蓄水塘、静置塘外，小微湿地塘群还包括深塘和浅塘，深塘以浮水植物为主，浅塘以挺水植物为主，由此形成各种小微湿地类型的空间组合，体现了山地立体生态特征。

3. 模式组成

山地梯塘小微湿地模式：顺应等高线设计，结合山地地形，在蓄水塘、梯级小微湿地塘、静置塘的设计方面，将地形与植物设计结合，发挥拦蓄、存储地表水作用。沿等高线延展的塘基，加上塘基上种植的草本植物、灌木和乔木，形成了良好的

"塘基＋植物群落"等高生态结构，发挥着类似山地等高植物篱一样的固定和保持水土的作用。

山地溪—塘湿地网络构建模式：鉴于山地湖泊生态敏感性高、生态价值突出的特点，遵循原生地貌格局与水文条件，构建山地溪—塘湿地网络。通过综合地形设计、植被群落构建等措施，最终形成了这一具有更优生态系统服务功能的自然系统。

4. 模式应用

梁平区山地梯塘小微湿地位于重庆市梁平区明月山上的竹山镇猎神村，上起猎神村沟谷上游蓄水塘顶部（海拔780 m），下至村落旁的风水塘下界（海拔730 m），海拔高差50 m，形成了一带状区域，带状延展长570 m，面积约2.39 hm²。该小微湿地集水质净化、雨洪调蓄、生物多样性保育、湿地农业于一体，是多功能复合型小微湿地。结合山地地形，在蓄水塘、梯级小微湿地塘、静置塘的设计上，巧妙地将地形与植物设计融合，有效发挥拦蓄、存储地表水的作用。此外，沿等高线延展的塘基上，种植了丰富的草本植物、灌木和乔木，形成了独特的"塘基＋植物群落"等高生态结构，有效固定和保持水土。随着梯塘小微湿地的建设，水体和湿地环境得到了显著改善，水体的自净能力逐步提升，水质逐渐变好，达到地表水Ⅲ类标准，为水生昆虫提供了理想的栖息环境。调查发现，此地还有白鹡鸰、北红尾鸲、白顶溪鸲、白冠燕尾等傍水性鸟类活动。这里生境类型多样，生境质量优良，已成为猎神村的生命乐园，呈现了一个真正的山地小微生命景观。

梯塘小微湿地的设计和建设是山地小微景观设计和实践的创新探索，不仅顺应了猎神村山地沟谷的海拔高差和地形起伏，还充分利用了山林汇水水源，构建了沿等高线展布的梯塘小微湿地系统。利用山地小微湿地资源发展湿地生态产业，是山地生命景观设计得以永续利用的基础。猎神村山地梯塘小微湿地的设计和建设，也是山地绿色发展的可行途径，是落实"两山论"、走深走实"两化路"（生态产业化，产业生态化）的有效路径。

图 3-16 梁平区山地梯塘小微湿地

3.3.2 长江中下游小微湿地

1. 问题与需求

长江中下游水系发达，拥有河流、湖泊、沼泽等多种类型的小微湿地，生物资源丰富。然而，这些小微湿地亟须进行生态保育、水质净化、生境修复等多种生态功能的修复。

2. 修复思路

保护优先，加强湿地周边水系保护，进行湿地水体、周边山体等生态修复，建设观鸟设施及湿地保护鸟类展示住房，并加强野生动物保护。同时，建设人工净化湿地，以处理农田尾水、养殖污水和农村生活污水。采取工程措施与生物措施相结合的模式，旨在重建小微湿地，为动植物提供适宜的生境。

3. 模式组成

生态保护：实行红线保护机制，逐步清退已有的畜禽养殖，严格禁止开发性、生产性建设活动，以减少区域面源污染。全面提升野生动物监测能力，深入开展野生动物保护和公共卫生安全宣传，引导全社会自觉增强对野生动物的保护。

人工湿地净化：污水集中收集后，统一建设处理设施，经过自然处理、常规生物处理等前处理工艺，尾水随后进入生态沟、沉淀塘、挺水植物净化塘、浮叶植物净化塘、沉水植物净化塘、生态浮床以及渗滤堰等具有不同净化功能的小微湿地系统。

生境修复：在植物选择上，相关单位主要选取具有环境净化功能、观赏价值高、抗病虫能力强的本地物种。根据不同水深条件，灵活选择植物类型，采用草本植物、挺水植物、浮叶植物和沉水植物的组合种植方式，构造出高低错落、疏密有致的植物群落结构，形成水面与陆地的自然生态过渡带。这不仅能促进植物生长，形成丰富的群落景观，还能为湿地生物提供优质的栖息环境，进而提升小微湿地的生物多样性和生态系统服务功能。

4. 模式应用

湖北省黄土关乡村小微湿地项目位于蔡河镇楼坊村，北起飞沙河水库，西至管家沟与飞沙河河道交汇处，南至楼坊村委前三岔口，东至南界村交界浉河。项目的地理坐标为东经113°50′17″~113°51′26″，北纬31°49′35″~31°50′53″。湿地总面积为7.90 hm^2，河流平均宽度为9.5 m，流程为4.99 km。该区域内野生动植物资源丰富，湿地上游有一个国家小二型水库，是一个典型的常年积水型河流湿地。湿地周边有村庄、水田、滩涂，具有一定的生物多样性。每年，众多迁移鸟类在此栖息、补充能量，同时也有大量鸟类常年在此繁衍生息。黄土关乡村小微湿地项目实行生态农业种养模式，以减少农药、化肥、除草剂等物质对水质的干扰和破坏。在现有资源条件较优的区域，项目建立了湿地保育区与修复重建区，严格限制区域内人员活动，以保护水质，为野生动植物提供理想的栖息繁衍环境。此举不仅有效保护了该区域内的生物多样性，还改善了周边环境，营造了一个良好的野生动植物栖息地。此外，该项目与黄土关农文旅小镇相辅相成，共同推动美丽乡村建设。

图3-17 黄土关乡村小微湿地实景图

3.3.3 太湖流域小微湿地

1. 问题与需求

太湖流域，湿地内水系纵横、水网密布，是典型的平原水网地区。水陆交通便利，农业生产基本条件优越，工业发达，经济基础雄厚，人口稠密，因此，工业与农业带来的污染压力较大。小微湿地的主导功能多样，偏向综合利用。

2. 修复思路

结合所选小微湿地地块周边环境和发展规划，从生产、生活、生态三个维度出发，对各个小微湿地进行主导功能构建。以景观营造、生境修复、水质净化为主导方向，开展科学合理的规划设计。

3. 模式组成

景观营造主导型小微湿地：将城市公园湿地、城郊公园湿地等休闲水体定位为景观营造主导型小微湿地。设计以提升景观视觉体验为主要目标，通过多层次的湿地植物搭配，扩大景观空间范围，丰富视觉层次，改善周边群众的生活质量。以水为脉，增加休闲公园的景观灵动性。

生境修复主导型小微湿地：将人为干扰较少的城郊和生态环境较为稳定的乡村环境中的湖泊水库定位为生境修复主导型小微湿地。设计以修复小微湿地生境、提高生物多样性为主要目标。通过合理的植物配置和施工工艺，完善地块功能，构建功能稳定的湿地生境，使其在城市雨洪管理、污染物处理和生物多样性维持方面发挥积极作用。

水质净化主导型小微湿地：将城镇污水厂下游的小型河道和村庄沟塘定位为水质净化主导型小微湿地。设计以净化汇流雨水、散排生活污水和小型污水处理厂尾水为主要主标，旨在改善水质。选择对湿地干扰最小的施工工艺，最大限度地保留湿地的近自然状态。

4. 模式应用

苏州太湖三山岛湿地公园位于苏州市吴中区东山镇太湖之中，以泽山岛、厥山岛、蠡墅岛和三山岛本岛沿岛岸线外扩200 m及其最短连接线为四至边界，呈不规则的马蹄形。主要进行滨岸缓冲带修复与重建、水生植被带修复与重建、深水区沉水—漂浮植物群落修复与重建等措施，以实现"堤岸陆生植被→水陆过渡植被→水生植被"合理有效过渡，构建结构合理、功能健全的水生生态系统，丰富景观，还原自然。鸟类及栖息地修复规划：对水系、植被进行合理规划，在湿地公园内面积较大、人为干扰少的区域为鸟类提供多样的栖息、繁殖环境；搭建不同人工鸟巢，保留自然状态下的树杈、草丛、倒木以吸引鸟类自行筑巢。水生生态系统修复工程：该工程一是配置生产者物种，即修复岸上植被以吸收土壤中的有害金属元素，修复岸边挺水植被以吸收水体中的富营养物质；二是完善食物链结构，即根据能量金字塔原理和食物链食物网的物质流动原理，进一步在区内湖、塘、河道中配置不同品种的野生鱼类（包括腐食性、草食性、植食性、肉食性鱼类）及其他水生动物，有效构建健康水生态系统，同时充分利用生态位空间和资源，提高区内水产品的附加值和产出率，既达到湿地修复和水污染治理的预期目标，同时也为区内湿地体验项目提供特色湿地资源。
河道湖泊疏浚规划：主要采用底泥疏浚、河道拓宽和水系连通等措施。水系相通可保证湿地生态系统的物质流动，也为能量快速传递提供条件。

图3-18　苏州太湖三山岛湿地公园建设后景观

三山岛最大的特色是规划时有社区参与：设立了三山岛社区管理委员会，负责社区的组织协调工作，并积极组织社区居民参与苏州太湖三山岛国家湿地公园的建设与管理工作，同时明确双方的责、权、利关系。通过协议合作和提供相关技术、信息和服务，对社区进行援助式的帮助，吸收更广泛的社区居民参与到苏州太湖三山岛国家湿地公园的建设与管理中，使苏州太湖三山岛国家湿地公园的保护和管理从身边的居民做起。新农村建设规划融入村庄面貌整改、村庄固废污染控制；有机果园菜地规划了果园菜地整合、分片种植、旅游与农业相结合的发展模式；水街规划则依托三山岛地区丰厚的历史文化底蕴，沿疏浚一新、功能完善的荷花江风光带设立，旨在弘扬吴文化，让游客赏明清建筑，体验渔家风情，享受三山岛独特魅力。

3.3.4 湘江流域小微湿地

1. 问题与需求

湘江流域农业面源污染严重，通过小微湿地处理污水、净化水质，改善生态环境，使水质由四类达到三类以上，水质得到提升再流入湘江，成为全面治理湘江流域黑臭水体的新模式。

2. 修复思路

利用现有集中连片分布的库塘、洼地、农业废弃地以及退耕还湿用地，针对区域农田面源污染治理难度大、农村生活污水集中、湿地生物多样性低、生态景观差以及居民生态休闲和科普宣教场所缺乏等问题，根据不同小微湿地斑块的位置、立地条件和功能需求，确定其修复目标，构建以自然表流湿地为主体、湿地植物类型多样、生态及景观层次丰富的小微湿地，修复小微湿地的生态系统服务功能，改善生态环境，提升自然景观，为居民提供湿地生态休闲场所，宣传普及湿地生态文化。

3. 模式组成

污水处理后供应湿地公园景观用水；景观营造与水质净化结合；污水处理与湿地公园建设相结合；污水处理与新农村秀美乡村建设相结合。

4. 模式应用

衡阳市衡东洣水国家湿地公园小微湿地位于衡阳市衡东县新塘镇的幸福河—杨泗港河道沿线区域。建设总面积 47.87 hm^2，新增湿地面积 32.41 hm^2，修复湿地面积 2.58 hm^2，集水面积约 50 km^2，平均基流量 40 000 m^3/d。该小微湿地以湘江保护为核心，以农业面源污染治理为主要对象，建设湘江沿线保护"绿带"，发挥湿地系统涵养水源、净化污水的生态服务功能。

根据地表水环境质量标准（GB 3838—2002），进水水质为地表水劣V类标准，出水水质基本达到地表水Ⅲ类标准。湿地系统实现零动力自流，年净化污水约 2 000 万 t，污水处理成本仅为 0.075 元/t。农业面源污染治理工作成效显著，生态环境明显提升，水质环境明显改善，导致鱼、虾、水鸟数量明显增多，受到包括央视频道在内的多家媒体宣传报道，并于2021年获评为"湖南省首届国土空间生态修复十大范例"。项目建设总投资为1 078万元。

(a) 净化型湿地植物单元

(b) 景观型湿地植物单元

(c) 溢流调节池

(d) 出水区

图 3-19 衡东洣水小微湿地

3.3.5 高原小微湿地

1. 问题与需求

高原小微湿地位于高寒地区，通常这些区域对人工湿地的应用要求较高，因而不利于其直接应用。然而，高原小微湿地资源丰富,生物保育需求也相对较高。

2. 修复思路

利用原有的天然湖泊,整合周边资源,针对湿地进行保护与修复工作,旨在打造生态宜居的乡村小微湿地。该模式不仅有利于当地湿地的生物保育,满足村民的景观需求,还为更多的民众,包括游客,提供优美的湿地景观和切实的湿地知识等。

3. 模式组成

生态保育:在区域内与人类活动密集接触的区域拉设网围栏,阻断人类进入湿地保护区。安装界桩和标志牌等,明示保护区区域,并警示区域内不得进行开发破坏活动。

耐寒植物选择:选择耐寒水生植物构建人工湿地,这些植物不仅能适应当地不利的气候条件,还能深度净化处理污水处理厂尾水,同时提供良好的湿地景观。

融入当地特色的景观植物配置:以当地乡土植物为植物库,配置适宜的彩色植物群,使植物配置既具观赏性,又能够体现当地特色。

4. 模式应用

青海省海东市互助县东沟乡大庄村黑泉小微湿地位于青海省互助县东沟乡大庄村,它坐落在互助土族故土园国家AAAA级景区之内。全村经济发展主要依靠农业、养殖、苗木和旅游业,形成了以油菜、马铃薯为主导,辅以养殖、苗木和旅游业的特色经济格局。该小微湿地总面积为175 000 m^2,其中包含泉眼108个;溪流1条,长度约770 m;沼泽湿地1处,面积约88 300 m^2。大部分区域以生物多样性保育为主,不构建设施,并通过网栏等方式阻止人为破坏。以108个泉眼、溪流和沼泽湿地为特色的小微湿地群,是本项目保育的主要对象,这种组合形成区别于其他小微湿地。项目以保护保育为主,尽量减少人为干扰,使自然发育的湿地更具当地特色,并保护了湿地中生物的土著物种。黑泉小微湿地在尊重当地特色文化的基础上,主要侧重于保护保育,减少对湿地的破坏与干扰。黑泉小微湿地的特色主要有以下几点:第一,以108个泉眼、溪流和沼泽湿地为特色的小微湿地群,作为保育对象,具有独特性,且项

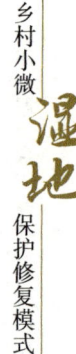

目以保护保育为主，减少了人为干扰，使自然发育的湿地更具当地特色，并保障了湿地中生物的土著物种。第二，限制了人为活动区域，但提供了条件适宜的观赏休闲场所。第三，使用乡土植物对被破坏的区域进行了修复，不仅修复了生态系统，还增加了景观的观赏性。第四，加强了科研监测工作，以便更深入地了解当地的湿地资源。

3.4 基于不同水文类型的模式

小微湿地根据其水文周期，包括积水时间和泛洪频率等因素，可分为以下 5 类模式：

3.4.1 短暂型小微湿地

此类湿地只在突发性暴雨和径流后出现，一段时间后自然消失，只能支持少量水生生物短期生存。

3.4.2 偶然型小微湿地

此类湿地在 10 年内大约有 9 年处于干枯状态，经历少量不规则的泛洪，保持湿润的时间可能持续几个月。湿地内大部分是陆生植物区系，但也生长着少量水生植物，并有一些扩散能力强或抗旱能力高的动物存在。

3.4.3 间歇型小微湿地

此类湿地干湿交替存在，但淹水频率不太规则，泛洪时间可能持续数月甚至数年。水生植物在岸带生长，为适宜短期水体的动物提供生存环境，同时也为其他动物提供繁殖或觅食的场所。

3.4.4 季节性小微湿地

此类湿地每年经历干湿交替，雨季时保持湿润，旱季时则变干。在这样的环境中，大部分植物和动物都能完成它们的生命周期。

3.4.5 近永久型小微湿地

此类湿地规律性泛洪，水位波动，10年内大概有1年是干枯的，生存的生物大部分都不具有耐旱性。

对于水文类型的小微湿地修复，关键是修复适宜的植物，尤其是短暂型、偶然型和间歇型小微湿地。季节性小微湿地和近永久型小微湿地为满足生物栖息地季节性的水位要求以及湿地植物生长的需要，较大的小微湿地可通过计算季节性需求水位，利用区域内的水系以及水利设施，调控不同季节的水位，包括常水位、高水位和低水位三种生态水位。对于季节性小微湿地和近永久型小微湿地，应注意保持水路畅通。

季节性小微湿地案例：广西三联坡那湿地保护小区建于2017年，位于广西崇左市龙州县武德乡三联村坡那屯。该湿地属于季节性河流湿地类型，其中包含河流6条，每条长度在0.7~1.8 km之间，宽度在3~6 m之间；池塘29处，单处面积在0.04~1.14 hm^{2}之间；水田围绕村庄周边，单块面积在0.36~5.5 hm^{2}之间。三联坡那湿地保护小区总面积约为133.33 hm^2（其中湿地面积为14.93 hm^2），季节性河流的丰水期为每年5月至9月，枯水期为10月至来年4月。

随着农业集约化经营强度的不断增强，弄岗保护区周边的季节性河流湿地呈现出减少的趋势。保护小区的湿地均保持原生状态，仅受到轻微的人为活动影响，主要为人工筑土坝蓄水进行水产养殖，对湿地的破坏程度较小。弄岗保护区管理局积极与当地社区群众沟通，召开社区会议，共同分析湿地保护的意义，动员湿地周边的社区群众减少对湿地的破坏性开发。同时，与当地社区群众达成了成立湿地自然保护小区的共识。通过积极谋划，弄岗保护区在保护区周边的三联社区成立了"坡那湿地保护小区"。湿地保护小区建立了管理委员会，并开展日常管理工作。同时，成立了保护小区巡护队，开展生物多样性保护工作，禁止对水生生物进行猎杀，杜绝电鱼、毒鱼等现象。当地湿地保护管理部门与周边社区共同推进湿地保护小区的建设，有效避免了群众对湿地的破坏性开发，小微湿地的原生状态得到了有效保护。

(a)

(b)

(c)

图 3-20　三联坡那湿地保护小区成效图

此外，湿地保护小区位于龙州县全域旅游的黄金线路上，临近弄岗保护区的著名景点"蚬木王"。这为未来在确保生物多样性安全的前提下，拓展湿地保护小区的社会经济作用，助推社区发展，实现生物多样性保护与社区发展的共赢奠定了坚实的基础。

3.5 不同模式涉及的关键技术

3.5.1 水系梳理

1. 水系连通

小微湿地存在水系隔断、淤塞、滞流等问题时，应连通水系，为修复小微湿地奠定基础。

2. 引排水

小微湿地可以通过引排水措施，解决小微湿地补水问题。必要时可以建设相应的控制系统，对进水出口进行调控，保证生态需水位。

水量蒸发和下渗导致水量低于设计水位时，通过引水工程，增加水量；降雨导致水量过大及冬季需要水位降低时，通过排水系统，降低水位。

3. 水位调控

为满足生物栖息地季节性的水位要求，以及湿地植物生长的需要，较大的小微湿地可通过计算季节性需求水位，利用区域内的水系以及水利设施，调控不同季节水位，包括常水位、高水位和低水位三种生态水位。

对于季节性小微湿地，主要应保持水路畅通。

3.5.2 生境修复

1. 微地形塑造

微地形改造主要通过工程措施削低过陡或过高的地貌、平整局部地形（以适应鸟类等需求）、营造生态岛屿、规整小型水面的形状，以改善和营造湿地植被和动物的生存环境，进而增加湿地生境的异质性和稳定性。

小微湿地微地形塑造可以通过对邻近水面起伏不平的开阔地

段进行局部土地平整，削平过高的地势，营造适宜湿地植被生长和动物栖息的开阔环境；规整小型水面的形状，以修复或优化区域水资源分配格局；针对不同种类水鸟的栖息环境要求，基于原有的地形条件，在距离岸边一定距离的开阔水面处营造适宜水鸟栖息的岛屿；对水体较浅的区域进行局部深挖，以增加不同水深环境；构建小型生态堰坝，以扩大区域水体面积并提升水量的稳定性。

修复后的小微湿地多年后常会出现淤积问题，后期管护应予以注意。

2. 水岸修复

依据小微湿地现状水岸条件及修复要求，可采用多种生态水岸形式进行固坡。在此基础之上，应充分保障滨岸带与水体之间的水分交换和调节功能，为生态物种提供具有渗透性、交融性、持续性的生态环境，进而通过生态系统的自净能力实现污染物的有效削减。

3.5.3 植被修复

植被覆盖率或物种丰富度低时，应进行植被修复，同时应尽量保护现存植被。

植物应以适应能力强的乡土植物为主，通常 2~8 hm² 的小微湿地以 3~5 种乡土植物为建群种为宜，2 hm² 以下的小微湿地以 1~3 种乡土植物为建群种为宜，其他植物以自然修复为主。植物选择应根据水文环境和地形条件确定，如常水位以上滩地以种植低矮湿生植物为主；常水位以下的以种植水生植物为主；水岸以种植湿生灌木为主；固坡及护岸以种植根系发达的灌草为主；河流有通航和行洪排涝要求时，河道内不宜种植沉水植物和浮水（叶）植物。

植物配置方式可按照主导功能需求进行配置：用于净化水体污染时，湿地植物应选择生长迅速，对污染物富集能力强的物种；用于构建动物栖息生境时，湿地植物应满足野生动物的活动需要；用于修复湿地自然风貌时，应采用模拟近自然植被修复方法，选择具有观赏效果且与周边环境融洽的物种；用于水土保持、固岸护坡时，湿地植物应选择根系深、生长快、耐冲刷的物种。

3.5.4　动物多样性修复

1. 鸟类多样性修复

根据鸟类的繁殖习性（繁殖时间、繁殖地点、繁殖期、营巢树种、筑巢材料）和觅食习性（食物种类和食物大小），为鸟类营造适宜的栖息、觅食、繁殖和交配场所，从而达到修复鸟类多样性的目的。湿地水鸟主要以鸻鹬类、鸭类和鹭科鸟类为主，滩涂是鸻鹬类主要的食物来源及觅食场所，水域是鸭类主要的食物来源和觅食场所，而鹭科鸟类栖息主要依赖湿地植被。在修复过程中，应根据修复目标合理布局滩地、植被和水域三者的面积比例。

小微湿地通常面积较小，除小微湿地群之外，修复不应求全，多以几种关键鸟类为目标修复种。

2. 鱼类多样性修复

鱼类多样性修复包括以下几个方面：保证水体中充足的溶氧；设置一定的深水区（1～3 m）；在湿地水体边缘营造适合植物生长的浅水区；构建一定的浅沼泽地；配置沉水植物和浮叶植物（特别是具有净化水质功能的）；种植岸边植物；根据能量金字塔原理和食物链食物网的物质流动原理，配置腐食性、草食性、植食性、肉食性鱼类及其他水生动物，以补充与完善各营养级功能团。

除小微湿地群之外，小微湿地鱼类多样性修复宜以1～3种鱼类为目标修复种。

3. 底栖生物多样性修复

小微湿地底栖动物修复可以通过对水质、基底和岸坡的改造，营造适合底栖生物栖息、繁殖和觅食的场所，从而达到底栖生物种群数量和生物多样性不断提升的修复目的。底栖生物多样性通常与微生境异质性和复杂性存在显著的对应关系，因此，在对湿地修复时应提高微生境复杂度。

对于关键物种或珍稀濒危物种的修复，必要时可采取人工增殖放流种苗的措施。

3.5.5 水生态系统修复

针对存在污染问题的小微湿地，可以抚育耐受不同污染程度（如中度、轻度、微污染等）的水生生物功能群，保障群落自动适应污染程度的变化而维持正向演变。如挺水植物功能群、沉水植物功能群、鱼类功能群及底栖生物功能群。

在抚育水生植被功能群落的基础上，合理配置滤食性、腐食性、草食性、植食性、肉食性鱼类及其他水生动物，充分利用动植物之间的交互作用，维持生态系统稳定。

针对具有多样化微地形与复杂水环境、水资源条件的小微湿地，可以采用不同食物链阶层的生物配置与组合技术，构筑促进种间互促、健康、稳定的生物功能群，构建稳定的"生产者—消费者—分解者"多级多链式复合食物链结构，以保持水生生物的多样性、合理的种群结构及数量。

3.5.6 生态景观修复

生态景观修复主要通过地形改造和植被修复完成。

在湿地景观营造过程中，要注重湿地的修复工作。对于湖滨湿地，要注重滩地的营造，当坡降比在1∶10以上时，可大大增加湿地面积。在湖泊湿地景观营造中，还要注重修复浅滩湿地，即水深在30 cm左右的湿地，并注重水下地形的塑造。

在植物选种方面，多采用乡土植物，同时考虑挺水、浮叶、沉水等植被的合理搭配，以形成一个有机、和谐且统一的组合体。这样的组合应确保各组成部分比例协调，使景观在层次和色彩上均呈现丰富的变化。

湿地景观的修复过程中，应高度重视生态系统的保护，充分展现自然元素和自然过程，尽量减少人工痕迹，以抚育出原生态的自然景观。

4.1 西南地区乡村小微湿地典型案例分析（重庆）

4.1.1 梁平区双桂湖湖岸多功能梯塘小微湿地

1. 基本情况

梁平区双桂湖湖岸多功能梯塘小微湿地于2020年3月完成设计方案，同年4月完成建设。梁平区双桂湖湖岸多功能梯塘小微湿地位于重庆市梁平区双桂湖国家湿地公园西岸，属于公园修复重建区。

该小微湿地总面积约 6.29 hm²，其中包含梯级塘，面积约 4.63 hm²，设计区域现状最低高程约 453.49 m，现状最高高程约 462.13 m，海拔高差约 8.64 m。梯级塘周边建设有植草沟及雨水湿地，总长约 713 m。

该小微湿地是从梯级农耕田地转变而来，在保留原有的缓坡水岸和水田形态的基础上进行再设计，属于生物资源利用主导型。

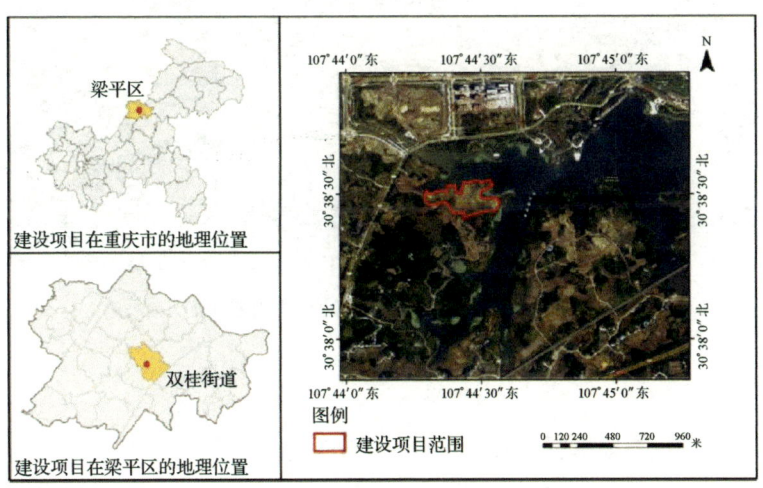

图 4-1 建设项目地理位置示意图

2. 主要工程措施

（1）水质净化工程

湖岸多功能梯塘小微湿地的地表径流主要来源为自然降雨，方向从西岸高程较高处流向双桂湖，自然地形等高线凹陷处形成汇水线，汇集场地地表径流，并接受一定程度的道路自然散排排水，根据高程变化有小幅度蜿蜒水流。湖岸多功能梯塘小微湿地顺应原有的地形条件，利用其已有的缓坡水岸和水田形态，将位于缓坡水岸上原有的水田进行分割，对原有的田埂加以利用，对分割之后的梯塘进行再设计，使塘体的基本形态呈梭子形，让塘面之间有机衔接，沿等高线分布，营建成沿湖岸高程分布的梯塘小微湿地，地表径流在经过梯级塘小微湿地净化后再汇入双桂湖（图4-2）。

图4-2　地表径流在经过梯级塘小微湿地净化后再汇入双桂湖

（2）湿地修复工程

湖岸多功能梯塘小微湿地借鉴山地梯田的生态智慧，塘基上以自生草本植物为主，塘内不做任何底质改造，以水稻泥土为主，并在塘内种植具有经济价值的水生蔬菜和作物，一是作为湿地农业示范，二是丰富生物多样性。这些水生蔬菜和作物不仅是水鸟的食物，也是其良好的栖息生境，同时这些植物也为水中的水生昆虫提供了良好的栖息环境，另外也是景观的重要组成要素。

3. 建成成效

(1) 环境效益

双桂湖西岸的小微湿地能够对来自高地的地表径流污染起到净化作用，为水生动物、水生昆虫提供良好的栖息环境。据统计，湖岸多带多功能梯塘小微湿地中共有高等维管植物114种。以禾本科（Gramineae）、菊科（Compositae）、莎草科（Cyperaceae）为优势科。该小微湿地内有湿地植物65种，其中，沉水植物2种，漂浮植物1种，浮叶根生植物1种，挺水植物21种，湿生植物40种，沉水、漂浮、浮叶、挺水和湿生植物分别占湿地公园内湿地植物总数的3.08%、1.54%、1.54%、32.31%和61.54%。

图4-3 复杂多样的栖息环境

湖岸作为水陆界面，具有非常明显的生境梯度。从湖面到高地的高程梯度，同时也是水分梯度，沿着高程梯度，分布着不一样的生物种类。此外，自然的湖岸洼地、水塘等小微湿地形态，增加了湖岸的环境空间异质性，丰富了小生境类型。

(a)

(b)

图 4-4　湖面到高地不同高程梯度的生境类型

　　湖岸多功能梯塘小微湿地系统除了具备水环境净化功能外，也是鸟类的优良生境、越冬栖息场所和觅食场所。

(a)

(b)

图 4-5 适合鸟类栖息的湖湾小微湿地

(2) 社会效益

双桂湖的湖岸小微湿地发挥着景观美化优化的功能，无论是垂直空间层次的丰富性，还是水平空间上的梯度变化以及空间镶嵌的多样性，都使得双桂湖的湖岸景观更加美丽（图 4-6）。

图 4-6　夕阳下的双桂湖西岸多功能梯塘小微湿地

4. 经验总结

（1）关键技术

湖岸多功能梯塘小微湿地是将位于缓坡水岸上原有的农田进行空间设计，对原有的田埂加以利用，田埂宽度约0.5 m；设计营建了梯塘，塘的基本形态呈梭子形，每级坡度一般在30°左右，水深约0.1～0.3 m；每个塘之间有机衔接，沿等高线分布，改造成沿湖岸高程分布的梯塘小微湿地。

（2）主要模式

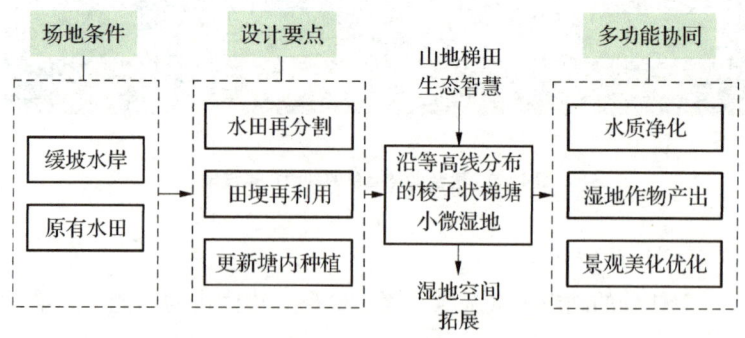

图 4-7　湖岸多功能梯塘小微湿地建设模式

(3) 特色

湖岸多功能梯塘小微湿地经历了从农业生产到生态涵养的功能性转变。从整体来看，东部梯田区域面积较大且地势较为平缓，适宜游赏漫步；西南侧高程较高，地势蜿蜒。在改造设计时，相关单位借鉴了山地梯田的生态智慧，沿着湖岸等高线设计了一系列梭形小微湿，这些湿地共同构成了形成一个湖岸梯塘系统。

(a)

(b)

图 4-8　湖岸多带多功能梯塘小微湿地

4.1.2 梁平区山地梯塘小微湿地

1. 基本情况

梁平区山地梯塘小微湿地于 2019 年 3 月完成设计，同年 4 月下旬完成建设。该小微湿地位于重庆市梁平区明月山竹山镇猎神村。梁平区位于重庆市东北部，地处川东平行岭谷区，辖区面积 1 892 km²，地貌特征为"三山五岭，两槽一坝，丘陵起伏，六水外流"，形成了山、丘、坝兼有，以山地为主的地貌特征。其中，明月山位于梁平区西部，是一座近南北走向、山坡陡峻的条形背斜低山。研究、设计和实施的范围上起猎神村沟谷上游蓄水塘顶部（海拔 780 m），下至村落旁的风水塘下界（海拔 730 m），海拔高差 50 m，呈带状区域分布，带状延展长度为 570 m，面积约 2.39 hm²。梁平区山地梯塘小微湿地是集水质净化、雨洪调蓄、生物多样性保育、湿地农业于一体的多功能复合型小微湿地。

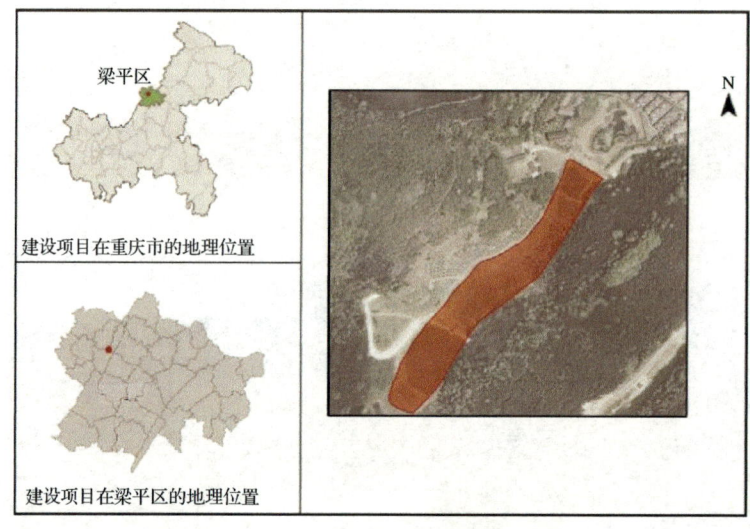

图 4-9 山地梯塘小微湿地地理位置示意图

2. 主要工程措施

（1）地形塑造与水文连通工程

对场地进行三维空间划分，在横向、竖向、纵向上进行优化设计。横向上，进行几何形态优化，依等高线布局大小不同的湿地塘，重塑塘基；竖向上，在塘内部增加微地形，营建深浅塘相结合的模式；纵向上，顺应山地地势，依山而下，构建梯级塘结构，并重建水系结构，形成可储水、排水的水系结构，尽量利用天然降水维持小微湿地环境。山地梯塘小微湿地水系营建通过充分利用山地地形，合理布局梯塘和沟渠，实现场地内部梯塘各地貌单元之间的水系连通，同时便于人工管理。

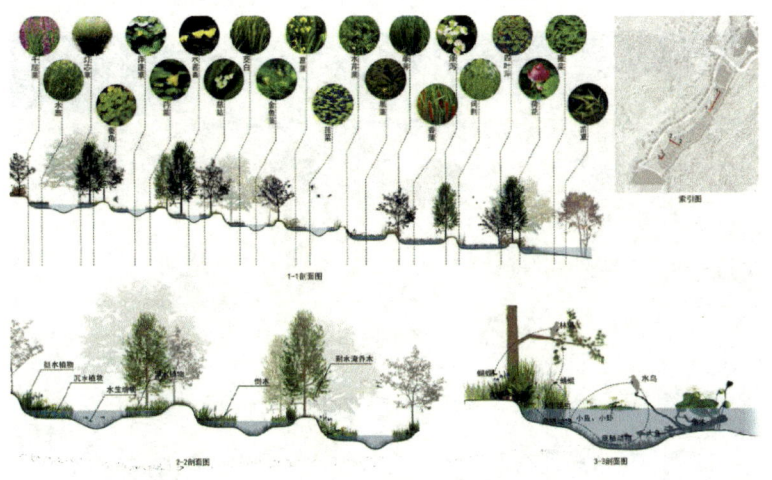

图 4-10　梯塘小微湿地设计剖面图

（2）山地湿地农业种植

各种小微湿地塘中的植物包括沉水植物、浮水植物、挺水植物，浮水植物的覆盖面积以不超过水面的 1/3 为宜。三类生活型的湿地植物配置，除了考虑水质净化、提供生物生境及观赏价值外，还主要筛选了具有食用价值的水生蔬菜，如慈姑、水芹、空心菜、茭白、泽泻、荸荠、莼菜、菱角、荇菜等，以及可用作工艺品和编织品原材料的湿地植物，如香蒲、水葱、灯心草等。沉水植物的植株和浮水植物、挺水植物的茎共同构成了复杂的水下生态空间，为鱼类、水生昆虫提供了优良的栖息环境。塘基上主要种植草花植物和少量小型乔灌木。所选用的湿地植物既考虑了植物的适应性和景观价值，同时也考虑了其经济利用价值，包括金鱼藻、黑藻、菹草、千屈菜、水葱、灯心草、菱角、萍蓬草、荇菜、水罂粟、慈姑、茭白、莼菜、菖蒲、水芹、荸荠、香蒲、泽泻、空心菜等。

3. 建设成效

（1）水质改善

通过水质监测分析，水体的自净能力逐步提升，水质逐渐变好，场地水质达到地表水Ⅲ类标准，为水生昆虫提供了良好的栖息环境。

(a)

(b)

图4-11 梯塘小微湿地内的水质良好

（2）生物多样性提升

通过对场地的科学保护、修复和促进，逐步修复生态功能，完善生态系统，为动植物提供良好的繁衍、栖息场所，从而提升了生物多样性，并丰富了湿地景观。此外，通过积极地招引和合理地引进等措施扩大动植物的种类和数量，也提升了场地生物多样性。后期监测数据表明，目前梯塘小微湿地内的水生无脊椎动物已达五十余种。由于梯塘小微湿地建设，改善了水体和湿地环境，调查发现有白鹡鸰、北红尾鸲、白顶溪鸲、白冠燕尾等傍水性鸟类分布。梯塘小微湿地生境类型多样，生境质量优良，已经成为猎神村的生命乐园，呈现了一个真正的山地小微生命景观。

(a)

(b)

(c)

(d)

图 4-12 梯塘小微湿地内生物种类多样

(3) 经济效益

在梯塘小微湿地塘里种植具有经济利用价值的水生蔬菜，并搭建瓜果棚架，形成复合型湿地生产基地。测算表明，慈姑产量达 1.95 kg/m²，菱角产量达 1.50 kg/m²，茭白产量达 1.80 kg/m²，空心菜产量达 3.75 kg/m²，水芹菜产量达 4.50 kg/m²，特别是空心菜、水芹菜，可实现多季采收。同时，通过让游客体验乡村生活，并参与农事、了解风土人情来拓展湿地农业观光产业，带动乡村民宿发展，全面提升乡村社会、经济以及生态效益。栽种了具有经济价值和观赏价值的莼菜、慈姑、菱角、空心菜、水芹菜等十多种水生经济作物，长势良好。

(a)

(b)

图4-13　山地梯塘小微湿地经济

(4) 社会效益

自梯塘小微湿地建成以来，其优良的景观品质和独特的山地梯塘小微湿地立体景观，为猎神村乡村生态旅游的发展提供了宝贵的风景资源（图4-14）。

图 4-14　景观品质优良的山地梯塘小微湿地

4. 经验总结

（1）关键技术

① 顺应高程的等高线设计技术：西南山地的劳动人民在几千年的生产生活实践中，创造了顺应山地等高线分布的劳作方式及生产模式，如梯田、等高植物篱、堡坎等。本模式试图进一步挖掘隐含在山地等高线智慧背后的生态学机制和景观机理，将顺应高程的等高线设计技术运用于猎神村山地梯塘小微湿地的设计与实施中。结合山地地形，在蓄水塘、梯级小微湿地塘、静置塘的设计方面，将地形与植物设计结合，发挥拦蓄、存储地表水的作用。此外，沿等高线延展的塘基，加上塘基上种植的草本植物、灌木和乔木，形成了良好的"塘基＋植物群落"

等高生态结构，发挥着固定和保持水土的作用。

② 立体生态设计技术：针对山地立体空间特征，本模式提出梯塘小微湿地设计的立体生态空间设计技术，应对海拔高差及立体地形条件，形成一个立体小微湿地生态空间。包括针对场地的空间结构设计及小微湿地生态系统空间结构设计。场地空间结构是从海拔780 m下行到海拔730 m的山间沟谷，针对高程差异和相对陡峭的地势，对蓄水塘、梯级小微湿地塘群、静置塘、风水塘、沟渠等要素，沿等高线方向进行空间布局。针对不同功能的塘结构进行设计，包括水平方向上不同生活型的湿地植物的水平镶嵌，也包括在垂直方向上形成的垂直分层群落结构：从水下的沉水植物开始，依次有浮水植物、挺水植物、湿生植物和塘基上的陆生植物。结合山地地表起伏度，除了蓄水塘、静置塘外，梯级小微湿地塘群还包括深塘和浅塘，深塘的植物以浮水植物为主，浅塘的植物以挺水植物为主，由此形成各种小微湿地类型的空间组合，体现了山地立体生态特征。

③ 小微生命景观设计技术：西南山地区域是中国生物多样性保护的热点区域，由于山地环境空间的异质性高，生物物种资源丰富。由于人为干扰，一些山地区域生物多样性衰退，因此，在山地景观设计与建设中，生物多样性修复与保育是非常重要的任务。小微生命景观策略就是在山地景观设计中，考虑生物多样性的丰富和提升。针对猎神村带状沟谷生物多样性贫乏的现状，通过对高程—地形—水文—植物的协同设计，丰富小生境类型，提高生物物种数量，丰富生命系统，并使梯塘小微湿地系统与周边山林环境协同形成完整的山地生命系统。

④ 多功能设计技术：由于山地环境的立体特征，以及山地自然条件的复杂性，山地生态系统具有多样化的生态服务功能。对于本研究设计的山地小微湿地系统来说，不仅要满足水源涵养功能、水土保持功能、雨洪调控功能、生物多样性保育功能，还应满足景观美化功能及生物生产功能，也就是在满足自然需求的前提下，同样要满足人类的休闲观赏、

经济利用需求。

⑤ 山地生境设计技术：综合考虑各生物物种类群，从生物物种多样性、生境类型多样性等方面进行生物多样性设计，创造多种环境要素的空间组合，形成高异质性的山地小微生境空间，满足多样化生物物种的生存需求，达到生物多样性保育的目的。

（2）主要模式

根据猎神村的资源禀赋和山地环境条件，本模式从地形、结构、水系、功能等方面，提出了山地梯塘小微湿地的设计和营建模式。

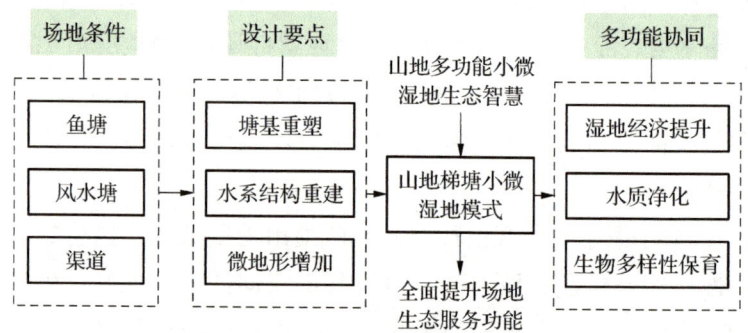

图 4-15　山地梯塘小微湿地设计和营建模式

（3）特色

梯塘小微湿地的设计和建设是山地小微景观设计和实践的创新探索，不仅顺应了猎神村山地沟谷的海拔高差和地形起伏，还充分利用了山林汇水水源，构建了沿等高线展布的梯塘小微湿地系统。利用山地小微湿地资源发展湿地生态产业，是山地生命景观设计得以永续利用的基础。猎神村山地梯塘小微湿地的设计和建设，也是山地绿色发展的可行途径，是落实"两山论"、走深走实"两化路"（生态产业化，产业生态化）的有效路径。

1. 梁平区双桂湖环湖小微湿地群

4.1.3.1 基本情况

梁平区双桂湖环湖小微湿地群项目于 2019 年 9 月开始建设，同年 10 月底完成建设。该模式建设地点在双桂湖北岸梁山草甸景区，属于双桂湖国家湿地公园的修复重建区与合理利用区。梁平区双桂湖环湖小微湿地群占地面积 6.72 hm²。该项目包括梯级塘一处；生境塘 21 个，雨水花园一处，面积 0.35 hm²；另外还有生物沟，总长约 1 153 m。梁平区双桂湖环湖小微湿地群以泡泡湿地、雨水湿地、渗滤湿地等形态呈现，丰富了该区域的生境类型，提升了生物多样性，属于生境修复主导型。

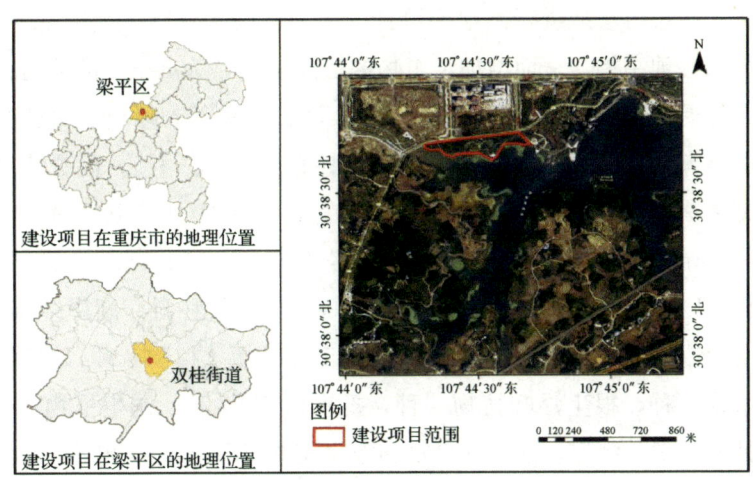

图 4‐16 建设项目地理位置示意图

2. 主要工程措施

（1）水质净化工程

针对场地存在的路面积水及水循环系统未形成等问题，相关单位优化场地内部的水系连通、给排水设计。在道路及绿地方面，雨水沿场地高程散排至生物沟汇集，并沿生物沟高程设计汇入临近深水塘或浅水塘。生物沟导水至深水塘，通过生物沟高程变化由两端往中心导水，最终汇入深水塘。整个场地内旱溪、深水塘、浅水塘、梯级塘、生物沟、生物洼地等水体结构相互连通，并最终与双桂湖湖水连通，所有水体经各类湿地塘渗透、过滤、净化后最终通过地下暗沟排入双桂湖，形成湖塘共生体系。

(2) 湿地修复工程

针对场地存在的湿地结构缺乏问题，通过地形塑造，建设小微湿地群，增加雨水湿地、生物沟、青蛙塘、蜻蜓塘等典型的湿地结构，丰富该区域的生境种类，另一方面，通过增加乔木、水生植物及观赏性植物丰富植物种类，将乔—灌—草进行多种方式组合，形成层次分明的植物群落，从而进一步提升生物多样性。

3. 建设成效

(1) 环境效益

通过对场地进行微地形设计，增加了雨水花园、生境塘等典型湿地结构，从而增加了生物的栖息空间，为动植物的繁衍、生长提供了栖息地。后期调查表明，雨水花园等湿地结构的植物种类有所增加，生物多样性提升效果明显（图4-17）。据统计，湖岸多维小微湿地群内共有维管植物161种，以禾本科（Gramineae）、菊科（Compositae）、莎草科（Cyperaceae）、豆科（Leguminosae）、蔷薇科（Rosaceae）为优势科。湖岸多维小微湿地群内共有湿地植物80种。其中，沉水植物3种，漂浮植物1种，根生浮叶植物3种，挺水植物27种，湿生植物46种，沉水、漂浮、浮叶、挺水和湿生植物分别占湿地植物总数的3.75%、1.25%、3.75%、33.75%和57.5%。

通过实现场地内部湿地结构水系连通，构建流动水系，从而确保水中氧气充足，进而抑制藻类及细菌的繁殖，使水质得以保持。同时，其他生态功能也得到了有效发挥。此外，通过种植金鱼藻、黑藻及苦草等多种沉水植物，增强了水质净化能力，使水质保持清澈（图4-18）。

图 4-17 植物多样性丰富

图 4-18 小微湿地水质清澈

(2) 社会效益

项目建设景观效果较好，目前该区域呈现的景观和自然野趣不仅为各种生物提供了良好的栖息场所，同时也是市民休闲游憩的好场所。不同种类的小微湿地类型更是丰富了双桂湖国家湿地公园的湿地景观资源，为旅游业发展增添了丰富的景观资源，吸引了大量的游客。

(a)

(b)

图4-19 市民休闲游憩场所

4. 经验总结

（1）关键技术

水循环系统：通过场地内部水系连通、给排水优化设计，内部水体与双桂湖湖体形成湖塘共生循环系统。

浇灌系统：通过在场地内部增设自动灌溉系统，场地内各个区域均有足够的水源供给，为植物生长提供保障。

生境营建：生境异质性和植被盖度是影响生物多样性的重要因素。空间异质性程度越高、植被盖度越高，意味着更多的小生境和小气候条件，可以为不同生物提供更为多样化的生存环境。

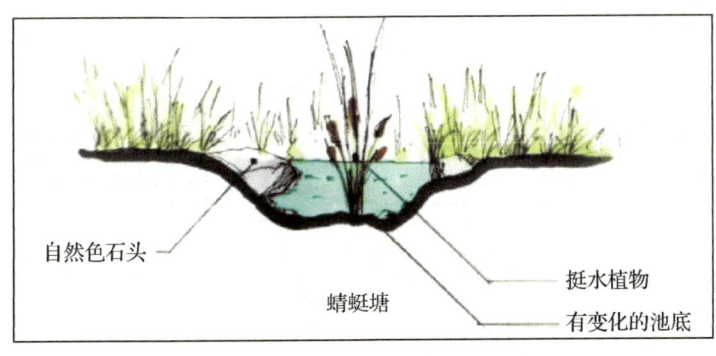

图4-20 蜻蜓生境

图 4‑21 蝴蝶生境

图 4‑22 青蛙生境

（2）主要模式

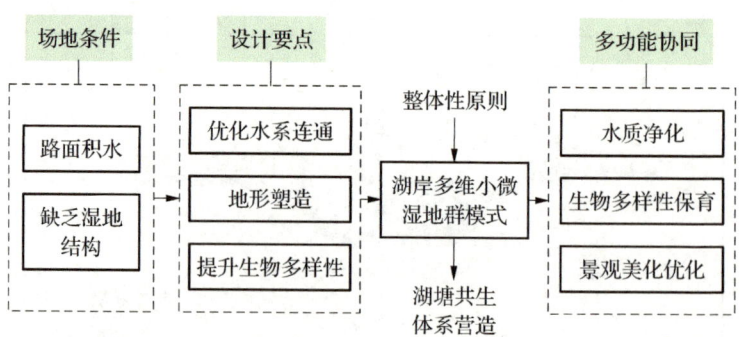

图 4‑23 双桂湖环湖小微湿地群建设模式

(3) 特色

目前所建设的梁平区双桂湖北岸环湖小微湿地群（图 4 - 24），各类小微湿地内部生物群落的不同类群之间、各生物类群与环境因子之间，已经构成协同共生和稳定的小微湿地生态系统，发挥着良好的净化污染、调节微气候、提供生物栖息地等多种生态服务功能。

(a)

(b)

图 4 - 24　湖岸多维小微湿地群

4.1.4　梁平区安胜镇小微湿地与乡村民宿建设

1. 基本情况

梁平区安胜镇小微湿地与乡村民宿建设项目于 2019 年 9 月开始，同年 10 月底完成。该项目位于梁平区安胜镇万石春耕稻田湿地景区内。安胜镇地处梁平区西北部，东接梁山街道、双桂街道，南邻仁贤镇，西连明达镇，北靠城北乡，距离梁平区人民政府驻地6 km。安胜镇地势东南低西北高，境内最高点为并坝村钟家垭口，海拔713 m；最低点为金平村金马嘴，海拔276 m。龙溪河流经安胜镇，横穿金平、龙印、梁盐等村，境内流程约1.5 km。安胜镇有耕地面积2.23万亩，以水田为主。安胜镇小微湿地与乡村民宿建设项目具体位于安胜镇龙印村的双桂田园·万石耕春景区内，占地面积约3 000 m²，由当地闲置民房改造而成，以传统农耕文化风格打造，设置了丰富的农耕体验、玩乐项目和古老农耕用具展示等。"碗米"林团民宿以生态系统整体设计理念为指导，巧妙融合了乡村小微湿地景观、稻田湿地景观和特色民宿元素，展现出茂林修竹、依山傍田、柚树环塘的田园风光，以及塘—渠—沟—田环绕的乡村景致。该项目包括池塘一处，面积约225.73 m²；沟渠总长约148 m。安胜镇小微湿地与乡村民宿建设项目成功地将乡村小微湿地景观、稻田湿地景观和特色民宿相结合，不仅发挥了稻田小微湿地的生态功能，改善了民宿周边的生态多样性，还为游客提供了优美的田园风光体验，是一个集多种功能于一体的复合型小微湿地项目。

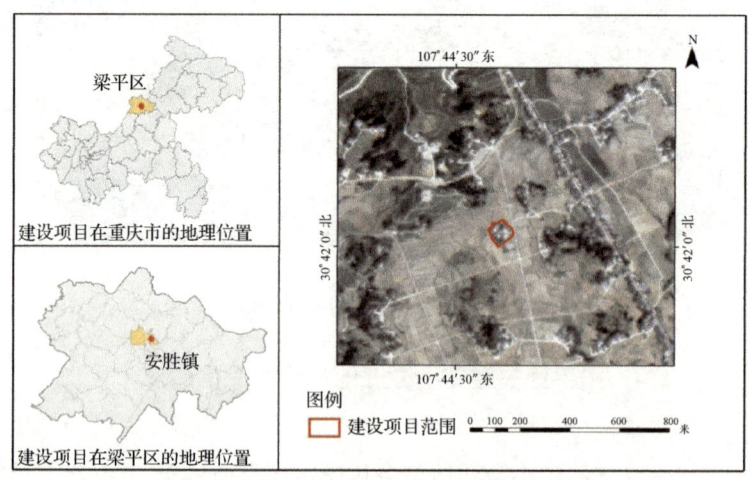

图4-25　建设项目地理位置示意图

图 4-26 塘—渠—沟—田环绕的乡村景致

2. 主要工程措施

梁平区地处渝东平原，自古以来便以物产丰富、产业兴旺著称，正如"四面青山下，蜀东鱼米乡；千家竹叶翠，百里柚花香"所描绘的那样，青山环绕下的梁平坝子盛产粮食、蔬果、竹木，被南宋诗人陆游称赞为"都梁之民独无苦，须晴得晴雨得雨"。

在全面推进乡村振兴的过程中，相关单位创新性地将小微湿地元素融入乡村民宿建设，提出了"小微湿地＋乡村民宿"的融合发展模式，特别注重与当地其他特色产业的融合，以提升小微湿地生态建设的附加值。在具体项目建设中，他们以冬水稻为核心，依托"山—水—林—田—城"的生态景观要素及稻作农耕民俗文化，结合生态农耕、乡村旅游体验，实现了自然元素与人文风情的完美融合。在保持稻田小微湿地原始风貌、留住乡愁记忆的基础上，他们充分发挥稻田小微湿地的生态功能，加强湿地生态系统保护与修复，使其成为保护和改善生态环境的重要载体。

3. 建设成效

（1）环境效益

在梁平区安胜镇小微湿地与乡村民宿建设项目中，碗米民宿周边的林团及小微湿地结构通过改善生物多样性等方式，有效调节了生物种群，并凭借蓄水功能，维持了区域空气的湿度。

图 4-27 碗米民宿内部小微湿地结构

同时，外部稻田小微湿地所蒸发的水汽，能够改善局地气候，调控温度、湿润环境等。

（2）社会效益

碗米林团外部翠竹环绕、田舍相望、山丘错落有致，内部则是青砖灰瓦、条石小路、亭廊静谧，充分展现了生态天然氛围与生活情景的和谐统一，使整个民宿与四周田园风光融为一体。

(a)

(b)

图 4-28 碗米民宿小微湿地景观

林团外部的层层梯田与内部的小微湿地,在有效防治水土流失的同时,也促进了污染的净化,调节了小气候,保护了生物多样性。稻田湿地中,青蛙、黄鳝和各种昆虫繁衍生息,共同营造了一个充满自然野趣的湿地生态环境,吸引了众多游客前来探访。

(a)

(b)

(c)

(d)

图 4-29　自然野趣的湿地环境环绕民宿

（3）经济效益

在碗米民宿景区"米当家"展示厅内，展出了包括全球十大品牌米、中国十大好吃米、重庆十大好吃米等在内的30余种大米品种。游客们不仅可以在此参观了解这些优质大米的详细信息，还能通过电商渠道直接在现场购买，极大地促进了以民宿为带动的乡村小微湿地经济的蓬勃发展。

4. 经验总结

（1）关键技术

梁平区安胜镇小微湿地与乡村民宿建设的成功，关键在于秉持生态系统整体设计理念，巧妙地将乡村小微湿地景观、稻田湿地景观和特色民宿融为一体。乡村小微湿地景观以竹林、塘、沟渠为核心，柚树环塘，竹木成团，包绕农舍；稻田湿地则展现为林团外部的层层梯田，其间青蛙、黄鳝及各种昆虫和谐共生，营造了一个充满自然野趣的湿地生态环境；而特色民宿的打造，则是以传统农耕文化为灵魂，通过农耕体验项目、玩乐活动以及古老农耕用具的展示，让游客深刻感受到乡村文化的魅力。

（2）主要模式

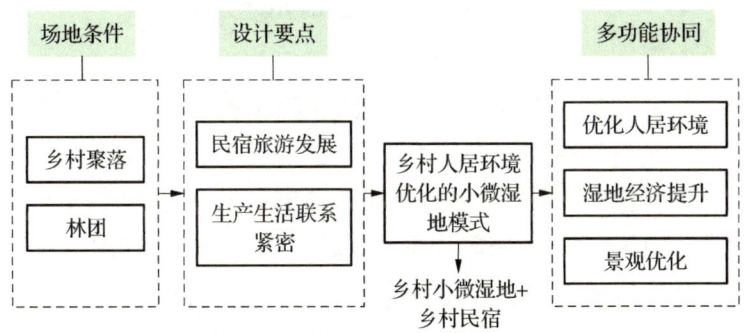

图4-30　小微湿地与乡村民宿建设模式

（3）特色

梁平区安胜镇小微湿地与乡村民宿建设项目，是生命景观理念的一次生动实践。在梁平印屏山的映衬下，这里茂林修竹，竹木成团，包绕农舍，形成了一幅美丽的田园画卷。项目依山傍田，柚树环塘，池塘、沟渠、田埂相互连接，共同围聚起乡村的风水宝地，这便是渝东北独具特色的生命景观——林团。

林团结构与成都地区的林盘群落单元相似，但因其地处山地丘陵区域，其结构更加立体，空间异质性更为显著。在林团的内部和外部，小微湿地与居民的生产生活紧密相连，发挥着调节局地气候、净化生活污水、丰富生物多样性、涵养水源等多重重要功能，为乡村聚落单元的可持续发展提供了有力支撑。

图 4-31 林团聚落及小微湿地景观

4.1.5 梁平区竹林小微湿地与自然教育

1. 基本情况

梁平区竹林小微湿地与自然教育项目于2019年9月开始建设，同年10月底完成。建设地点位于梁平区双桂湖国家湿地公园竹博园西侧。竹博园位于双桂湖国家湿地公园西侧，占地面积500余亩，是双桂湖国家湿地公园八景之一"竹苑闻莺"的重要组成部分，被誉为竹种质资源基因库，栽种有竹子300余种。竹林小微湿地占地面积约7.25 hm²；科普宣教中心占地面积约2.18 hm²。该项目通过建设室内、室外自然教育点，采用丰富多元的展示方式，让群众可以多方面地接受自然教育，在文化展示方面占据主导地位。

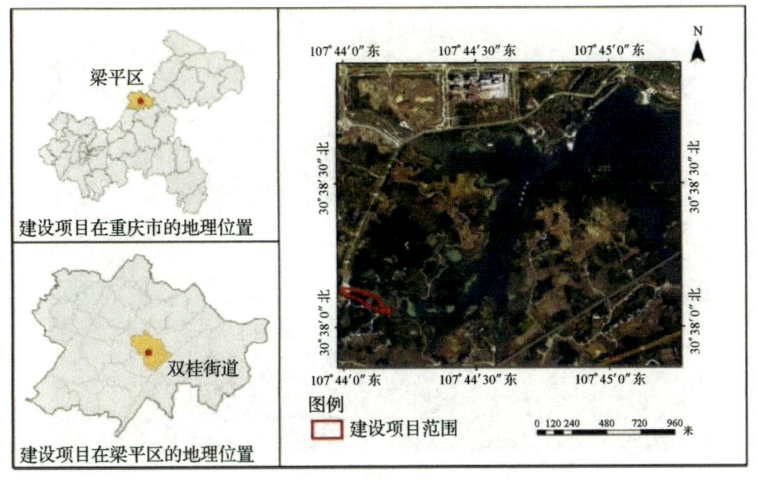

图 4-32 建设项目地理位置示意图

2. 主要工程措施

（1）自然教育工程

结合竹林小微湿地重要节点，增加场地现状解说牌（图4-33），将自然教育与生活习俗、地方文化、生态保护联系起来，将"竹林小微湿地"与"生态自然教育"概念贯穿于竹林小微湿地环境中，鼓励参与式学习，增强生态文明建设理念，营造出全民参与生态环境保护的氛围。自然教育旨在以体验学习的方式重新建立人与自然的连接，促进公众参与自然生态保护的积极性，实现人类与自然的可持续发展。

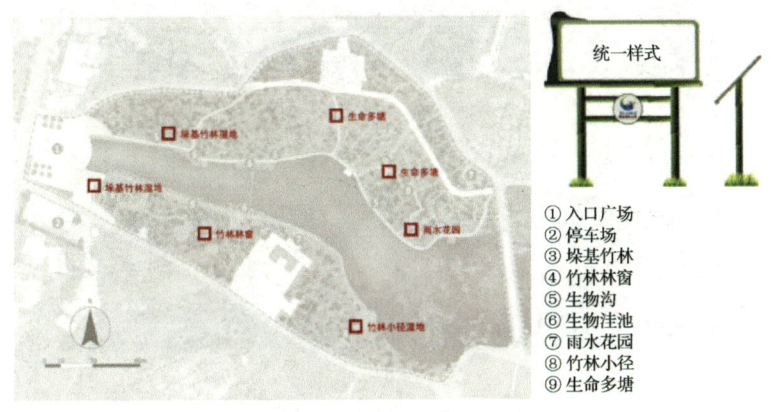

(a)

(b)

(c)

(d)

图4-33 小微湿地场地解说标示牌

(2) 湿地修复工程

针对竹林生态效益低下、郁闭度过高等问题，相关单位通过构建竹林小微湿地的形态来优化整个竹林的林相结构。基本思路为，在郁闭竹林内部开林窗，增加竹林内部光照，增加整个竹林环境空间的异质性，在林窗范围内，小微湿地形态除了

(a)

(b)

图 4-34　竹林小微湿地修复工程

满足结构功能要素设计以外,由于有水的存在,可以改善竹林内的小微气候。由于对整个竹林内部的空间结构进行优化,光照改善,以及竹林内小微气候的调节,使得整个竹林的环境空间异质性得到提升,从而提升竹林生物多样性,改变和优化竹林景观外貌。

3. 建设成效

(1) 环境效益

第一,在竹林内部开林窗并建设小微湿地。不同大小的林窗,增加了竹林的生境异质性,它不仅影响林窗内的微环境因子,还为林窗内的物种更新提供了可利用的空间资源。林窗内小微湿地的建设可增加竹林的透光度,从而改善局地气候,改变水湿条件。

图4-35 竹林内部开设形似"双肾"的林窗

第二,在林下进行微地形处理后,降雨时能够更有效地吸收和储存雨水,从而形成雨水湿地。汇集雨水后,土壤会保持湿润,为植物生长提供了良好的基质,更好地发挥了涵养水源的功能,由此丰富了竹林的小微生境,提升了生物多样性。

图 4-36 降雨后竹林内形成的雨水湿地

(a)

(b)

图 4-37 丰富的竹林小微湿地生境及生物多样性

(2) 社会效益

通过竹林小微湿地建设，强化湿地保护和修复，大大提升了竹林景观品质，发展了竹林小微湿地等特色旅游产业。竹林小微湿地拥有旷远恬静、空气清新的生态景观，蕴含着丰富的自然美，给长期生活于喧嚣都市的人们一种强烈的吸引力，是集自然观光、度假旅游等多种功能于一体的旅游资源。

(a)

(b)

图 4-38 竹林小微湿地景观

4. 经验总结

(1) 关键技术

植物配置方面，通过地形梳理控制植被生长，合理配置水生植物种类进行水质净化，同时对竹林进行适当疏伐，规划林中游览路线。

水系建设方面，通过防水处理形成蓄水池，合理布置暗管导水、排水，实现水系连通，从而打造竹林小微湿地网络。

(2) 主要模式

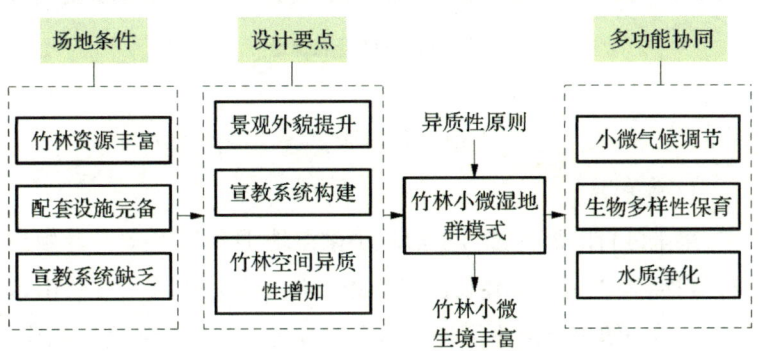

图 4-39 竹林小微湿地建设模式

(3) 特色

竹林小微湿地通过打造室内、室外自然教育点，营造丰富多元的展示方式，让群众可以接受生动的自然教育。其中室内宣教场所集重庆竹类植物科研实验、教学实习、科普宣教于一体。室外宣教场所则是以竹林为核心，在竹林中开辟林窗以及营建竹林小微湿地，增加竹林内部光照，提升整个竹林环境空间异质性，同时进行整体景观优化，从而达到增加竹林生物多样性及提升竹林景观品质的目的。

图 4-40 竹林小微湿地

4.1.6 梁平区竹山镇乡村污水治理小微湿地

1. 基本情况

梁平区竹山镇乡村污水治理小微湿地于 2017 年 5 月开始建设，同年 10 月底完成建设。建设地点位于重庆市梁平区竹山镇场镇。竹山镇位于梁平区西部，东邻新盛、龙门、明达、礼让、聚奎等镇，南靠屏锦镇，西连袁驿镇、七星镇等镇，北接龙胜乡。竹山镇距梁平区人民政府驻地 42 km，区域总面积 49.39 km^2。竹山镇地处山地，地势陡峭；地形属背斜低山；主要山脉为明月山脉，境内最高点位于猎神村大石头山，海拔 1 100 m；最低点位于绍沟村邵新纸厂，海拔 640 m。竹山镇境内主要河道有高滩河小溪 1 条，属长江上游支流，河流总长度 16.7 km。

竹山镇乡村污水治理小微湿地位于百里竹海度假区核心地带的竹山镇安丰社区。该区域历史上曾是涪陵经梁平通往长安的荔枝古道要地，也是中国西部自然与人文的交汇过渡带，距离梁平主城区约 34.8 km；地理坐标：北纬 30°41′42.18″，东经 107°34′0.94″。竹山镇乡村污水治理小微湿地项目总面积约 2 hm^2，周长约 682 m。该小微湿地收纳、净化农村生活污水和种植养殖废水，控制乡村生活点源和农业面源污染，属于水质净化主导型。

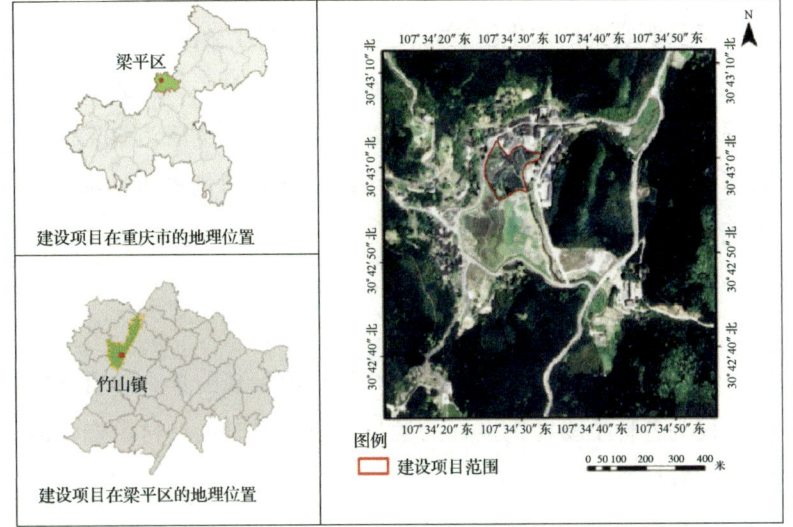

图 4-41　建设项目地理位置示意图

图 4-42　建设项目鸟瞰图

2. 主要工程措施

建设过程中注重发挥湿地生态吸纳功能，选取既有经济价值、又具观赏性的水生植物，使建成的乡村小微湿地能够收纳、净化农村生活污水和种植养殖废水，控制乡村生活点源和农业面源污染。通过小微湿地对场镇处理达标后的生活污水尾水进行深度净化后再流入河流，整个系统发挥着净化水质、调节局地气候、优化人居环境的作用。

3. 建设成效

（1）环境效益

该小微湿地模式景观效果良好，目前呈现的景观和自然野趣不仅为各种生物提供良好的栖息场所，同时也是村民们休闲游憩的好场所。

（2）生态效益

乡村小微湿地系统发挥着调节局地气候、满足乡村水源涵养需求、对乡镇污水处理厂尾水进行污染净化的作用，维持并丰富着乡村生物多样性，同时保障乡村生活生产用水。这些功能不仅为乡村小微湿地生态系统的保护与修复提供了科学依据和技术措施，也为小微湿地生态系统净化水质提供了工程示范案例。

图 4-43 河流旁处理污水的小微湿地

图 4-44 小微湿地进一步净化后的乡镇生活污水

4. 经验总结

（1）关键技术

区位选址：各镇乡结合治污治水（含尾水提升）方案和自身自然资源条件，可建于乡镇污水处理厂附近，以便于收集场镇和农村居民点的生活污水；同时，需考虑周边地形条件是否适合建设小微湿地。

地形设计：采用高程与地表起伏度相结合、大地形与微地貌相组合的复合地形格局设计，充分考虑高程差异和地表起伏度，结合小微湿地塘、沟、基的设计，形成丰富的微地貌组合。

尾水处理：所有场镇和集中农村居民点的生活污水，经过污水处理厂处理达标后，进入小微湿地进行深度净化，随后再流入河流。此设计构建了蓄—排—净—利—调—控有机结合的乡村污水治理小微水文系统。

图 4-45　小微湿地及周边场镇居民点

(2) 主要模式

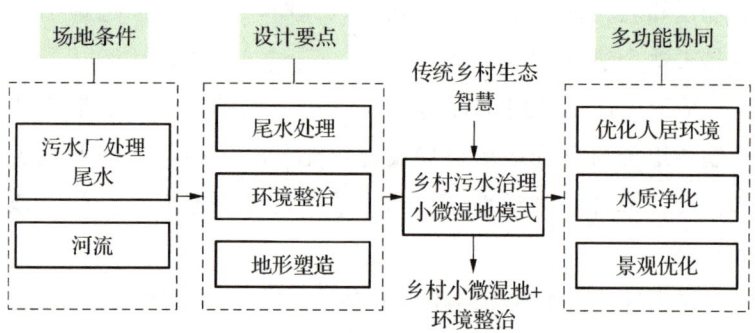

图 4-46　乡村污水治理小微湿地模式框图

(3) 特色

通过乡村小微湿地网络，实现了调节局地气候、满足乡村水源涵养需求、对乡镇污水处理厂尾水进行深度净化的功能，同时维持并丰富了乡村生物多样性，保障了乡村生活生产用水。此外，还优化了乡村居民的生活环境，提升了景观效果，为乡村居民打造了一个生态健康、景观优美的休闲游憩地。

图 4-47　乡村污水治理小微湿地

4.1.7　梁平区双桂湖南岸小微湿地农业

1. 基本情况

梁平区双桂湖南岸农业小微项目于 2019 年 3 月开始建设,同年 5 月完成建设。该项目在重庆梁平区双桂湖国家湿地公园内。建设地点位于双桂湖南岸,隶属于双桂湖国家湿地公园的修复重建区,原场地为稻田。农业小微湿地总面积约 36 hm^2,利用原有的农田资源,结合起伏地形中自然发育的植物群落,为鸟类多样性提供了重要的生态基础,属于农业生产主导型湿地项目。

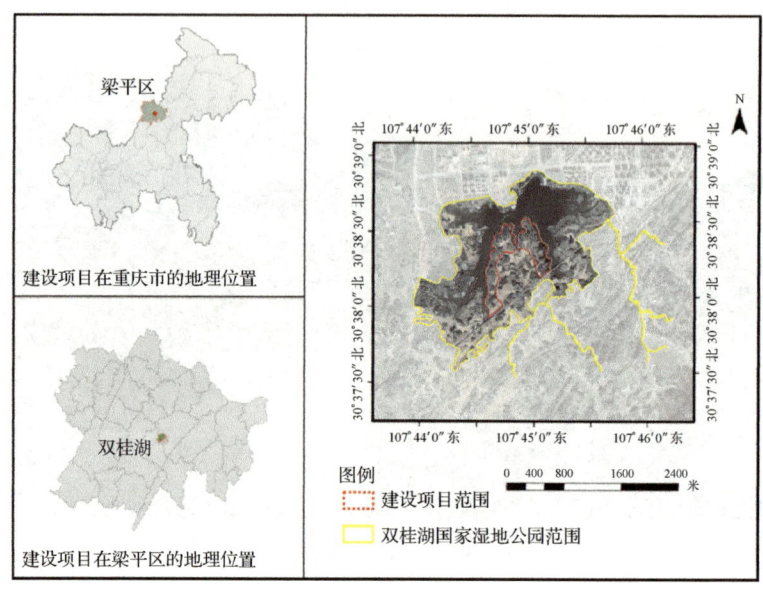

图 4-48 建设项目地理位置示意图

(a)

(b)

图4-49 建设项目鸟瞰图

2. 主要工程措施

(1) 生态农业建设工程

按照"宜林则林、宜水则水、宜农则农、宜田则田"原则，以"稻田+"有机稻生态产业种植养殖模式为主，簇状栽植有机稻、晚熟生态稻、彩色稻，配以栽种茭白、水芹、慈菇、芡实等水八仙经济水生作物，留足生态空间，用以养殖稻鱼、稻虾、稻鳅、稻蟹，既可蓄水防旱，又能形成多形式、高广度的稻基湿地景观，保护稻田中的生物多样性。在双桂湖国家湿地公园的自然驿站内设有展区，用于展示南岸产出的有机稻、水八仙、蜂蜜等产品的文创作品与商业产品。

图4-50 自然驿站文创作品与商业产品展示

(2) 自然教育工程

南岸稻作研学体验区采用"稻田+"生态种植模式,建立"稻鱼""稻虾""稻蛙"等共生系统,栽植有机稻、水八仙等经济作物,通过传承巴蜀农耕耕作技术,开展二十四节气、春耕秋收等亲子研学农耕体验课程,建立全社会共同参与的开放式户外教育平台,构建南岸耕作研学体验区,让双桂湖成为教育之所、陶冶之园。室内室外相结合的展示方式,拓宽了群众接受自然教育的广度,并加深了其深度。

(a)

(b)

图 4-51 南岸稻作研学体验区

3. 建设成效

(1) 生态效益

南岸农业小微湿地模式完全适合林鸟、灌丛鸟、草地鸟、涉禽、游禽这五种类型的生活型鸟类生存，有机镶嵌的复合生境与小微湿地融为一体，不仅满足了污染净化、生物多样性提升等需求，更为重要的是加强了生境功能。起伏的地形条件下，自然发育的植物群落为鸟类提供栖息场所、觅食场所、庇护场所及繁殖场所。

图 4-52　适合鸟类栖息的自然植物群落结构

(2) 经济效益

栽种了有机稻、晚熟生态稻、彩色稻以及具有经济价值和观赏价值的莼菜、慈姑、菱角、空心菜、水芹菜等 10 多种水生经济作物，这些水生蔬菜成为双桂湖的特色湿地产业。双桂湖国家湿地公园南岸有机耕作园带动了周边 200 余人再就业，同时，耕作园还通过扩大有机种植养殖产业链，对有机产品进行深加工，并集中展示这些加工产品，形成可观的湿地经济与产业群，湿地与人找到了共生发展点，创造了新的繁荣景象。

图 4-53 双桂湖国家湿地公园绿色有机大米

(3) 景观效益

保留乡村梯级稻田湿地种植系统，营建都市公园内的乡野景观，金黄的稻田与多样的水生作物交相辉映，使其成为都市田园乡愁的寄托和载体，在丰富湿地公园景观类型的同时，给游客提供了独特的乡村生态农田景观体验。

图 4-54 正在进行的夏季水稻种植

4. 经验总结

（1）关键技术

生境梯度构建：在生态系统中植物与鸟类长期协同进化，植物为鸟类提供栖息、庇护场所及食物源，鸟类则为河岸植物传播繁殖体。根据对双桂湖南岸鸟类的调查，进行植物—鸟类复合生态系统设计：深水区种植沉水、浮水植物；浅水区种植浮叶植物和小型挺水植物；湖岸前缘种植挺水植物；湖岸构建灌丛草甸带；过渡高地林带形成林团，部分区域设计林窗；构建丰富的植物层次，以满足游禽、涉禽、草地鸟、灌丛鸟、林鸟这五种不同类型生活型鸟类的生存需求。

水系连通优化：在塘与塘之间设置潜流式水流通道，以保证塘系统内部各塘之间，以及塘与湖之间的水文连通性，且水流通道要进行一定程度的植物遮蔽与美化。

塘内种植更新：选择水生经济作物代替部分原来的塘内植物，形成独特景观的同时提供经济价值。

（2）主要模式

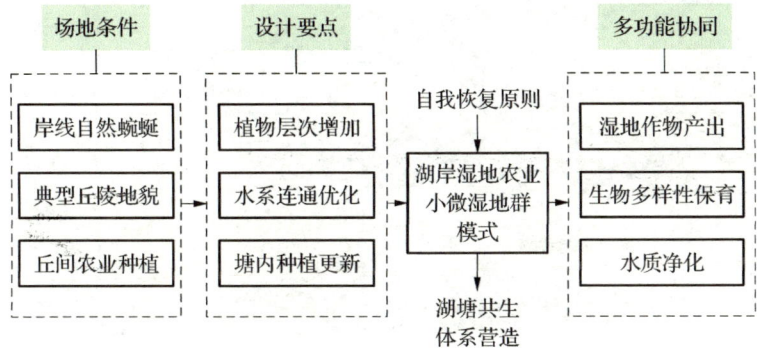

图4-55 湖岸农业小微湿地模式框图

（3）特色

南岸是目前生境质量最优、岸线最为自然的农业小微湿地系统：典型的丘陵地貌，丘间和丘坡相间，延伸到双桂湖里，形成半岛和水湾，水湾向上又延伸到丘间小微湿地。丘间湿地内的乔木、灌丛、高草草坡环绕湖湾生长，湾内挺水植物生长良好，如香蒲、茭白，由此形成湖湾草本沼泽。再往上到丘间，呈现一湾一湾的梯田小微湿地。多种鸟类栖息于此，蜿蜒的农田与南岸的湖岸农业小微湿地共同构成了一个自然秘境，呈现出人与自然协同共生的和谐景象。

(a)

(b)

图 4-56 人与自然的协同共生的和谐景象

4.1.8 梁平区双桂湖湖湾果基—草丘—基塘小微湿地

1. 基本情况

梁平区双桂湖湖湾果基—草丘—基塘小微湿地项目于 2019 年 3 月开始建设，并于同年 5 月完成。建设地点位于重庆市梁平区双桂湖国家湿地公园西岸。湿地总面积约 2 hm²。建设项目最低高程为453.7 m，最高高程为459.1 m，高差为5.4 m。该项目在梁平区双桂湖国家湿地公园中属于修复重建区。湖湾果基—草丘—基塘小微湿地湖湾蜿蜒，结合乡村遗留的柚子树，与场地内自然分布的阔叶树种共同构成了复杂的植物群落；同时，自然的草丘形态优美，该湿地属于生物资源利用主导型。

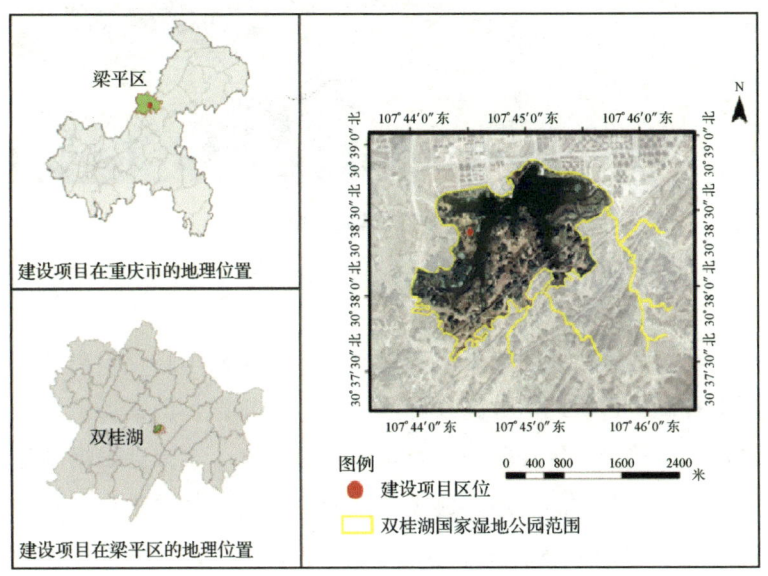

图4-57 建设项目地理位置示意图

图4-58 建设项目鸟瞰图

图 4-59　湖湾蜿蜒曲折

2. 主要工程措施

场地地表径流主要来源为降雨，方向从西岸高程较高处流向双桂湖，自然地形等高线凹陷处形成汇水线，汇集场地地表径流，并接受一定程度的道路自然散排排水，水流会根据高程变化形成小幅度的蜿蜒。建设地点原有少量自然塘系统，其中部分塘系统由于水体交换量小，水质较差，生物多样性较为贫乏。

湖湾果基—草丘—基塘小微湿地模式中，果基是在塘基上种植柚子树、李树和桑树等果树；丘是指塘内的草丘。这种模式是根据地形条件——自然蜿蜒湖岸和场地高程，在满足主导生态服务功能的基础之上，保留以前乡村遗留的柚子树，从而形成人工遗留的柚子树与自然分布的阔叶树种交混生长，加上塘基上李树、桑树，形成果基；然后将草丘形态的湿地再现于场地中，构建丰富的小型生境组合，并提供良好的景观效果。

(a)

(b)

图 4-60 湖湾草丘与果基湿地相结合

3. 建设成效

2019年3月，湖湾果基—草丘—基塘小微湿地开始建设。施工前，土地裸露，未能起到良好的洪水调蓄功能，并且植被覆盖较低，场地较为杂乱，水质较差，植物生长较差，存在狐尾藻、福寿螺等外来物种入侵情况，景观品质较差，生态服务功能较低。建设完成后，场地植物生长良好，水质得到较大提升，物种丰富度显著提高，狐尾藻、福寿螺等外来物种的生长受到显著抑制。

(1) 生态效益

经过科学的保护和修复，如草丘结构的精心构建和柚子树、李树和桑树等果树的合理种植，该区域形成了丰富多样的小型生境组合。这不仅逐步提升了场地的生态功能，还完善了生态系统，为动植物提供了良好的繁衍、栖息场所，促进了生物多样性的提升和保育。

场地内部水系连通得到加强，内部水体与双桂湖水体形成了湖塘共生循环系统。水质监测分析表明，水质逐渐变好，水体的自净能力逐步提升。

目前，湖湾果基—草丘—基塘小微湿地正发挥着储蓄水分、控制雨洪、净化污染、调节微气候以及提供生物栖息地等多种重要的生态服务功能。

图 4-61　丰富的小型生境组合

(2) 经济效益

在湖湾果基—草丘—基塘小微湿地的塘基上，相关单位种植了具有经济价值的柚子树、桑树和李树，这些果树促进了湿地旅游、湿地生态农业、湿地自然教育的发展，同时湿地景观资源也得到充分利用。

(a) 春季景观

(b) 秋季景观

图 4-62　双桂湖西岸果基—草丘—基塘小微湿地

(3) 景观效益

自湖湾果基—草丘—基塘小微湿地建成后，塘内和塘基上的草本植物群落逐渐向稳定方向发展，优良的景观品质为双桂湖周边的居民提供了良好的游憩场所和科研教育基地。

4. 经验总结

(1) 关键技术

秉承"师法自然"的设计理念，强调发挥场地的自我修复能力，将场地作为一个整体的生态系统，对场地进行空间与功能重构，形成人与自然的协同共生，各种生物之间互惠互利的良好格局。修复后的双桂湖岸小微湿地结构复杂，林与小微湿地相间。林的种类丰富，从垂直结构上包括乔木层、灌木层、草本层。草本层也可细分成不同层次，在湖湾低洼区域，发育有挺水植物。乔木种类丰富，除了自然分布在此的阔叶树种以外，还混交了李树、桑树等果树，以上布局共同构成了湖湾果基—草丘—基塘小微湿地模式。

(2) 主要模式

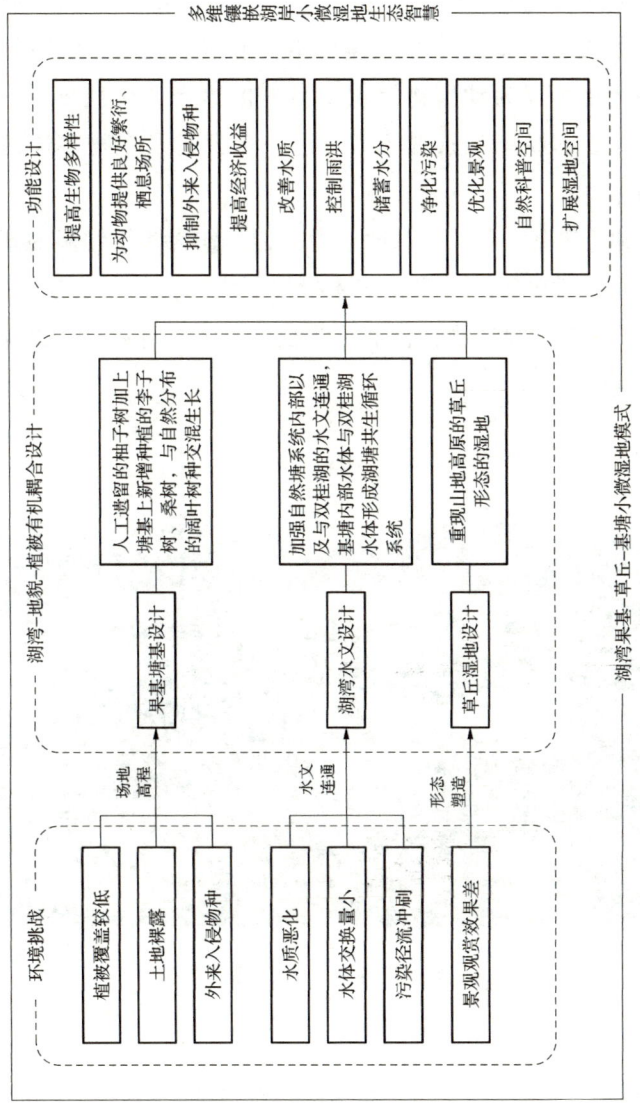

图 4-63 湖湾果基-草丘-基塘小微湿地模式框图

(3) 特色

双桂湖岸的湖湾果基—草丘—基塘小微湿地，群落结构复杂多样，再加上丘陵区域起伏的地形，使得整个湖岸的空间异质性非常高。

草丘结构的构建以及柚子树、李树和桑树等果树的种植，共同形成了丰富的小型生境组合，使得生态功能得到优化。这些变化不仅为动植物提供了良好的繁衍、栖息场所，还带来了显著的经济和景观效益，进一步促进了生物多样性的提升和保育。

湖湾果基—草丘—基塘小微湿地，作为多维镶嵌的湖岸小微湿地生态智慧的展现，整体凝聚了大自然淳朴真实的魅力，呈现出一幅"果树飘香、草丘知秋、虫鸣花香、自然野趣"的生态美景。

图 4-64 湖湾果基—草丘—基塘小微湿地

4.1.9 梁平区龙溪河河岸疏林—多塘小微湿地

1. 基本情况

梁平区龙溪河河岸疏林—多塘小微湿地项目于 2020 年 12 月开始建设，至 2021 年 5 月完成。该项目位于重庆市梁平区龙溪河川西渔村段，龙溪河作为长江北岸的一级支流，发源于梁平区东明月山东麓和铁凤山西北，两源汇合后流经垫江县普顺、大顺、高安等地，在高洞与发源于忠县的沙河合流后始称龙溪河，再向西流 12 km，进入长寿区六剑滩，经石堰、龙河、双龙、云集、狮子滩、邻封、但渡、凤城等镇街，最终在长寿主城下游 3 km 处汇入长江。项目范围自礼让镇省道 S102 桥起，至仁贤镇国道 G318 桥上，河流长度 5.44 km，宽度涵盖两岸道路内侧 40～50 m 区域，建设项目整体占地面积约 26.1 hm²。龙溪河河岸疏林—多塘小微湿地是河、岸、林与小微湿地有机结合的生态系统，具有拦截并净化高地地表径流带来的面源污染的功能，同时兼具提升景观品质和丰富生物多样性的双重作用，属于多功能复合型小微湿地。

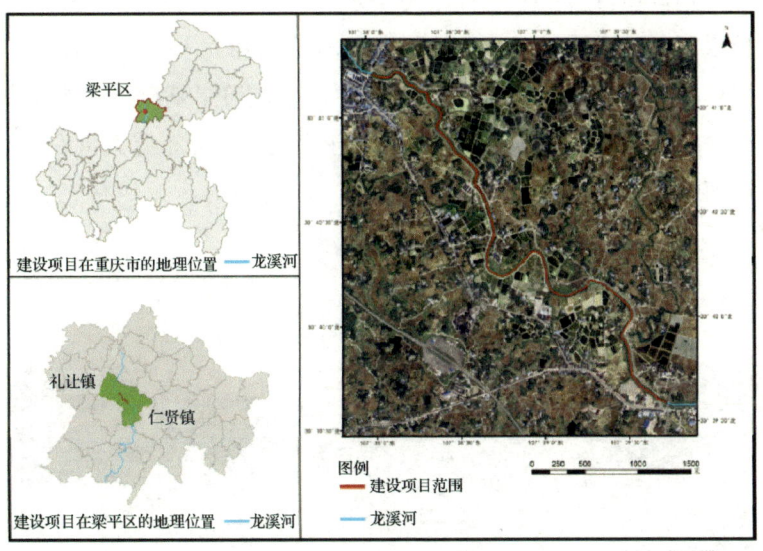

图 4‑65　建设项目地理位置示意图

图 4-66　建设项目现场图

2. 主要工程措施

建设项目所在地地势较为平坦，公路一侧为农田，主要种植水稻。建设前，河岸带结构以草本植物和乔木为主，但河岸植被类型单一，种类不丰富，同时，存在河岸基础外露现象，导致整体景观效果不佳。此外，由于沿河区域分布有大量农田，还面临着农业面源污染等问题。

图 4-67　环境治理前的龙溪河

图4-68 环境治理后的龙溪河

湿地修复工程主要建设内容包括地形塑造和植物栽种。

地形塑造方面：在河岸合适的区域修复并重建湿地塘群及河岸疏林—多塘小微湿地系统。这些湿地不仅为河流洪水提供了消纳空间，还能有效净化陆地地表径流并为多种生物种类提供栖息、觅食的良好环境。

植物栽种方面：小微湿地塘中的植物种类包括沉水植物、浮水植物和挺水植物，其中浮水植物的种植面积以不超过水面面积的1/3为宜。对于河岸带的植物筛选，相关单位综合考虑了稳固河岸、观赏价值和生态生境等因素，以草本植物为主，并稀疏种植了少量灌木和小乔木。

3. 建设成效

（1）生态效益

在水平空间上，龙溪河河岸的前缘草本带中草本植物与疏林多塘镶嵌交汇，这是在水平空间上的高程梯度变化。从上游到下游，顺着河岸带，林和塘有机镶嵌，丰富了整个河岸空间。河岸空间的丰富性使得环境空间的异质性大大增加，小生境类型更为多样，进而促进了物种多样性的提高。

（2）景观效益

空间的丰富性提升了景观质量，起到了景观美化的作用，使得河岸空间在垂直空间层次分化、水平空间梯度变化及空间镶嵌变化上均展现出更美的视野景观。

图 4-69　河岸疏林—多塘小微湿地高程梯度变化

图 4-70　河岸疏林—多塘小微湿地景观美化优化

4. 经验总结

(1) 关键技术

植物选择：在河岸林—塘模式中，河岸疏林—多塘系统是一个重要组成部分。对于该系统的树种选择，原则是需具备耐水湿特性，如柳树、乌桕等树种都是理想的选择。

地形塑造：基于地形条件和河岸带的多功能需求，相关单位设计了将多塘系统与疏林相结合的方案，即疏林—多塘系统。其中，塘的作用是塑造地形、提升生境异质性，成为青蛙和水生昆虫的重要栖息地。在塘基上方及疏林林下，他们种植了一系列花卉及观赏草，未来还会自然生长出本地植物，由此形成多塘系统的塘基。

(2) 主要模式

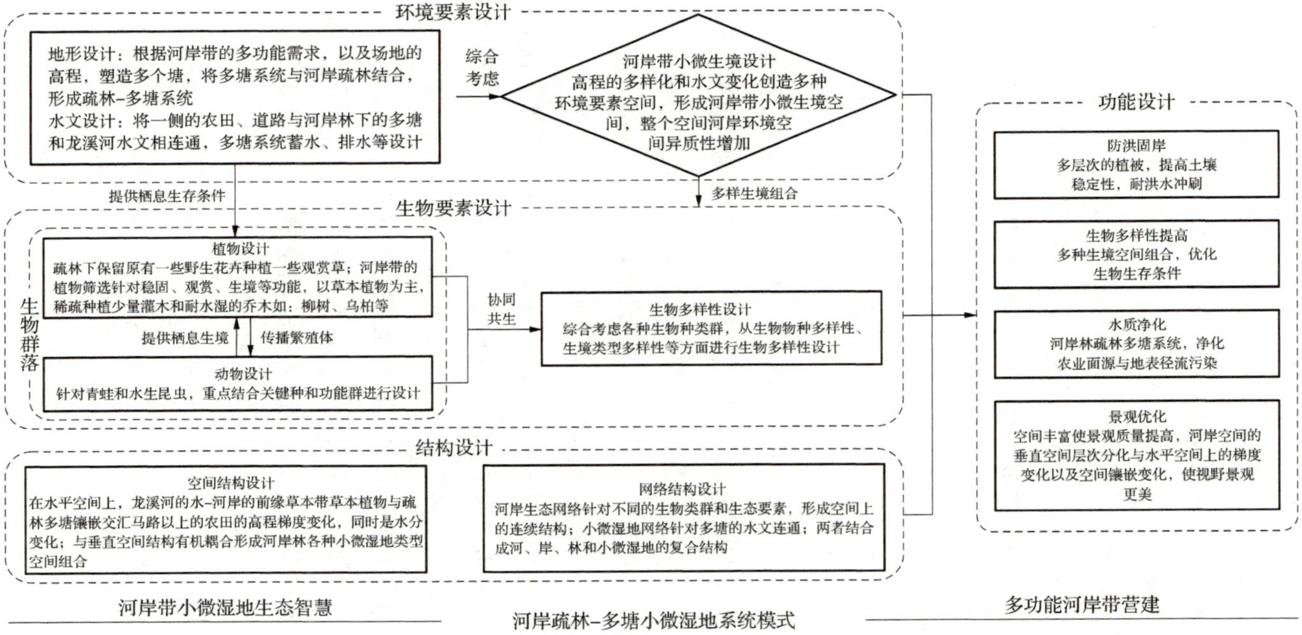

图 4-71 河岸疏林-多塘小微湿地模式框图

(3) 特色

在长江生态大保护和长江上游重要生态屏障建设的大背景下，梁平区以流域综合整治为核心，依托国际湿地城市建设平台，全方位推进全域生态保护、修复与合理利用工作，旨在实现整个区域的绿色发展。

龙溪河河岸小微湿地建设采用了"河岸林—塘"模式，该模式是将河、岸、林与小微湿地有机结合的复合体系，其主要功能包括拦截并净化高地地表径流带来的面源污染，同时提升景观品质和生物多样性。在洪水冲刷和水位波动时，该模式还能有效稳定河岸。

4.1.10 开州区消落带多功能基塘小微湿地

1. 基本情况

受三峡水库水位调控影响，开州区澎溪河、汉丰湖区域形成了水位变幅达 30 m 的消落带。澎溪河作为长江左岸的一级支流，在三峡工程蓄水后，其回水末端延伸到开州城区以上的平安溪。在开州区澎溪河流域，以水位调节坝为界，把澎溪河分为水位调节坝以下的重庆澎溪河市级湿地自然保护区和调节坝以上的汉丰湖国家湿地公园。自 2009 年起，借鉴传统农耕生态智慧，开州区在消落带区域设计并建设了多处多功能基塘小微湿地，实现了多样化的景观、生态及经济效益。2009 年 4 月，澎溪河老土地湾河湾多功能基塘小微湿地建设完成。2011 年 6 月，头道河口多功能基塘与芙蓉坝湖湾基塘小微湿地也相继建设完成。这些设计建造的多处基塘小微湿地分别位于澎溪河自然保护区内及汉丰湖国家湿地公园内。

其中，河湾多功能基塘位于澎溪河湿地自然保护区的老土地湾，最低海拔 159.49 m，最高海拔 172.39 m，共设计有基塘 25 块，总面积达 4.26 hm^2。芙蓉坝湖湾基塘则位于开州区汉丰湖的芙蓉坝区域，设计面积约为 3.11 hm^2。而头道河口多功能基塘横跨开州区汉丰湖镇东街道及其对岸的石龙船大桥周边，总面积约为 31.5 hm^2。位于澎溪河自然保护区内的老土地湾多功能基塘以自然保育和农业生产为主要目标；而位于城区汉丰湖国家湿地公园的头道河口多功能基塘与芙蓉坝湖湾基塘，则主要承担生境修复、水质净化及景观优化的功能。

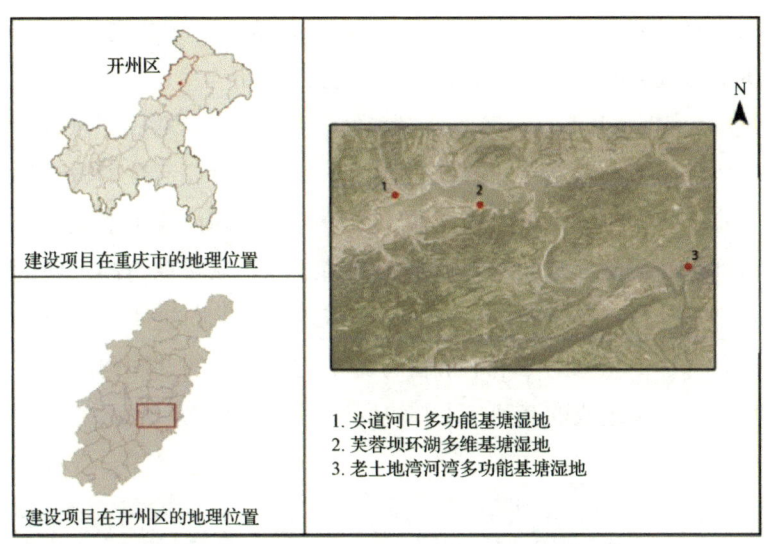

图 4-72 多功能基塘小微湿地地理位置示意图

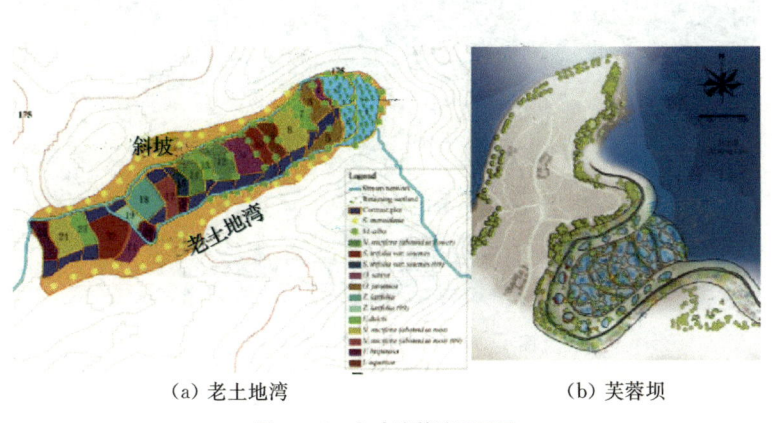

（a）老土地湾　　　　　　　（b）芙蓉坝

图 4-73 多功能基塘平面图

2. 主要工程措施

（1）环湖多维基塘湿地工程

在汉丰湖南岸的芙蓉坝，设计了环湖多维基塘湿地系统。在海拔高程 160～175 m 的消落带，构建了多功能基塘系统，并在塘基上栽种了耐水淹的木本植物，形成了网状林泽。在175 m高程以上至人行步道之间，营建了环湖多塘（包括雨水花园、青蛙塘、蜻蜓塘、生物洼地等），同时在两级步道之间设计并栽种了野花与草甸，从而构建起一体化的多功能复合景观基塘系统。

在芙蓉坝，通过原位挖泥成塘、堆泥成基的方式进行建设。塘的深浅、大小、形状各异：塘深度从50 cm至2 m不等；塘基宽度为120～180 cm；塘基高出水面30～50 cm；塘底部以黏土防渗，其上覆盖壤土。塘底进行了微地形设计，起伏的微地形丰富了水塘中栖息地的多样性。在塘与塘之间设置了潜流式水流通道，以确保基塘系统内部、各塘之间、以及塘与湖水间的水文连通性。环绕塘基栽种的耐水淹木本植物，进一步形成了网状林泽。塘基上的木本植物与塘中的水生植物共同构成了一个由多物种组成的互利共生和协同进化的生态体系。

图4-74　环湖多维基塘湿地工程

(2) 鸟类生境工程

三峡水库蓄水淹没后，越冬水鸟数量逐渐增多。为了给这些越冬水鸟提供更多的优质栖息生境，相关单位采取了多种措施，除了营建鸟类生境岛和鸟类庇护林外，还以浮床的形式，在冬季被淹没的基塘区水面上为它们提供了可供停栖的生境。设计将浮床与基塘有机结合，构建了消落带浮床—基塘复合系统。在三峡水库的库湾、湖汊等水流相对平缓的区域，他们实施了这一多功能、多效益的浮床—基塘复合系统。浮床由漂浮竹木框架、植物群落和水下固定装置组成。在浮床上，他们选择了各类适生的湿地植物，包括从消落带原生地筛选出的耐水淹湿地草本植物。自2010年起，在澎溪河支流白夹溪，他们实施了适应季节性水位变动的消落带浮床—基塘复合系统。浮床上的水生植被通过植物根系的吸收和吸附作用，削减富集于水体中的氮、磷及有机物，从而达到净化水质的效果。在冬季，浮床漂浮在基塘区的水面上，为水鸟提供了理想的栖息生境。而到了夏季中的消落带出露季节，浮床则回落到基塘内，形成多层、多结构、多功能的床—塘复合体。这一系统不仅具有水质净化、生物生产和生物生境的功能，还优化了景观，并发挥了碳汇的作用。

(a)

(b)

图4-75　鸟类生境工程

（3）湿地农业建设

相关单位在老土地湾河湾基塘湿地内筛选并种植了多种具

有观赏和经济价值且耐深水淹没的水生植物，包括菱角、普通莲藕、太空飞天荷花（为消落带定向培育）、荸荠、慈姑、茭白、水生美人蕉、空心菜、水芹等。2011年3月，在澎溪河支流白夹溪河岸成功实施了多功能基塘项目。每年出露季节，他们都在基塘内种植荷花、荸荠、慈姑等湿地植物，这些措施不仅美化了环境，还发挥了良好的经济效益。

图4-76 消落带基塘小微湿地农业工程

3. 建设成效

(1) 生态效益

芙蓉坝多功能复合景观基塘小微湿地的设计首要目标是拦截和净化城市面源污染。这是一个基于水敏性规划原理的整体生态系统设计，从野花草甸开始，自上而下覆盖至消落带以上，形成了一个多带多功能的整体生态系统。自2011年建成以来，该系统已发挥了重要的城市面源污染净化功能。分析测试结果显示，多功能湿地复合景观基塘系统对总氮（TN）和总磷（TP）的削减率分别达到了58.21%和58.67%。调查还表明，由于该区域具有高生境异质性，昆虫和鸟类的多样性得到了显著提升。此外，汉丰湖多功能复合景观基塘还兼具固岸护岸、景观美化、休闲观赏等多重功能，已成为汉丰湖国家湿地公园的标志性景观。

(a) 冬季淹没

(b) 夏季出露

图 4-77 澎溪河白家溪河岸多功能基塘小微湿地

图 4-78 芙蓉坝湖湾基塘小微湿地系统

(2) 社会效益

澎溪河自然保护区及城区汉丰湖国家湿地公园内的一系列多功能基塘建设,不仅丰富了景观风貌,还塑造了独特的景观特色,极大地提升了旅游吸引力。

图 4-79　头道河口多功能基塘

图 4-80　芙蓉坝景观基塘

(3) 经济效益

老土地湾基塘在多个基塘中筛选并种植了具有观赏和经济价值、耐深水淹没的各类水生植物。这些植物在经历了多年的深水淹没后依然存活状况良好,每年出露后都能自然萌发,展现了显著的生态效益和经济效益。其中,菱角塘的菱角产量达到了 16 500 kg/hm^2,藕塘的藕产量更是高达 22 500 kg/hm^2。

此外,城区内基塘的建设也极大地提升了旅游吸引力,对经济发展产生了积极的促进作用。

(a)

(b)

图 4-81　澎溪河基塘小微湿地的丰收

4. 经验总结

(1) 景观基塘模式——基于水敏性城市设计的"城市景观基塘系统"

景观基塘系统是针对汉丰湖受双重调节作用下水位变动特点而提出的城市滨湖消落带湿地资源生态友好型利用模式。在陆域集水区边缘和汉丰湖低水位高程之间建设基塘系统，并种植耐水淹湿地植物，不仅能够美化景观，还具备净化城市面源污染、增加城市生物多样性等功能。汉丰湖南岸消落带景观基塘系统自2011年6月建设以来，系统中的湿地植物均能适应冬季水淹；同时，该系统也为湿地动物提供了丰富的栖息环境。景观基塘的建设丰富了滨湖湿地景观多样性，为城市居民提供了休闲游憩、科普宣教的亲水平台，优化了开州城区人居环境，并实现了水质净化、生境改善等综合生态服务功能。

图 4-82　城市景观基塘系统

(2) 多带缓冲模式——三峡库区滨湖多功能多带生态缓冲系统

根据汉丰湖水环境和湿地生态保护目标，基于滨湖湿地的功能需求，在汉丰湖南岸实施了滨湖多功能多带生态缓冲系统工程。其中，多带由"滨湖绿化带＋消落带上部生态护坡带＋消落带中部景观基塘带＋消落带下部自然植被修复带"组成。多功能是指该生态缓冲系统发挥的环境净化（水质净化）、生态缓冲、生态防护、护岸固堤、生境保护、生物多样性优化、景观美化、城市碳汇等功能。

图 4-83　多带多功能缓冲模式

（3）协同共生模式——三峡库区湿地公园建设与城市人居环境优化协同共生

汉丰湖国家湿地公园是三峡库区湿地景观建设与城市人居环境质量优化协同共生模式的国内引领。自汉丰湖作为国家湿地公园建设试点以来，在能力建设、湿地生态工程设计及示范的基础上，完成了消落带湿地生态工程设计、耐水淹植物种源筛选和栽种试验，创新性地提出并成功实施了汉丰湖消落带景观基塘工程、林泽工程、鸟类生境工程等，筛选了耐冬季深水淹没、适应于消落带季节性水位变化环境的 20 余种草本植物、10 余种木本植物。这些植物历经 3 年冬季深水淹没考验，成活状况良好，以上工程的生态、经济、社会效益显著，取得了可喜的成果。

4.1.11 开州区消落带"桑—杉林泽＋基塘"小微湿地

1. 基本情况

2008 年初步提出营造适应季节性水位变化的河漫滩消落带构想，并完成相关规划设计。2009 年开始种植耐水淹的桑树，2012 年正式提出"桑—杉林泽＋基塘系统"模式，并同时对河漫滩整体生态系统进行改造优化。"桑—杉林泽＋基塘"小微湿地位于重庆市开州区渠口镇大浪坝，是澎溪河右岸的一片高河漫滩地。该小微湿地面积约 780 000 m²，位于澎溪河右岸，最高处的高程为 172 m，前缘最低高程为 160 m，三峡水库 175 m 蓄水后，整个冬季这片河滩都将淹没水下。该小微湿地是消落带湿地生态友好型利用的典范，兼具生境修复和生物多样性提升的功能。

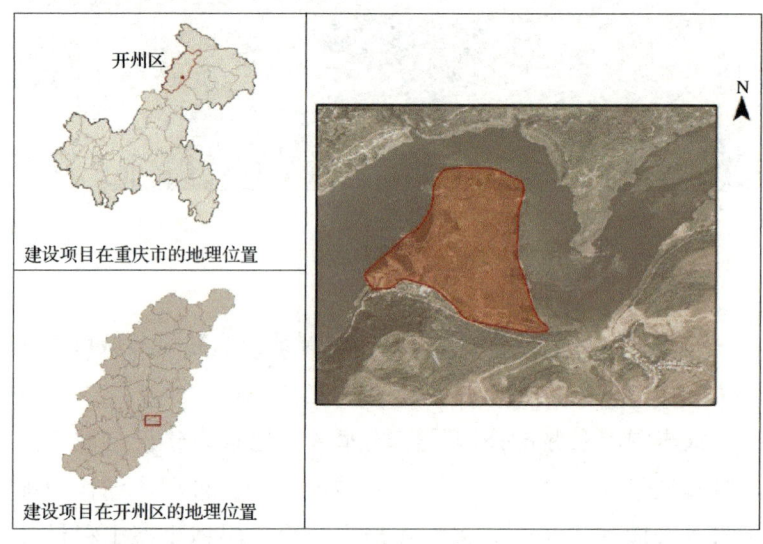

图 4-84 "桑—杉林泽＋基塘"小微湿地地理位置示意图

2. 主要工程措施

（1）基塘工程

通过吸收中国南方水乡桑基鱼塘"挖泥成塘，堆泥筑基"的生态智慧，在澎溪河大浪坝平缓地带构建数百个小微湿地塘；针对消落带受反季节水淹、生物多样性衰退的状况，在塘中种植荷花、慈姑、菱角等耐水淹的水生植物。这些植物具有环境净化功能，同时也具有经济价值。

图4-85 大浪坝"桑—杉林泽+基塘"小微湿地

(a)

(b)

图4-86 大浪坝"桑—杉林泽+基塘"小微湿地的基塘内种植的荷花等经济作物

图 4-87　渠口坝"桑—杉林泽＋基塘"小微湿地鸟瞰图

(2) 桑—杉林泽工程

大浪坝实施了"林泽工程"以治理消落带，试验筛选出落羽杉、水松等十余种耐水淹乔灌木，栽植于消落带前缘基塘塘基上。这些植物在冬水夏陆的逆境下仍能良好生长，发挥着护岸固岸、生态缓冲的功能。同时还在175 m水位线附近种植耐水淹饲料桑树，用桑叶养殖草食畜禽，桑畜产业总产值达上亿元。由此在消落带构成一个结构完整、生态功能高效的生态系统。

图 4-88　大浪坝"桑—杉林泽＋基塘"小微湿地的落羽杉及桑树

3. 建设成效

（1）生态效益

三峡水库冬季175 m蓄水时，澎溪河流域地势较低的消落区会被淹没在水下二三十米处，被淹没的时间也比高海拔地区长，乔灌木难以在此生长。夏季水退之后，这片区域成为水陆交接的界面，如果没有植被拦截，一场大雨就能将高处的污染物直接冲入澎溪河，污染水体。桑—杉—基塘系统构成了一个高效整体的消落带生态系统，发挥着水陆界面的防护作用。有效解决了消落带初现时植被覆盖稀少的问题，并改善了水土流失严重的现象，同时发挥着对地表径流多级净化的功能。此外，植被群落的多层次构建为动物提供了良好生境，大浪坝因此成为鸟儿的生命乐园。鸟类的活动也促进了消落带林泽区域植物繁殖体的传播，丰富了消落带的生物多样性。每年夏季，三峡坝前水位下降至海拔145 m，此时，出露的"桑—杉林泽＋基塘系统"区域成为鸟类和昆虫的乐园，成群的各种鹭鸟或栖息在林泽树上，或盘旋在基塘上空。冬季，三峡水库蓄水到175 m高程时，由于水下地形丰富，食物充足，鱼类众多，更是吸引了大量越冬水鸟。在该区域陆续发现了红胸田鸡、蓝胸秧鸡、

图4-89 大浪坝林泽—基塘复合系统具有多种多样的生态服务功能

铁嘴沙鸻、赤颈鸫等重庆市新纪录鸟种。林泽—基塘复合系统充分发挥了护岸、生态缓冲、水质净化、生物生境提供、景观美化和碳汇等多种生态服务功能。

(2) 景观效益

通过桑杉林泽基塘系统的建设，如今的大浪坝桑杉成林、碧荷连天，呈现出自然良好的景观面貌，提升了周边乡村的吸引力，具有乡村郊野旅游发展的潜力。

图4-90 优美的林泽—基塘景观

(3) 经济效益

基塘中种植荷花，每年都能收获莲藕、慈姑、菱角等经济作物。另外在175 m水位线附近种植耐水淹桑树，利用桑叶作为饲料之一来养殖草食畜禽，并进行桑关联产品开发如桑葚采摘、桑茶售卖，桑产业总产值达上亿元。

4. 经验总结

(1) 河漫滩生命综合体模式

营建和修复适应季节性水位变化的、有生命的河漫滩消落带，这就是今天所见的"澎溪河河漫滩生命综合体"。大浪坝的桑—杉林泽—基塘复合模式是一种系统解决消落带生态问题的途径，其中，一个又一个的基塘发挥着蓄滞并净化污染、调蓄水量的作用。塘基上生长的杉树林泽为鸟类提供活动场所，高处的桑树林不仅为鸟类提供食源，还是拦截陆地高地污染径流的第一道生态屏障。这种复合模式各要素之间相互协同关联，实现了消落带水陆界面的功能连续、过程连续，并在冬季水淹和夏季洪水作用的双重驱动力影响下，自然野趣日益浓厚，每个季节的生物种类越来越多样。

（2）水陆界面连续体模式

基于自然的水文梯度、高程梯度，形成了由陆地到水域的桑树林—基塘林泽复合区—前缘基塘的连续变化。其中，前缘基塘面临季节性的淹没与出露，经历着动态的水流过程、泥沙过程、生物物种及营养交换过程；基塘林泽复合系统提供了相对稳定与多样的生境条件，对消落带生物多样性提升具有重要意义；上部的桑树林系统是自然过程与人工活动的耦合界面，并随着鸟类对昆虫和果实的取食与前缘区域发生着功能联系与物种交流。这样一个多层次的水陆界面连续体以植被的变化为表征，保证了水陆生态过程的连续与生态系统服务功能的充分发挥。

4.1.12 开州区环湖"湿地五小工程"小微湿地

1. 基本情况

2015年3月开始设计"湿地五小工程"，2015年5月进行施工建设。"湿地五小工程"位于重庆市开州区汉丰湖南岸滨湖带。该项目在环汉丰湖滨水区域实施了雨水花园、生物沟、生物洼地、青蛙塘、蜻蜓塘等小型湿地工程，即"湿地五小工程"，总建设面积约为50 000 m^2。这些工程旨在防控城市面源污染、提升生物多样性，并兼具改善局地微气候和美化优化景观的功能。

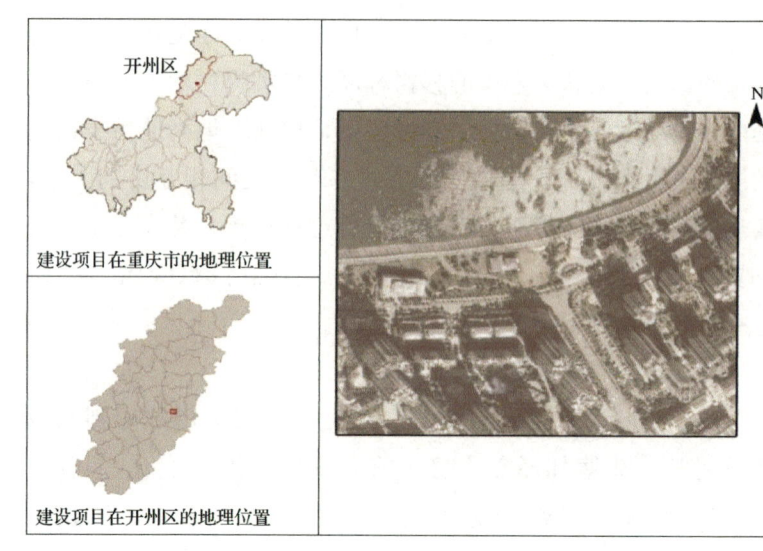

图 4-91 "湿地五小工程"小微湿地群地理位置图

2. 主要工程措施

(1) 路侧生物沟

生物沟依地形设计,工程区属缓坡区域,坡度在 3°~5°之间。一种方式是平行于等高线设计,在坡中部,缓坡与陡坡交界处,拦截坡面汇水于生物沟中;另一种方式垂直于等高线设

图 4-92 汉丰湖畔沿路生物沟

计，贯穿整个坡体，连接道路和湖水，将道路雨洪连通，中间设置堰口，增加跌水。沟内铺设基质，沟两侧增设集汇水管，并栽种适生湿生植物。

（2）雨水花园小微湿地群设计

为了保障汉丰湖水质安全，在汉丰湖宣教中心北侧实施了具有污染净化多功能的小微湿地群，包括雨水花园、青蛙塘、蜻蜓塘。在特定区域的林下小微湿地群中，常年积水的深塘里，灯心草、慈姑、千屈菜、苦草等挺水、沉水植物和倒木共同形成的多层次湿地"水下森林"，为青蛙和昆虫若虫提供了丰富的水下栖息环境；小微湿地中具有高度连续性的微地形，既是青蛙等两栖动物的庇护空间，又不妨碍它们的自由运动；在小微湿地中投放滤藻性底栖动物和鱼类，能够招引鸟类觅食，从而形成"草—鱼—鸟"的湿地食物链。

图 4-93　宣教中心北侧雨水花园

在汉丰湖南岸滨湖绿化带内，实施了约 50 000 m² 的生物沟、生物塘、生物洼地、生命景观墙和生物塔等小微湿地工程，种植了美人蕉、鸢尾、肾蕨等 30 余种湿地植物。城市小微湿地工程极大丰富了湖滨湿地的生物多样性（包括昆虫、湿地水鸟、两栖动物、水生动物），有效净化了湖滨地表径流等污水，也调节和改善了区域的小气候。

图 4-94 雨水花园内的昆虫塔设计

(a)

(b)

图 4-95 雨水花园中生物沟填料卵石层施工过程

图 4-96 蜻蜓塘、青蛙塘设计

(3) 湖湾小微湿地群设计

芙蓉坝湖湾沿道路设置了系列小微湿地群，通过地形设计塑造了地表微起伏，前期种植湿地植物，后期经历自然的逐渐演替过程，既构成了沿滨湖步道的优美景观，也发挥着滞纳雨洪、提供生境的功能。

图 4-97 湖湾小微湿地地形施工

3. 建设成效

(1) 生态环境效益

雨水花园等生态细胞工程与湖岸带湿地的"三带缓冲系统"有机结合在一起,提供更多的生态保障。方案实施后,可增加滨湖带植物种类,提高种群多样性,从而使生境异质性提高。雨水花园等生态细胞工程与湖岸带湿地的"三带缓冲系统"共同净化城市内水体水质,解决水敏型城市水质问题,同时补充地下水源。

图 4-98 汉丰湖畔的蜻蜓塘小微湿地

(2) 社会效益

滨湖公园游客众多,现有设施可以有效满足人民日益增长的休闲娱乐需求,通过公益活动还可提高群众生态保护自觉性,使汉丰湖湿地公园成为三峡库区重要的生态环境教育基地,对建设宜居开州区、生态库区具有重要意义,为国内外大型水库湿地的了解、保护与可持续利用提供了范例。

图 4-99　汉丰湖芙蓉坝环湖"湿地五小工程"之小微湿地

(3) 经济效益

雨水花园等生态细胞工程将成为滨湖公园的特色景观，能够吸引投资，并吸引游客前来观光，汉丰湖周围成为重要的商业、旅游区，并带来显著的经济效益。

4. 经验总结

(1) 立体小微湿地网络模式

位于汉丰湖南岸的宣教中心，通过在多层屋顶花园建设小微湿地、结合垂直绿墙与地面小微湿地群的塑造，共同构成了立体小微湿地网络，该网络在有限的空间内最大程度地减少了硬质建筑空间对生态过程和水文连续性的负面影响，从而形成了立体小微湿地水敏性网络结构，为城市水敏性区域硬质建筑与环境一体化生态改造提供了模板。

(2) 环湖"湿地五小工程"建设模式

开州区汉丰湖南岸多采用硬质高陡坡护岸，滨水空间存在大量硬质化道路和人工建筑，生态缓冲区严重不足。运用"湿地五小工程"理念，通过系列雨水花园、连续生物沟、生物洼地、青蛙塘、蜻蜓塘的建设，实现了湖岸微地形异质性，提升了水文连

图 4-100　宣教中心外围的立体小微湿地

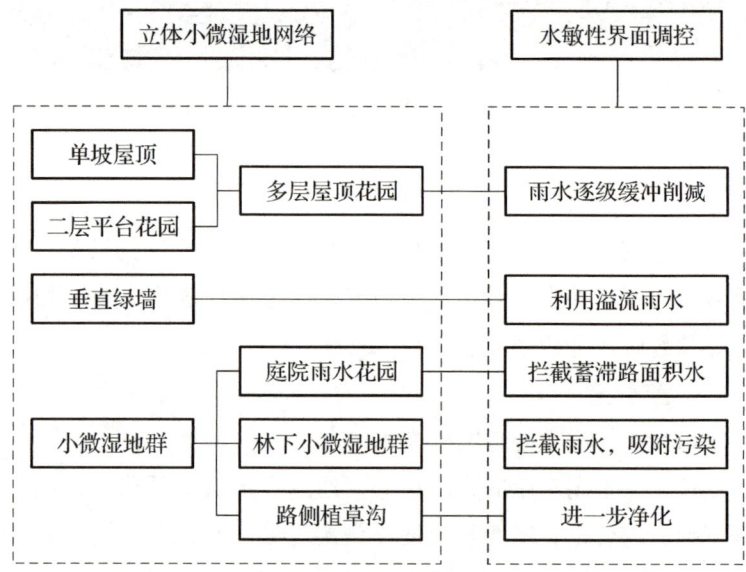

图 4-101　立体小微湿地水敏性网络结构

通性，并通过多样湿地植物种植美化景观，"湿地五小工程"构成了环湖水敏性缓冲带，持续发挥着雨洪调蓄、初期雨水污染削减与生物多样性提升等生态系统服务功能，是汉丰湖湖岸连续生态屏障的重要组成部分，加强了滨水空间与自然水体之间的功能联系，并促进了连续过程的生态修复，同时为城市居民提供了重要的亲近自然、科普宣教的场所（图 4-103）。

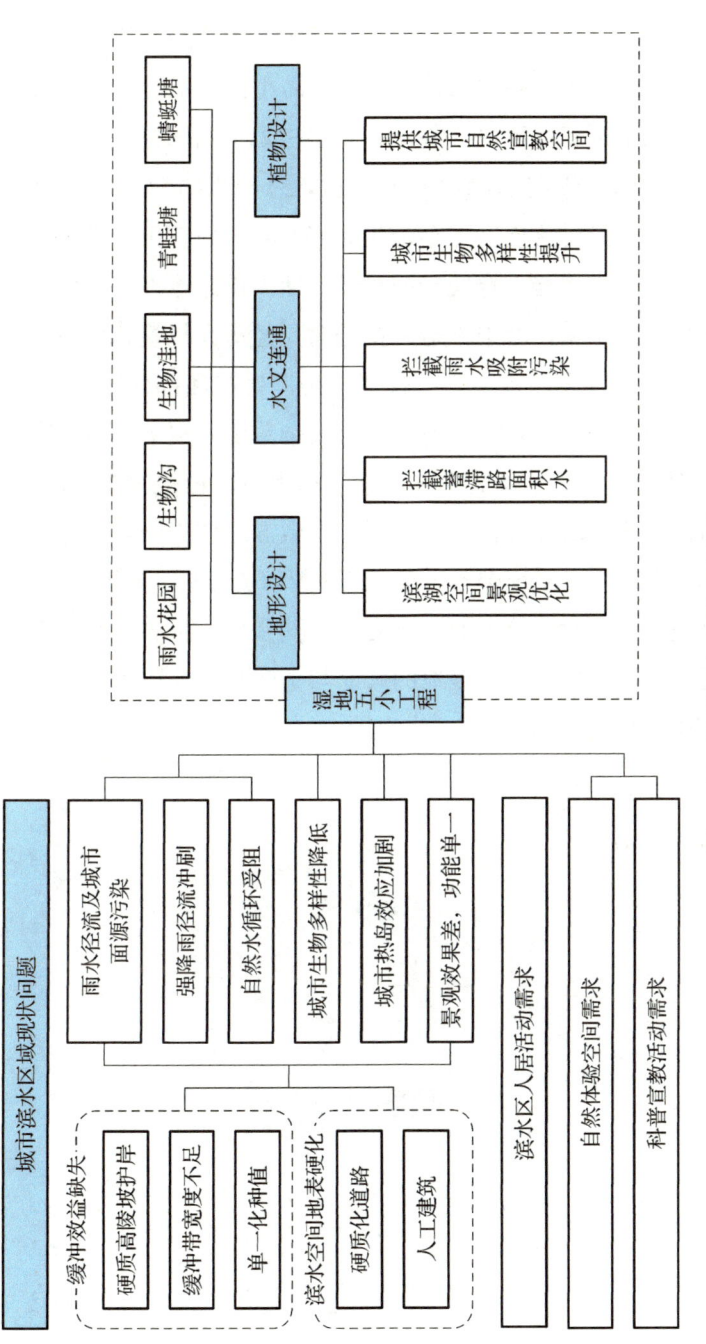

图 4-102 "环湖五小工程"建设模式

4.1.13 重庆广阳岛江心岛小微湿地

1. 基本情况

2021年1月完成方案设计，2021年7月完成广阳岛二期生态修复工程中小微湿地的营建。广阳岛小微湿地建设地点位于广阳岛山地区东部地块，紧邻中干道中段，全长约1 115 m。该项目横跨原岛内的高峰村与胜利村，总面积约为11.35 hm^2。地块内原有的村落痕迹保存较为完好，弃置的荒田、旱地以插花状分布，沟谷与山脊交错明显。后期因道路建设，形成了一系列串珠状水塘，沿中干道一侧分布。经历大规模开发后，原有村落建筑大多已被清理，仅留下房屋地基和部分残垣断壁；水田、旱地的轮廓尚存，但多数已被杂草灌木覆盖。山体其他区域则逐渐演变为以次生林、杂灌丛为主的植被覆盖，同时，原有水塘水系的连通性有所降低。小微湿地作为广阳岛"山水林田湖草"生态系统中不可或缺的重要组成要素，其形态结构、水文连通性及水质等方面均遭受了不同程度的损害。为提升岛屿的物种多样性，小微湿地的修复与重建是增强空间异质性和丰富生态位的关键途径。

图4-103 建设项目在重庆主城的地理位置示意图

图 4-104　建设项目在南岸区的地理位置示意图

图 4-105　建设项目在广阳岛的地理位置示意图

图 4-106　广阳岛生态修复工程二期实施前照片

2. 主要工程措施

(1) 小微湿地网络构建

小微湿地作为岛屿生态系统中的一个重要组成部分，而岛屿本身则是河流生态系统中的重要结构单元。因此，小微湿地的修复具有深远的意义，是流域生命网络中不可或缺的一环。本次广阳岛小微湿地网络构建秉持"生态优先"的策略，采取"轻梳理、浅介入、微创修复、系统修复"的方式，将地块内的沟、塘、堰、井、泉、溪、田、沼、洼等水体进行有机连接，并分类、分区段地开展修复工作。

图 4-107　小微湿地网络营建示意图

(2) 典型修复模式

① 坡面漫流湿地：针对现状中干道沿线的高切坡进行修复，通过对规整的切坡表面进行微地貌整饰，丰富了切坡的竖向空间，提升了切坡小生境类型的多样性。同时，在坡顶建立小型蓄水池（沟），池壁开设微孔以实现渗水，维持坡面漫流的湿润状态。坡底则开挖 0.3 m～0.6 m 深的生物沟以收集雨水。此举形成了创新性的垂直漫流湿地，有效维持了独特的垂直湿地生物多样性，并为苔藓类、蕨类等植物提供了更广阔的生境空间。

图 4-108 坡面漫流湿地现状

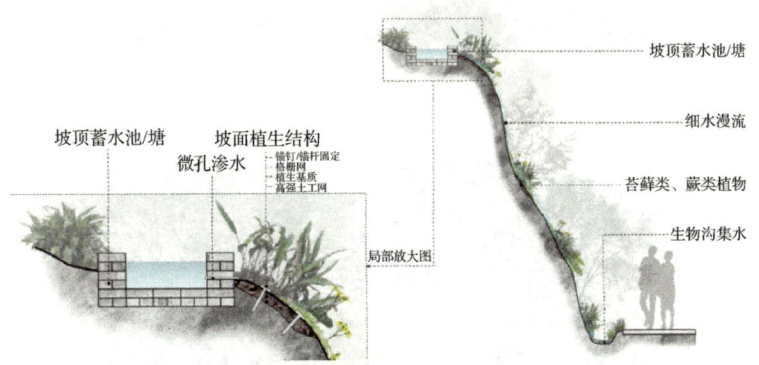

图 4-109 坡面漫流湿地修复模式图

② 浅水草泽湿地：针对高粱溪下游的大面积湿生草甸区域实施修复，通过地形整饰将水位控制在 0.2~0.6 m 之间，对场地内生长过旺的草本植物及原生湿草甸进行适度清理，以扩大明水面的面积。同时，通过种植沉水、浮水、挺水植物，并补植灌

图 4-110 浅水草泽湿地修复模式图

木来优化植物群落的配置，实现水质净化、水源涵养与物种多样性的提升。此外，还在草泽周围的浅水区域种植耐水淹的乔木，以构建稀树林泽，最终形成一个以草泽与林泽为主的复合湿地系统。

(a)

(b)

(c)

(d)

(e)

(f)

图 4-111　浅水草泽湿地修复后效果

③ 梯塘湿地：针对现状野化田块进行修复，通过清理杂草、梳理并修补现状保存良好的田埂，恢复清晰的田块肌理；回填黏土防渗，修复水田功能。利用现状地形的高差构建梯级湿地塘，在田埂处开挖 0.3~0.4 m 宽的自然石明渠以实现水系连通。塘埂边栽植耐水淹的乔木，补植灌木，并放置枯木；塘中则栽种水生经济作物，以恢复田块的生产功能。这些措施旨在净化水体，丰富生境空间，形成沿等高线分布的立体梯塘湿地，进而提升生物多样性并美化景观。

(a)

(b)

图 4-112　梯塘湿地修复前后效果

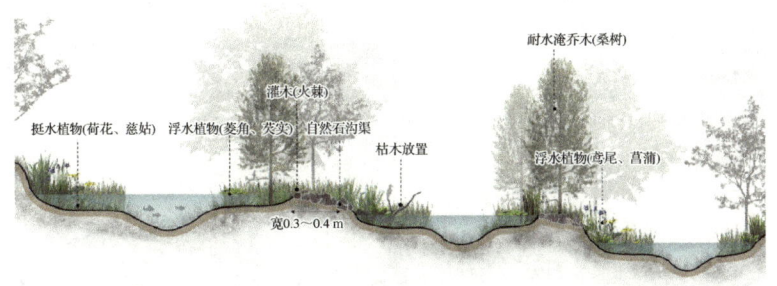

图 4-113 梯塘湿地修复模式图

④ 疏林草丘湿地

针对桃花溪荒废的堰塘进行改造修复，通过地形梳理和整治，使水深控制在 0.6～1.2 m 之间，岸线设计为缓坡入水。沿线依次种植沉水植物、浮水植物和挺水植物，并适当放置枯枝，以丰富植物群落和竖向空间结构。在地形相对凸起的区域，团状栽种耐水淹且生命力旺盛的植物，使其出露水面形成草丘形态。此举旨在增强场地总体空间异质性，实现塘内水质净化，并为鱼类、涉禽、林鸟等提供栖息空间，从而提升场地的生物多样性。

图 4-114 疏林草丘湿地修复前

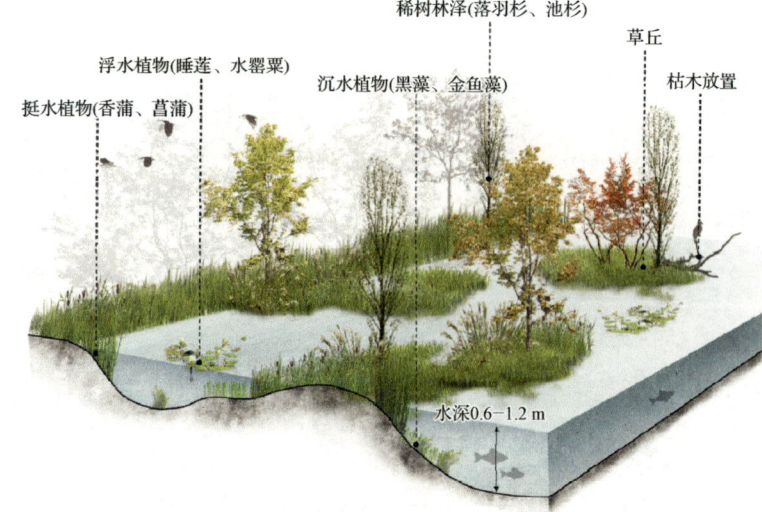

图 4-115 疏林草丘湿地修复模式图

(a)

(b)

(c)

(d)

(e)

第四章 流域上游乡村小微湿地保护修复与合理利用典型案例分析

(f)

(g)

(h)

图 4-116　疏林草丘湿地修复后效果

⑤ 多塘湿地

针对现状山谷洼地中的小型水塘进行改造修复。首先，对场地内的次生植被进行适度清理；其次，在原有水塘周边开挖串珠状的湿地塘，回填黏土以防渗，并开挖明渠以实现水系连通。通过塘底地形塑造、湿生植物配置等措施，实现雨水利用与水循环，改善水质并涵养水源。丰水期与枯水期的不同景观效果为鱼类、两栖类动物提供了丰富的生存空间，进一步提升了场地的生物多样性。

(a) 修复前

(b) 施工后

图 4-117　多塘湿地修复对比

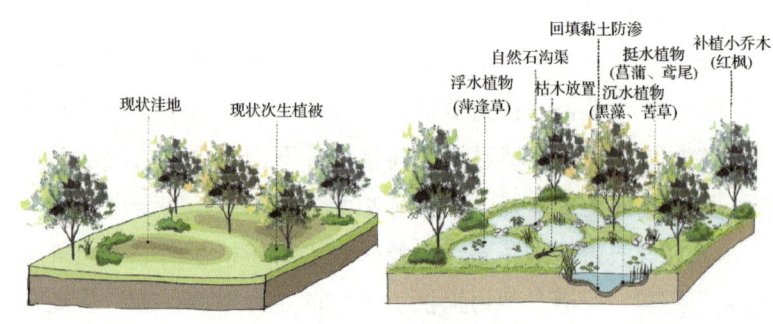

图4-118 多塘湿地修复模式图

⑥ 果林湿地

针对弃荒后的野化柑橘林、柚子林、李子林进行改造修复。通过微地形营建，适当疏伐果树以减少林下郁闭度，形成小型林窗；同时优化林下植物群落。沿果林行间挖掘宽0.5～0.9m，深0.4～0.6m的不规则蜿蜒沟渠，并结合负地形设计实现林下水系连通。改造后，林下形成洼地、小型湿地塘、溪沟等多种湿地模式，不仅改善了果树的生长条件，还实现了水源涵养功能。此外，这些湿地模式为昆虫、两栖类等动物提供了生存空间，增强了空间异质性及生物多样性。

图4-119 果林湿地修复前

 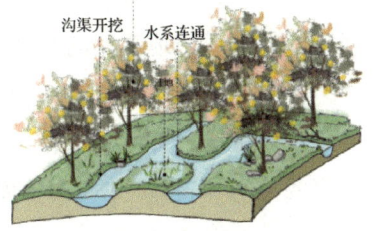

图 4-120 果林湿地修复模式图

3. 建设成效

广阳岛小微湿地的建设保留了大面积湿生草甸、山涧溪流、坑塘洼地等丰富的原生湿地元素。通过串珠状水塘容纳沟、塘、堰、井、泉、溪、田、沼、洼地等多种小微湿地要素，满足了雨水利用、水源涵养、生境多样、群落构建等多层次的水泽湿地功能，实现了"小其形、微其状、净其地、润其土"的小微湿地生态目标，其具体的效益体现在以下几个方面。

（1）生态效益

水质改善：通过内部水道与外部生物沟的串联，实现了场地内各湿地结构水系的连通，构建了流动的水系，从而确保了水中氧气充足，进而抑制了藻类及细菌的过度繁殖，保持了良好的水质。同时，通过筛选金鱼藻、黑藻、苦草等多种沉水植物，增强了水质净化能力。

图 4-121 疏林草丘湿地水质清澈

生物多样性提升：岛内小微湿地的建设，修复了山地溪流通道，恢复了山地溪塘的自然存续能力和湿地湖塘的自然净化能力，涵养了水源，丰富了植被。其借助地貌优势构建的水循环系统，保证了湖塘湿地蓄水的持久性，为动物提供了生存所必需的空间和食物，拓宽了动物在该生态栖息环境中的生态位。

（2）经济效益

在广阳岛小微湿地塘系统的构建中，相关单位选取了高粱溪上游湿地塘以及无名溪的梯塘湿地，栽种了具有显著经济价值的水生植物，如慈姑、菱角、茭白、空心菜等产量较高的植物。这些植物在美化优化场地景观的同时，还兼具了农产品产出的功能。此外，通过让游客体验乡村生活，参与农事活动，了解当地风土人情，他们拓展了湿地农业观光产业，丰富了广阳岛小微湿地的互动性，从而全面提升了场地的经济效益。

图 4-122　高粱溪湿地塘

（3）社会效益

通过小微湿地的建设，使得该区域目前呈现的自然野趣景观不仅为各类生物提供了良好栖息场所，也成了游客观光、游憩的理想之地。这些不同类型的小微湿地更为广阳岛小微湿地的科普宣教工作提供了丰富的素材。

4. 经验总结

（1）关键技术

① 生态系统整体设计策略：将广阳岛视为一个整体的岛屿生态系统进行考量，小微湿地是该系统不可或缺的有机组成部分。应从系统的角度出发设计小微湿地，在空间形态—功能过程上进行整体设计，确保小微湿地生态系统的结构完整性和生态过程的连续性。

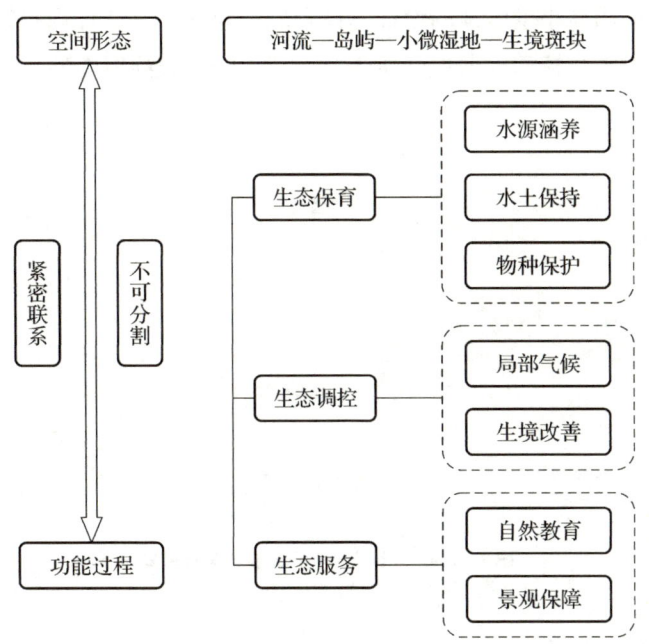

图 4-123 小微湿地整体生态系统设计策略模式图

② 韧性设计策略：运用"韧性材料＋韧性技术＋韧性施工＋韧性管理"的理念，这一理念贯穿于小微湿地的设计、施工及管理全过程。

韧性材料：采用竹笼石、瓦片、木屑、枯枝、自然植物等材料进行生态修复，强调材料的自然性、耐用性和环境友好性。

韧性技术：通过塑造蜿蜒的水岸线，营造起伏的地形，构建具有高度连通性的小微湿地网络。

韧性施工：强调采用对自然友好的施工工法和方式，使用环保的施工工具，并合理安排施工时段以减少对环境的干扰。

韧性管理：管理团队、管理策略和管理机制应着重体现对环境的适应性和灵活性。

③ 生态优先策略：广阳岛小微湿地的生态修复应坚守"生态优先"的设计原则，采取"重保护、轻梳理、浅介入、微创修复、系统修复"的方式，对设计区域内的小微湿地及其周边环境进行科学分类，并据地分类、分区段有序开展修复工作。

（2）主要模式

广阳岛小微湿地的设计总体顺应山地地形，结合现状特点，通过规整和梳理，营造适应各节点特色的小微湿地类型。

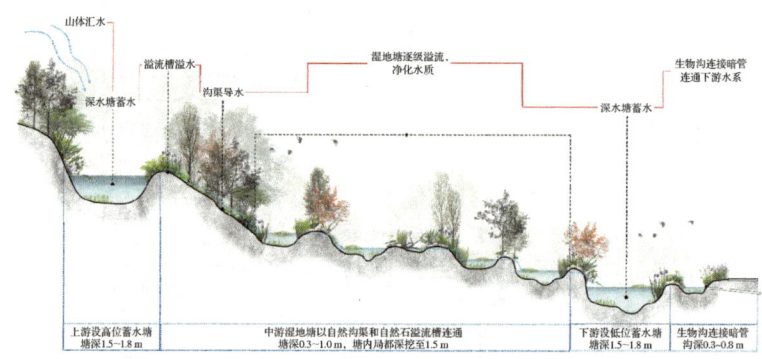

图4-124　广阳岛小微湿地整体设计模式

（3）特色

广阳岛小微湿地网络系统的修复与重建充分考虑了岛内山地沟谷的海拔高差和地形起伏特点，通过实现湿地塘横向与纵向的有效连通，构建了岛屿小微湿地网络体系。建成后的小微湿地网络不仅优化了岛屿的生物多样性、空间异质性及水源涵养等生态服务功能，还满足了岛屿生态学研究及科普宣教的现实需求。

4.1.14　北碚区缙云山黛湖山地湖库小微湿地

1. 基本情况

自2019年6月起，黛湖生态修复工作有序推进，旨在对黛湖生态环境进行治理与提升。至2020年4月，黛湖山地湖库小微湿地修复项目顺利完成。黛湖山地溪塘小微湿地坐落于重庆市北碚区的缙云山风景名胜区内。缙云山国家级自然保护区位于重庆市北碚区嘉陵江小三峡之一的温塘峡西岸，地处北碚区，位于重庆主城区西北部，距重庆市中心35 km，海拔范围在200～952.5 m之间。规划区位于缙云山国家自然保护区的北部，规划面积为65 604.98 m^2。黛湖山地梯塘小微湿地主要由黛湖及其周边山体中的小微湿地群共同构成，涉及生态修复面积约41 500 m^2，拆除总建筑面积达15 460.7 m^2。实施内容包括水体净化、湖滨植被修复、基地拆除、景观打造等多个方面，旨在构建高效的"山地溪塘复合生态系统"，并打造成为长江上游生态屏障的典型示范区。缙云山黛湖山地溪塘小微湿地生态修复工程，依托缙云山优越的生态与景观资源，整合黛湖沿线的水系、山林与动植物资源，通过修复湿地水文功能，增加湿地植被覆盖面积，修复生物多样性，从而建设出具有鲜明山地特色的"山地湖库小微湿地"。

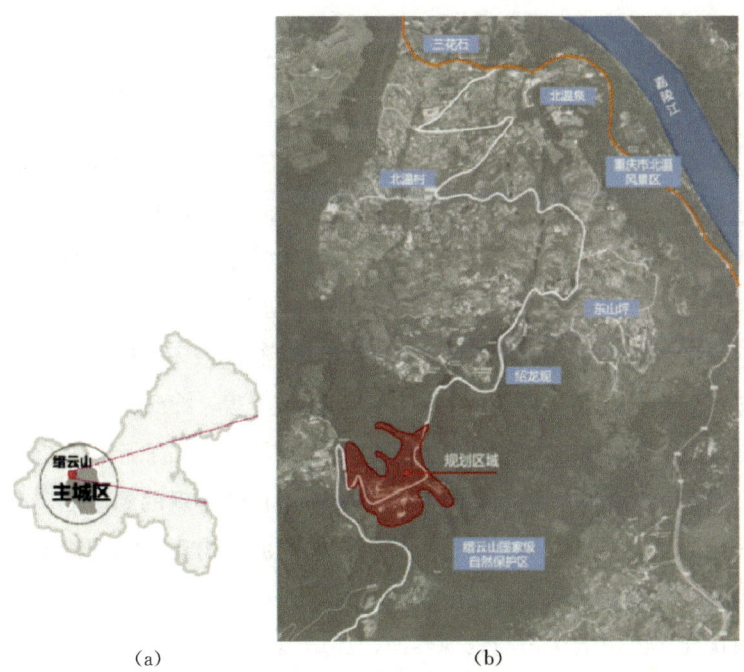

图4-125　黛湖山地溪塘小微湿地地理位置示意图

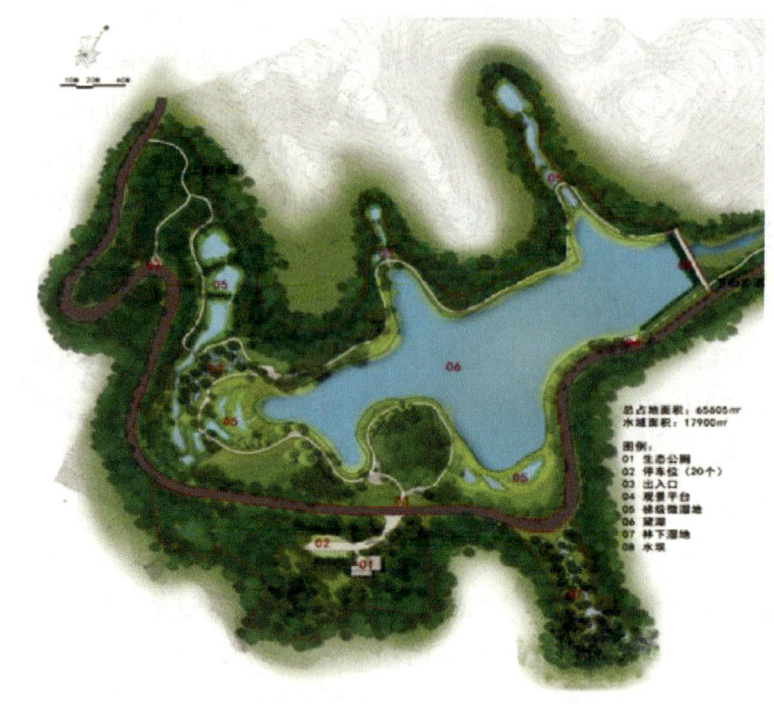

图 4‑126 黛湖山地溪塘小微湿地平面图

2. 主要工程措施

（1）湖湾浅水湿地

湖岸带，作为陆生生态系统与水生生态系统之间的独特过渡区域，以其特有的水文、土壤和植被特征，在防洪抗旱、控制土壤侵蚀、拦截并降解入湖污染物、提升入湖水质、维护生物多样性和生态平衡等方面发挥着至关重要的作用。自 20 世纪 90 年代起，随着黛湖周边酒店的不断扩建，黛湖的生态环境遭受了严重破坏。原本陡峭且失稳的湖岸，缺乏植被覆盖，导致景观和生态效益低下。为此，相关单位采用生态工法，对垂直陡岸进行改造，为植物生长创造附着空间，并重塑出自然蜿蜒的湖岸线。在湖湾区域，通过微地形营造与修复，他们成功构建了湖湾浅水湿地沼泽，实现了湿地岸带—浅滩浅水区—深水区的平缓过渡，不仅优化了湖岸的生态与景观界面，还增强了水力连通性，促进了水体中物质的迁移与转化，有效修复了湿地植被及生物多样性。

图 4-127 受破坏的黛湖

图 4-128 原有陡峭湖岸

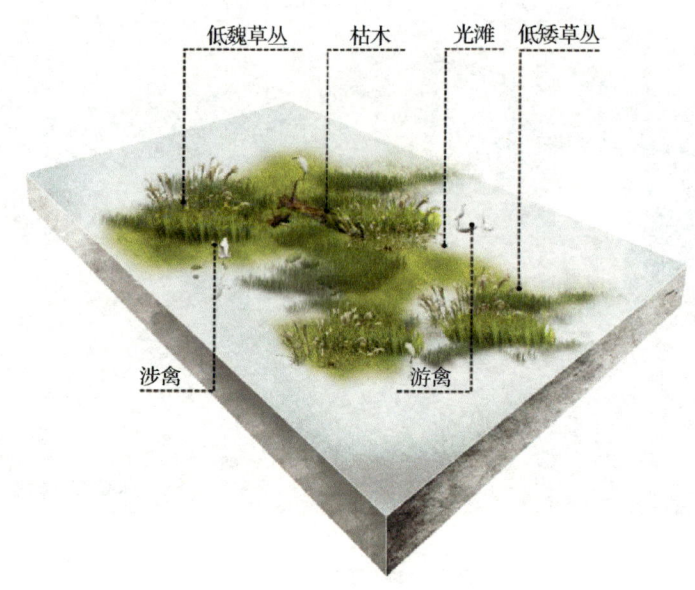

图 4-129 湖湾浅水沼泽营造示意图

图 4-130 修复后形成的自然蜿蜒湖岸

（2）梯级小微湿地

黛湖周边分布着多条汇水沟谷，这些沟谷在修复前因无序开发而污染严重，原有的梯级塘形式显得生硬且生态功能低下。为此，相关单位的设计严格遵循原有地形与汇水格局，通过微地形的重塑，沿沟谷建设了多处梯级小微湿地系统。这些梯级小微湿地不仅为水生生物提供了丰富的生境，还有助于调节局地气候。

图4-131 修复前形态生硬的梯级塘

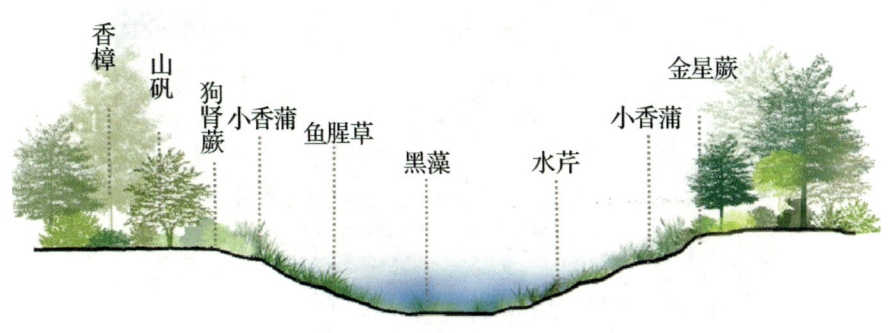

图4-132 梯级小微湿地构建模式图

(3) 林下小微湿地

场地南侧的大罕宫基地位于汇水沟谷之中，大量雨水经此汇入黛湖。为了改善这一区域的生态环境，相关单位实施了林地修复与林下微地形塑造工程，成功打造了林下小微湿地。他们利用种植的灌木丛或自然枯死的灌木堆来营造湿地地形，为动物提供了适宜的地形结构，同时也为植物生长提供了附着表面。这种地形结构既可在水面上方存在，也可延伸至水下。此外，他们还利用木质物残体（如树桩、倒木等）来营造更加自然的湿地地形，这些木质物残体均来源于原地或邻近区域，既环保又经济。这些措施不仅提升了湿地的生态价值，还为动物栖息、隐蔽提供了良好的场所。

3. 建设成效

(1) 生态环境效益

水环境改善：修复前，黛湖周边大量农家乐、度假村的修建阻断了自然的水文过程，周边道路的地表径流携带大量污染物进入湖体，加之水坝的建设导致黛湖内水体流动性差，黛湖

图 4-133　净化水质的湿地植物

水质逐年下降。通过建设系列溪塘小微湿地，修复并提升了黛湖与周边山体冲沟的水文连通性，湿地植物群落的构建则发挥了净化污染、减缓水流的作用。通过柔化与重塑蜿蜒化的湖岸，更有效地控制了土壤侵蚀，截留和降解了入湖污染物质，从而改善了入湖水质。多种措施并举下，修复后的黛湖水体水质明显改善，主要指标已达到地表水Ⅲ类水体的标准。

(a) 修复前

(b) 修复后

图 4-134　修复前后水质变化

(2) 生物多样性提升

黛湖的清淤工程虽有必要，但对湖底地形的破坏以及对水生生物、底栖动物、沉水植物的整体影响导致了水质变差，自我维持能力降低。通过重塑湖底浅水沼泽，构建多样的湖湾地形，为鱼类等水生生物提供了良好的栖息环境。拆除湖岸人工建筑，为自然创造更多空间，修复了自然栖息地与迁徙廊道。在植物修复方面，主要选用当地本土物种进行补植补栽，分层级营造植物景观。植物多样性的增加为昆虫、鸟类等提供了多样的栖息与觅食场所。

(a)

(b)

图4-135 修复后多样的生境

充分利用场地内部及周边区域内的倒木枯枝、砖头、瓦片等，形成复合的多孔隙结构，为蜜蜂、蝴蝶、甲虫等昆虫提供栖息地，并针对性地在小微湿地区域设计了蝴蝶、蜻蜓、青蛙的生境，完善和丰富了小区域内的食物网结构。修复后的黛湖及湖周区域生境类型多样，生物多样性得到显著提升。

(3) 社会效益

通过黛湖溪塘小微湿地系统的建设，沿线水系、山林与动植物资源被有机串联，黛湖"山地溪塘复合生态系统"成了一个富有山地特色、可观可游的自然野趣空间。黛湖宛如镶嵌在密林之中的绿宝石，水面如黛，风光旖旎。沿湖岸线蜿蜒多变，设有总长2 km的环湖步道，其中人行健身步道1.5 km，滨水栈道200 m，小微湿地汀步300 m。游客漫步其中，既可通过松林小道穿梭林间，也可在健身步道上徜徉湖畔，更可于湿地汀步间细赏风景。黛湖已成为缙云山新的风景名片，极大地提升了缙云山风景名胜区的景观吸引力。

图4-136 修复后的黛湖景观

图 4-137　自然野趣的水岸景观

作为缙云山国家级自然保护区内重要的湿地水体，黛湖在湿地生态修复、保护、科普宣教及可持续利用方面具有重要的示范作用。修复后的黛湖溪塘小微湿地吸引着众多游客与周边居民前来参观游览，成为开展生态文明教育和湿地保护科普的重要基地。其优良的生态环境为人们亲近大自然、感受生态之美提供了条件，成为一处普惠共享的民生福祉。

4. 经验总结

（1）山地溪塘湿地网络构建模式

黛湖作为典型的山地湖泊，其生态敏感性高且生态价值显著。相关单位遵循了原生地貌格局与水文条件，成功构建了山地溪塘湿地网络。这一模式通过精细的地形设计与植被群落的科学构建，让自然发挥主导作用，最终形成了一个具备更优质生态系统服务的自然系统。

（2）人工化湖库自然化构建技术

在生态文明建设的大背景下，众多人工湖库迫切需要进行自然化修复。黛湖从原本的人工湖库转变为现今的生态修复典范，为类似工程的实施提供了宝贵的技术借鉴。黛湖的自然化构建技术体系包括湖底地形的重塑、湖岸植被的精心构建以及湖周水体连通性的优化等多个方面。

图 4-138 修复前生态本底

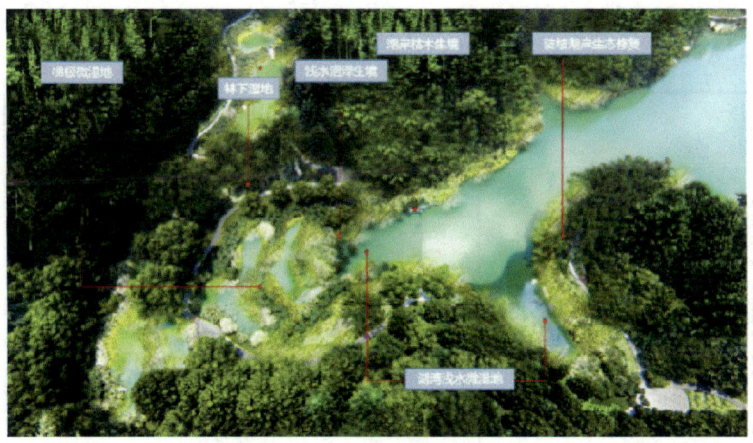

图 4-139 山地溪塘湿地网络结构模式图

图 4-140　经修复后的自然湖库

4.1.15　万盛区青山湖周乡村海绵小微湿地

1. 基本情况

自 2016 年 3 月起开始建设，至 2016 年 5 月重庆万盛区青山湖周乡村海绵小微湿地项目顺利完成。该项目位于重庆青山湖国家湿地公园内，该公园总面积达 1 009 hm^2，其中湿地面积为 364.85 hm^2。该小微湿地是一个集水质净化、雨洪调蓄、涵养水源等功能于一体的水质净化主导型小微湿地生态系统。

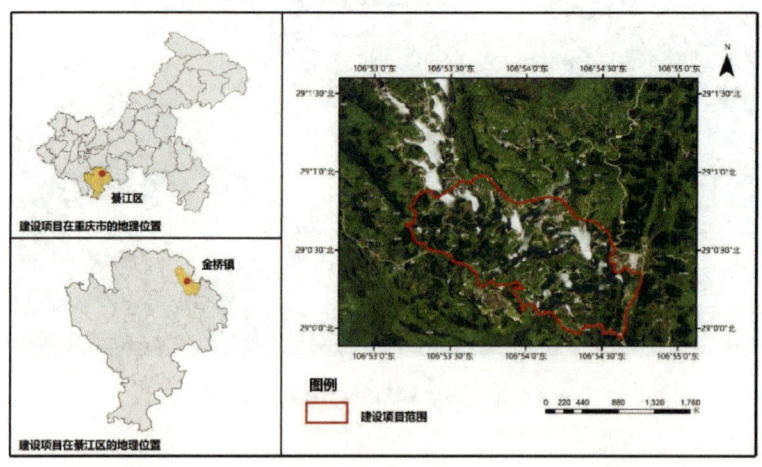

图 4-141　青山湖周乡村海绵小微湿地地理位置示意图

2. 主要工程措施

(1) 乡村海绵家园建设

在万盛青山湖周低山丘陵区，众多农户错落有致，设计巧妙地选择在农户屋前构建生物塘系统，该系统能够汇聚并吸收来自屋顶及地面的雨水。通过植物与沙土的协同作用，雨水得到有效净化，并缓缓渗入土壤，滋养地下水，进而减轻了排水系统的负担。农舍四周，灌木被精心种植成绿篱，篱内则点缀着各色花卉，不仅丰富了动植物的多样性，还逐渐形成了"塘、堰、浅水沼泽"的湿地网络。这一网络不仅承担着净化水质的重任，还兼具蓄水与补给生态用水的功能。

图 4-142　农户屋前营造生物塘系统

(2) 湿地植物筛选

万盛青山湖周低山丘陵区的乡村海绵家园在植物筛选上严格遵循本土性、多样性、生态性和自然化原则，旨在筛选出最适合丘区湿地涵养的植物种类。鉴于丘区海绵家园的主要生态功能在于净化生活污水和涵养水源，因此，在塘中植物群落的配置上，相关单位优先考虑了那些对污染物具有强净化能力的植物，同时也不忘兼顾其美化景观的功能。具体的植物群落配置包括水生美人蕉、鸢尾群落，以及千屈菜、菖蒲等种类。

(a) 施工前

(b) 施工中

图 4-143　乡村海绵家园地形塑造

3. 建设成效

(1) 生态效益

2017年，重庆万盛区青山湖周乡村海绵小微湿地建成后，我们观察到，在海绵家园工程中，屋顶和地面在降雨期间形成的地表径流会汇集到屋前的生物塘中。这些塘中的植物通过吸附、过滤等作用，使水体得到净化，之后再流入青山湖。当污水携带污染物进入梯级塘系统时，同样得益于塘中植物的吸附、过滤等功能，水体得到显著净化，净化效果明显，从而确保了流入青山湖的地表径流水体的高质量。

图 4-144 梯级塘系统净化水体

(2) 社会效益

空间的丰富性提升了景观的整体质量,起到了美化景观的作用。这不仅使湖岸空间的垂直层次和水平梯度变化更加丰富多样,还增加了空间镶嵌的复杂性,使得景观视野更美。

图 4-145 乡村海绵家园建成效果

4. 经验总结

(1) 主要模式

乡村海绵家园是针对乡村水资源管理、环境美化优化及院落经济发展等方面提出的一项综合性生态策略。其功能包括乡村雨洪管理、乡村污染控制、乡村水源涵养、乡村环境优化、乡村生境保育、庭院微型经济等。除了乡村周边的森林灌丛外，利用乡村聚落内外各种类型的湿地来蓄积和涵养水源，是海绵家园建设的重要内容之一。这些乡村海绵小微湿地的设计和建设，在兼具景观美化和生态涵养功能的同时，还注重挖掘其经济价值，形成了一套旨在提升乡村人居环境质量、有效净化农家生活污水的独特模式。

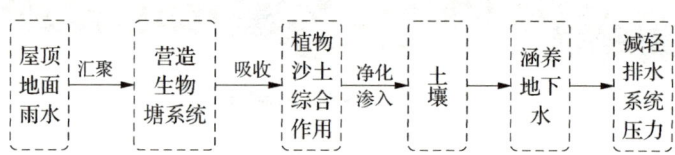

图 4-146　青山湖周乡村海绵小微湿地模式图

（2）特色

在万盛青山湖周低山丘陵区的乡村，相关单位成功实施了青山湖周乡村海绵小微湿地建设项目。作为流域和区域可持续发展的基本单元，海绵家园建设在万盛青山湖周低山丘陵区具有重要意义。除了乡村周边的森林灌丛外，充分利用乡村聚落内外的湿地资源进行水源的蓄积与涵养，构成了海绵家园建设的核心要素。乡村海绵家园所构建的"塘、堰和浅水沼泽"湿地网络，不仅能够有效净化水质，还兼具蓄水功能，为生态系统提供必要的生态用水。

4.1.16　垫江县迎风湖丘区生态涵养小微湿地

1. 基本情况

2009 年至 2013 年，重庆迎风湖环湖湿地建设项目顺利完成；随后，在 2014 年至 2017 年间，迎风湖丘区生态涵养小微湿地的营建工作也圆满结束。该项目坐落于重庆市垫江县普顺镇东部的迎风湖国家湿地公园内，背倚金华山，距离沪蓉高速公路周嘉出口仅 8 km。该区域位于丘陵和低山的过渡地带，地势呈现出东高西低的特征,北部与南部则较为平缓。区域内以低山丘陵为主,山峦连绵起伏,海拔大多在 500～1 000 m 之间。湖周丘区地貌单元发育典型,丘区湿地形态既典型又独特。迎风湖四周被低矮的山丘环绕,形成了多处形态各异的湖湾、湖汊和丘区单元。迎风湖国家湿地公园的范围包括迎风湖水库及其周边山体第一层山脊线以内的丘区和生态公益林地带,总面积为 254.8 hm²。公园内有河流 1 条,为龙溪河一级支流陈家河,该河流长 2.871 km,宽 189 m,面积 56.2 hm²;池塘(包括养殖塘)14 处,总面积 1.401 hm²。该项目是集涵养水源、保持土壤、保育生物多样性等多重功能于一体的自然保育主导型小微湿地。

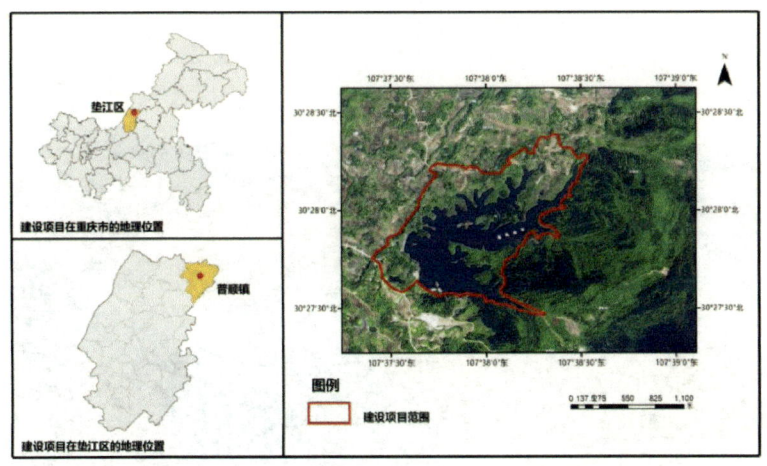

图 4-147　迎风湖丘区生态涵养小微湿地地理位置示意图

2. 主要工程措施

(1) 丘区湿地修复工程

迎风湖湿地公园的北部散落着许多因丘坡围合丘间水塘而形成的半废弃梯田。如何修复这些丘区湿地的自然形态和结构,并发挥其涵养水源、保持土壤、保育生物多样性的生态功能?相关单位结合了其环境梯度,对原有丘区单元的各项要素进行了综合规划与设计。

首先，对丘区单元进行地形整理，将田块逐一挖深，形成丘间湿地塘，同时在丘坡上种植野花与草甸，构建沿高程梯度变化的丘间梯级塘系统。选择具有经济价值的湿地植物种植于塘内，既兼顾丘区水源涵养与生物多样性保育，又促进丘区湿地经济发展。建设丘区梯级生境景观塘，在发挥其涵养水源、保持土壤、美化优化景观功能的同时，通过微地形、生境系统、植物群落的精心设计与配置，提升梯级生境景观塘的生物多样性，强化其生物多样性保育功能。针对丘区乡村水资源管理、环境美化优化、院落经济发展等需求，结合丘区海绵家园理念，在农户屋前构建生物塘系统，收集并吸收屋顶及地面雨水，经植物与沙土的综合作用净化后，渗透至土壤，涵养地下水，从而减轻排水系统负担。

图 4-148　垫江县迎风湖湖周丘区湿地

（2）丘区湿地农业种植

迎风湖丘区涵养湿地的植物筛选遵循本土性、多样性、生态性、自然化等原则，以筛选出最适合丘区湿地涵养的植物种类。丘区湿地生态经济单元的植物群落配置以水生经济作物为主，包括空心菜、水芹、苘菜群落；莲、苘菜群落；慈姑、茭白群落；荸荠、菱角群落；紫芋、荇菜群落以及薄荷、水芹群落等。丘区生命花园（梯级生境景观塘）的生态功能主要为丰富生物多样性、净化水质，因此植物群落配置丰富多样，包括玉带草、水罂粟群落；千屈菜、水葱群落；萱草、水生美人蕉群落；菖蒲、鸢尾群落；睡莲、荇菜群落；水罂粟、灯芯草群落等。丘区海绵家园则以净化生活污水、涵养水源为主要生态功能，因此塘中植物群落配置以净化能力强且具观赏性的植物为主，如水生美人蕉、鸢尾群落；千屈菜、菖蒲等。

图4-149　垫江县迎风湖湖周丘区湿地植物群落

3. 建设成效

（1）生态效益

生物多样性提升：自2016年5月丘区生命花园（梯级生境景观塘）建成以来，通过针对性的地形、生境和植物群落设计与建设，夏季观察到植物存活状况良好，塘中水生昆虫种类繁多，蜜蜂、蝴蝶等昆虫种类丰富多样。丘区生命花园模式中梯级塘系统的构建，不仅涵养了降水水源，还形成了大面积明水面。塘内水分的蒸发及湿地植物的蒸腾作用，使得丘间原本荒废、干燥的区域变得湿润，显著优化了丘间生态环境质量。

(a) 建设前

(b) 建设后

图 4-150　丘区生命花园

水质提高：2016 年 6 月丘区海绵家园建成后，观察到屋顶、地面在降雨期间形成的地表径流汇入屋前的生物塘。塘中植物通过吸附、过滤等作用，使水体得到初步净化，再流入迎风湖。进入梯级塘系统的水体，在塘中植物的进一步吸附、过滤下，净化效果明显，确保了进入迎风湖的地表径流水体的质量。

图 4-151 丘区海绵家园建成效果

（2）经济效益

2016 年 6 月丘区湿地生态经济单元建成后，展现出优美的景观风貌。丘坡上野花草甸生长茂盛，野花植物吸引了蜜蜂、蝴蝶等传粉昆虫，为其提供了丰富的蜜源或适宜的寄主环境。丘间梯级塘系统的植物不仅具有观赏价值，还蕴含巨大的经济价值。以塘中种植的普通莲藕为例，其亩产量可达 2 000 kg，按市场价格 3 元/kg 计算，丘区湿地生态经济单元中的丘间塘每亩经济价值可达 6 000 元。因此，丘区涵养湿地的生态设计和建设，既美化了乡村环境，又促进了湿地产业的增收，为周边居民带来了可观的经济收益。

(a) 建设前

(b) 建设后

图 4-152　丘区涵养湿地产业示范区

(3) 社会效益

迎风湖自建成以来，以其优良的景观品质和独特的景观特色，为迎风湖国家湿地公园增添了宝贵的风景资源。

图 4-153 景观品质优良的丘区生态涵养小微湿地

4. 经验总结

（1）关键技术

① 丘区湿地生态经济单元设计技术：选取位于迎风湖湿地公园宣教中心北部的一个丘区单元，对该区域的丘间梯田形态进行精心规划，在丘坡上种植野花草甸；对每一田块进行深挖，形成水深在 30～80 cm 之间的丘间湿地塘，构建沿高程梯度分布的丘间梯级塘系统；加固塘埂，确保其宽度维持在 80～100 cm 之间；修整塘型。在塘中种植茭白、藕、慈姑、水芹菜等具有经济价值的湿地植物。在丘间梯级塘系统上部和下部分别构建深 1～2 m 的深水塘，作为丘区湿地水源补给和水质净化区。这些湿地植物不仅具备观赏价值和净化能力，还带来了显著的经济效益，共同构成了丘区湿地生态经济单元。此举旨在发挥丘区的水源涵养与生物多样性保育功能，同时增加农民收入，解决原住民的生计问题。

② 丘区生命花园（梯级生境景观塘）设计技术：选定迎风湖湿地公园东南部的丘区单元，开展丘区生命花园的设计工作。设计核心在于构建典型的丘区梯级生境景观塘，旨在实现水源涵养、土壤保持及景观美化优化的多重功能。通过微地形、生

境系统、植物群落种类及结构的精心设计，提升梯级生境景观塘的生物多样性，强化其生物多样性保育功能。沿等高线布局梯级塘系统，塘内主要种植本土的挺水、浮水、沉水植物，如鸢尾、水罂粟、睡莲、千屈菜、玉带草等。这些植物吸引了蜻蜓、蝴蝶、青蛙、水生昆虫等消费者，进而吸引了水鸟前来觅食。植物作为生产者，动物、昆虫、鸟类作为消费者，微生物作为分解者，三者间相互作用，形成了一个充满活力的生命系统，并与水、土、塘等环境要素和谐共生，共同构成了丘区生命花园。

③ 丘区海绵家园设计技术：在渝东北生态涵养发展区，海绵家园作为流域和区域可持续发展的细胞单元，其建设具有重要意义。丘区海绵家园是针对丘区乡村水资源管理、环境美化优化及院落经济发展提出的综合性生态策略，涵养乡村雨洪管理、乡村污染控制、乡村水源涵养、乡村环境优化、乡村生境保育及庭院微型经济等功能。

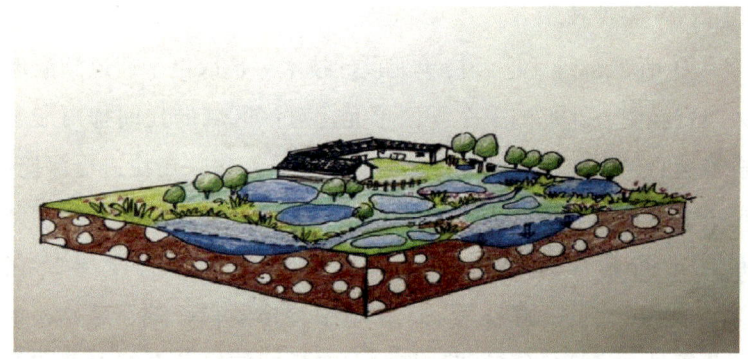

图 4-154　丘区海绵家园模式图

选取迎风湖湿地公园东南部湖周的农户，在农户屋前构建生物塘系统，该系统能有效汇聚并吸收屋顶及地面的雨水，通过植物与沙土的协同作用实现雨水净化，并促进雨水下渗以涵养地下水，从而减轻排水系统负担。农舍四周种植灌木形成绿篱，篱内点缀花卉，进一步丰富了动植物的多样性。

（2）主要模式

在迎风湖湖周，相关单位设计并实施了丘区生态涵养小微湿地的三大模式，分别是：① 生态产业与湿地保护协同共生的丘区湿地生态经济单元模式；② 旨在丰富动植物多样性、净化并涵养水源的丘区生命花园模式（梯级生境景观塘）；③ 旨在提升乡村人居环境质量、净化农家生活污水的丘区海绵家园模式。

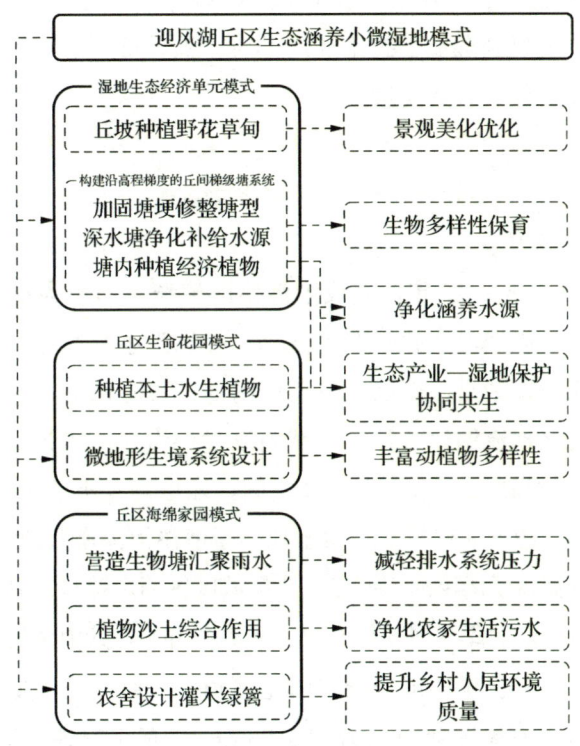

图 4-155　迎风湖丘区生态涵养小微湿地模式图

（3）特色

以垫江县迎风湖为例的丘区生态涵养小微湿地设计和建设，是重庆市小微湿地保护修复领域的一次积极探索。丘区涵养湿地不仅是一个独立的湿地单元，更是一个从丘顶到丘坡、丘间湿地直至迎风湖水体紧密相连的完整生态系统。这些设计在兼顾景观和生态涵养功能的同时，充分挖掘并发挥了其经济价值。

丘区涵养湿地的生态设计与建设，有效修复了迎风湖周曾经荒废的丘区单元生态系统，不仅塑造了优美的自然景观，还发挥了净化水质、涵养水源、保持水土、保育生物多样性及增加经济收入等多种生态功能。以梯级塘形式展现的丘区湿地生态经济单元与丘区生命花园，在迎风湖水体与湖岸间构建起了一道生态缓冲带。当降水形成的地表径流携带污染物进入梯级塘系统时，塘中植物的吸附与过滤作用能够有效净化水体，确保水体净化后再流入迎风湖中，从而保障了迎风湖国家湿地公园的水环境质量。因此，迎风湖丘区涵养湿地的设计与建设，对于维护迎风湖湿地生态系统的健康、推动重庆市小微湿地的保护修复工作具有重要意义。

4.1.17 荣昌区濑溪河畔林野小微湿地

1. 基本情况

2009年至2015年，完成了濑溪河流域荣昌段为期6年的国家湿地公园建设，并营造了濑溪河畔林野小微湿地。该项目坐落于重庆市荣昌区，该区位于西南地区腹心地带，具有典型的西南丘区河流湿地特征。区域内以浅丘为主，地势起伏较为平缓，海拔高度在300~400 m之间，地形高差不超过100 m。重庆荣昌区濑溪河畔林野小微湿地位于濑溪河国家湿地公园内，公园范围涵盖了濑溪河主河道、荣昌城区饮用水源地高升桥水库以及连接两者的库绿河，总面积达914.53 hm^2，其中湿地面积共计386.65 hm^2。湿地包括濑溪河主河道、一级支流库绿河和5条细支流，河流湿地面积为128.85 hm^2；稻田湿地（即稻田、冬季蓄水或湿润的农田）散布于河流两岸的阶地和浅丘之中，

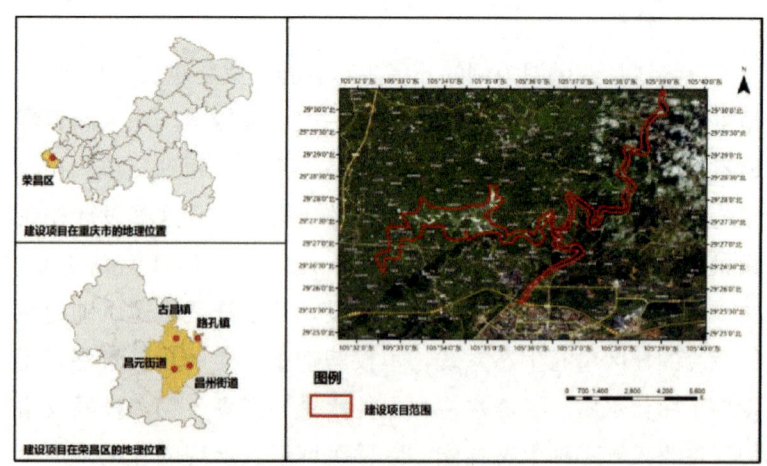

图4-156 濑溪河畔林野小微湿地地理位置示意图

面积约为 17.3 hm^2；库塘湿地（指用于城市饮水、灌溉、水电、防洪等的人工蓄水设施），包括与高升桥水库相连的库绿河及与二郎滩大桥北侧支流连通的莲花庵水库，以及分布于湿地公园西南和东南部的大小池塘，库塘湿地面积总计 240.5 hm^2。这些湿地共同构成了集保水蓄水、雨洪调控、污染净化、生物生产、局地气候调节等多功能于一体的复合型小微湿地系统。

2. 主要工程措施

（1）河岸多塘系统修复工程

河岸多塘系统修复工程位于二郎滩大桥附近，此处为河流转弯的内角地带，水流湍急，易发生侵蚀，因此建有大片的人工林。河岸多塘修复工程的核心是在人工林下构建具亲水性和生态化的森林—湿地复合生态系统，并在此林下多塘系统中探索发展森林—湿地产业的新模式。如何将林下经济与湿地修复有机结合，以及如何改造优化林相、林型和林种单一的农田防护林带，使其兼具多功能与多效益？针对此，我们提出了"丘区林野湿地"概念，并展开了创新性的实践。通过林野小微湿地项目，我们成功地将林下经济与湿地修复相结合，改造了林相、林型和林种单一的农田防护林带，赋予了它们多功能与多效益。具体而言，主要有以下三种模式。

经济多塘：主要在林下浅塘系统中种植莲藕、空心菜、茭白、芋头、荸荠等本地经济湿地作物，提供丰富的湿地和林间产品，创造显著的经济效益。

景观多塘：在林下浅塘系统中种植各类沉水植物、漂浮植物、浮叶植物和挺水植物，不仅丰富了湿地生态系统，还为周边中小学生提供了一个优质的森林—湿地自然教育学习基地。

海绵多塘：借鉴海绵城市的建设理念，我们在湿地中尝试构建生物沟和海绵花园。利用海绵花园收集、吸收雨水，并通过植物根系和沙土的协同作用净化雨水。随后，将净化后的雨水通过生物沟进行渗透、输送，最终排放到湿地的各个塘系中，有效缓解了内涝问题，补充了地下水，促进了水资源的协调循环与再利用。

（2）河岸林网络系统植被修复工程

在库绿河和濑溪河城镇段以外的河岸带，我们实施了河岸

(a) 正在修复的河岸多塘系统

(b) 效果图

图 4-157 河岸多塘系统

林网络系统的植被修复工程。该工程旨在建设 40 hm² 的河岸林，主要依据濑溪河河岸生态功能的需求，构建一道天然的水体生态屏障。在林网构建过程中，我们特别融入了鸟类栖息所需的庇护林元素，选用了包括麻竹、黄竹、慈竹、水杉、池杉以及火棘、小果蔷薇等在内的多种乔灌木树种。通过这一工程，我们成功建立了濑溪河湿地生态环境提升的综合试验示范基地。

3. 建设成效

(1) 生态效益

我们改造并优化了原先林相、林型、林种单一的农田防护林带，使其具备了多功能、多效益的特性，同时发挥了河流缓冲带的作用，显著提升了河岸抵御河水冲刷的能力，增强了安全性。这一举措为鸟类栖息地的保护、引鸟区的营造等措施提供了广阔的空间，丰富了湿地公园的动植物种类，尤其是显著提升了鸟类的生物多样性。值得一提的是，濑溪河地区原本越冬的2种鸟类已转变为留鸟，国家Ⅱ级重点保护鸟类数量增加到了5种。此外，该工程还起到了延迟洪峰、拦截泥沙和有机物质的重要作用，进一步提高了湿地多塘系统中湿地动植物的多样性。

图4-158 林野小微湿地效果图

图4-159 修复后的河岸林网络系统

（2）经济效益

河岸多塘系统修复工程是对发展森林—湿地产业模式的一次初步而成功的探索。该项目巧妙地将林下经济与湿地修复相结合，在修复和提升湿地生态系统功能的同时，也实现了湿地的生态效益、社会效益和经济效益的共赢。

(a) 施工前单一的桉树林

(b) 施工中

图 4-160 濑溪河畔林野小微湿地施工过程

(a) 施工完成

(b)建成后现状

图 4-161 濑溪河畔林野小微湿地

(3) 社会效益

濑溪河畔林野小微湿地项目建成后,不仅展现了优良的景观品质,还形成了鲜明的景观特色,为濑溪河国家湿地公园的生态旅游发展提供了得天独厚的风景资源。

图 4-162 濑溪河畔林野小微湿地景观品质优良

4. 经验总结

(1) 关键技术

① 多功能设计技术:林野小微湿地主要是在人工林下构建的具有亲水性和生态化特征的森林—湿地复合生态系统,该系统具备多样化的生态服务功能。对于濑溪河畔的林野小微湿地而言,它不仅要实现水源涵养、水土保持、雨洪调控及生物多样性保育等自然功能,还应兼顾景观美化及生物生产功能,即在满足自然生态需求的同时,也要满足人类休闲观赏和经济利用的需求。

② 立体生态设计技术：针对河岸带特有的立体空间特征，本项目引入了林野小微湿地的立体生态空间设计技术，以应对不同海拔高差及复杂地形条件，从而构建出一个多层次的小微湿地生态空间。这包括基于场地特性的空间结构设计及小微湿地生态系统的内部空间布局。场地空间结构的设计依据高程变化和地形的相对陡峭程度，对经济多塘、景观多塘、海绵多塘等要素沿等高线进行合理布局。同时，针对不同功能的塘结构进行设计，包括水平方向上不同生活型的湿地植物的水平镶嵌，也包括在垂直方向上形成的垂直分层群落结构：从水下的沉水植物开始，依次有浮水植物、挺水植物、湿生植物和塘基上的陆生植物。

（2）主要模式

通过林野小微湿地的建设，我们成功地将林下经济与湿地修复有机结合，对原本林相、林型、林种单一的农田防护林带进行了改造优化，并赋予其多功能、多效益的特性。具体实践中，我们探索了以下三种主要模式：① 生态产业与湿地保护协同发展的经济多塘模式；② 旨在丰富动植物多样性、净化涵养水源并提供科普宣教场所的景观多塘模式；③ 旨在缓解内涝、补充地下水及促进水循环再利用的海绵多塘模式。

（3）特色

濑溪河国家湿地公园坐落于渝西地区，历史上曾是川陕驿道上的重要节点，自明末清初"湖广填四川"大移民时期起，其漕运便极为繁荣，从而孕育了丰富而独特的河流文化。作为四川盆地川中渝西方山丘陵区域，千百年来农耕文明的积淀使得这片土地成了一片富庶之地。近年来，荣昌地区积极探索林下经济发展之路，并成功成为全国林下经济示范区。在全球气候变化的背景下，面对环境变化的挑战，我们深入思考并实践了渝西地区水资源保护与可持续利用的新路径。特别是如何将林下经济与湿地修复有机结合，以及如何改造优化林相、林型和林种单一的农田防护林带，使其兼具多功能与多效益？针对此，我们提出了"丘区林野湿地"概念，并展开了创新性的实践。林野湿地作为一种集保水蓄水、雨洪调控、污染净化、生物生产及局地气候调节等多功能于一体的湿地系统，它不仅代表了林下经济的一种全新发展方向，也是应对环境变化、构建良好生态结构的有效手段。

4.1.18 巴南区惠民街道辅仁村鱼菜共生型小微湿地

1. 基本情况

2011 年，辅仁村鱼菜共生型小微湿地项目顺制完成。该项目坐落于重庆市巴南区惠民街道辅仁村。巴南区，位于重庆市西南部，地处川东平行岭谷区的南缘，辖区面积 1 825 km²。区内浅丘平坝、倒置低山、岗状丘陵等多种地貌交织，形成了一山一岭、一山两岭一槽的独特景观，同时，山、丘、坝、阶地、河谷等地貌类型均有所发育，整体上以丘陵地貌占据主导地位。项目范围涵盖了惠民街道辅仁村及其周边地区，形成了一个以鱼菜共生为示范的片区，其中包括了池塘（含养殖塘）74 处，总面积达 33 hm²，该项目是生物资源利用主导型小微湿地。

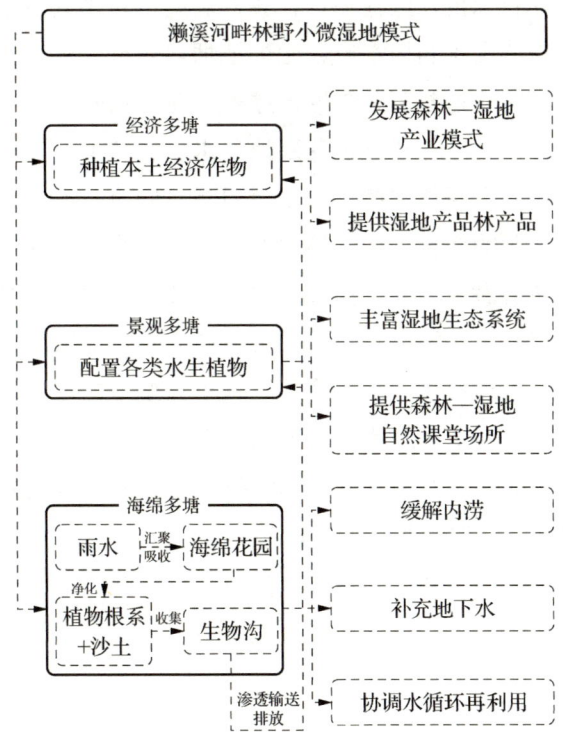

图 4-163 濑溪河畔林野小微湿地模式图

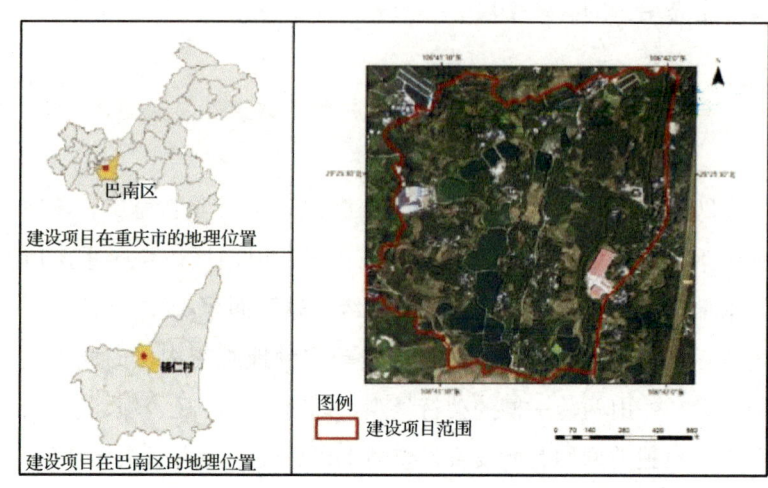

图 4-164 辅仁村鱼菜共生型小微湿地地理位置示意图

2. 主要工程措施

在辅仁村示范片区池塘内,我们实施了鱼菜共生工程。这一工程的核心在于利用水质较肥的池塘,通过人工搭建浮台来种植水生蔬菜。这些蔬菜在生长过程中能够吸收水中的富营养物质,从而达到净化和改善养殖池塘水质、减少鱼类疾病发生及药物使用、提高鱼类产量的多重目标。同时,这一模式还能显著增加蔬菜的产量,是一种生态种养结合生产模式。我们在部分池塘进行蔬菜定植,采用丝瓜、苦瓜、生菜、水藤菜、菱角等多种蔬菜进行间种、套种的可行性方案,并采用新型浮架制作和生产管理模式。在鱼菜共生型小微湿地内,我们积极开展了多品种、多季节的蔬菜种植试验,并对试验池塘的水质状况进行了持续跟踪监测,以确保该技术模式能够真正实现"水变清、鱼增产、菜增收"的目标。

(a)

(b)

图 4-165 鱼菜共生型小微湿地

鱼菜共生工程作为一种水质净化与生物生产互利共生的湿地农业模式，其优势在于能够充分利用鱼类排泄物和饲料残渣等废弃物。这些废弃物排入水中后，经过鱼菜共生型小微湿地的自然净化作用，为空心菜、水芹菜、西洋菜等蔬菜提供了丰富的营养，从而提高了鱼类的产量和质量（图 4-166）。此外，该工程还具有原位调水、成本低廉、操作方便等优点，有效缓解了养殖塘换水困难和水质老化的问题，同时实现了固碳释氧、资源充分利用和变废为宝的目标。

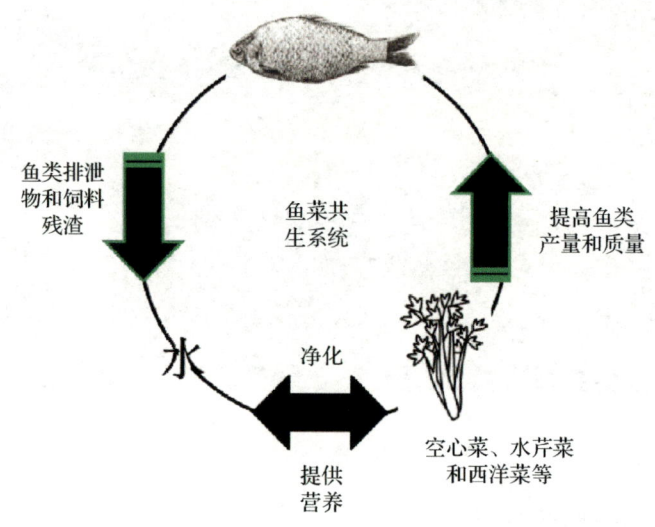

图 4-166　鱼菜共生系统

3. 建设成效

（1）生态效益

在建设辅仁村鱼菜共生型小微湿地之前，传统的水产养殖模式存在诸多生态问题。鱼类饲料残渣与排泄物未经有效处理直接排入池塘，导致水体富营养化，氨氮含量不断增加。加之池塘换水困难、生活污染及农业面源污染等多重因素，养殖环境日益恶化，水质严重污染，进而促进了病原微生物的滋生，增加了渔业病害的风险，直接威胁到水产品的食用安全。虽然过去曾采用抗生素来消灭病原微生物，但这种做法又带来了新污染问题，加剧了养殖环境的恶化，并可能导致抗生素在水产品种的残留，进一步影响食用安全（图4-167）。

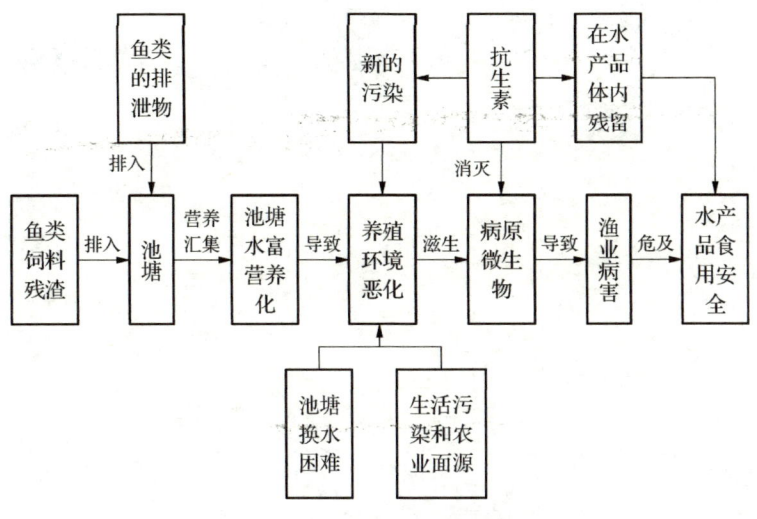

图 4-167 传统水产养殖面临问题

通过实施鱼菜共生型小微湿地项目，这些问题得到了有效解决。水产养殖用水经过水泵输送到水培种植槽，经过鱼粪分离过滤和硝化细菌的作用，氨氮等有害物质被分解成亚硝酸盐，随后被植物直接吸收利用。这一过程中，动物、植物、微生物三者之间形成了和谐共存、互利共生的生态平衡关系，构建了一种可持续、循环型、零排放的低碳生产模式。

（2）经济效益

巴南区渔业推广部门积极借鉴鱼菜共生型小微湿地的先进成果，通过全面宣传引导、重点试验示范、分类培训指导和区域补助建设等措施，在惠民街道辅仁村成功建设了500余亩的"鱼菜共生"示范片区。根据示范项目设计及试验数据，这个"鱼菜共生"池塘年新增鱼产量达到5万公斤，新增蔬菜产量达到50万公斤，新增产值近100万元。

（3）社会效益

鱼菜共生系统设施的创建和生态化综合种养技术的推广，形成了一个鱼菜共生互促的特定生态系统和良性循环机制。重庆市农委在全市范围内大力推广"吨鱼吨菜工程"鱼菜共生模式，并制定了相应的地方标准。

(a)

(b)

图 4-168 鱼菜共生工程为蔬菜生长提供营养

4. 经验总结

（1）关键技术

鱼菜共生综合技术：在辅仁村鱼菜共生型小微湿地中，我们实践了鱼菜共生综合技术，即在水面上种植蔬菜，水下养殖鱼类。这项技术显著改善了示范池塘的水质，减少了鱼病的发生，降低了水体富营养化现象，并减少了用药成本。辅仁村鱼菜共生型小微湿地所种植的蔬菜有效解决了鱼塘水质的氧化问题，而鱼粪又为蔬菜提供了充足的养分，不仅实现了"一水双收"，还达到了养殖尾水零排放的生态养殖目标。通过鱼菜共生系统设施的创建和生态化综合种养技术的应用，我们成功构建了一个鱼菜共生互促的特定生态系统和良性循环机制。

多品种、多季节蔬菜种植试验：在鱼菜共生型小微湿地内，我们开展了多品种、多季节的蔬菜种植试验，并对试验池塘的水质状况进行了持续的跟踪监测。这一举措使鱼菜共生生产技术达到了"水变清、鱼增产、菜增收"的预期目标。由于水生蔬菜根系发达，它们能够有效地从水体中吸收生长所需的氮、磷等养分，从而净化水质。由于无须施肥，这些水上蔬菜更加绿色环保、无公害，更容易被消费者所接受。此外，水上蔬菜和水下鱼类在营养和氧气上形成了互补关系，促进了循环发展的效果。在炎热的盛夏季节，蔬菜还能为水中的鱼类提供遮阴场所，提高了鱼类的存活率，从而实现了鱼、水、菜三者之间的协同共生目标。

（2）主要模式

在水质较肥的池塘中，我们利用人工搭建的浮台种植水生蔬菜。通过水生蔬菜的生长过程吸收水中的富营养物质，该模式既能够净化和改善养殖池塘的水质，减少鱼病的发生及用药量，提高鱼类的产量，又能够增加蔬菜的产量和收益。因此这是一种生态种养结合的生产模式。

（3）特色

为切实改善渔业养殖生态环境，解决养鱼池塘因长期投饲造成的水质恶化、鱼病频发以及大量使用渔药的生产状况，重庆市巴南区在惠民街道辅仁村开展了"池塘鱼菜共生生态养殖技术"的推广示范。我们结合鱼菜共生型小微湿地的特点，探索了重庆高产老旧池塘水生态系统的良性循环方式，为渔业可持续发展进行了有益的实践。鱼菜共生作为一种新型的复合耕作体系，成功地将水产养殖与水耕栽培这两种原本完全不同的

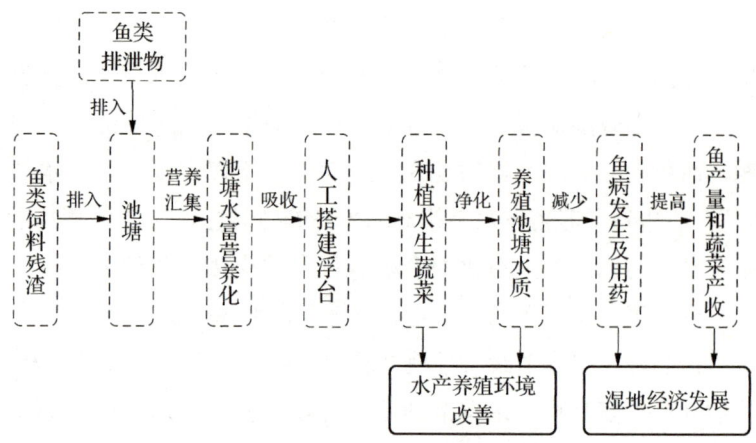

图 4-169 辅仁村鱼菜共生型小微湿地模式图

农耕技术通过巧妙的生态设计融合在一起,实现了科学的协同共生。在这一模式下,我们既能够养鱼不换水而无水质低劣之忧,又能够种菜不施肥而享受其正常成长之喜,从而实现了生态共生的理想效果。

4.2 高原地区乡村小微湿地典型案例分析(青海)

4.2.1 海东市互助县威远镇大寺路村毛斯河小微湿地

1. 基本情况

项目于 2017 年 4 月开始建设,并于 2019 年 10 月基本完成了毛斯河小微湿地的构建工作。该项目坐落于青海省海东市互助县威远镇大寺路村。互助县位于青海省东北部,地处祁连山脉东段南麓,是黄土高原与青藏高原的交汇地带,这里土族人口最为集中,因此被誉为"彩虹的故乡"。该县国土面积约为 3 424 km², 总人口 40.16 万人,其中包括土、藏、回、蒙等 28 个少数民族,少数民族人口共计 11.31 万人,占总人口的 28.16%。其中,土族人口达 7.53 万人,占总人口的 18.75%,互助县是全国唯一的土族自治县。项目的地理坐标位于东经 101°53′55″~101°54′36″,北纬 36°46′28″~36°46′34″。其范围包括东面(从北到南依次为:鼓楼花园小区、七彩星河湾、互助县中医院、毛斯路、毛斯北路、毛斯南路、互助县生态园等）；南面（互助县生态园及道路）；西面（从北到南依次为：威北公路、迎宾大道和宁互一级公路）；北面（西宁环城公路）。该项目将原有的溪流改造成串联的人工湖，总面积达220 000 m^2，其中包括溪流一条，长度为325 m；人工湖14个，总面积为90 000 m^2。毛斯河小微湿地是景观营造主导型小微湿地，主要为互助县居民提供休闲游憩的场所，并打造具有高度观赏性的湿地景观。同时该项目还通过湿地与土族文化的结合，对当地文化及湿地知识进行科普宣教。最后，结合地形塑造和湿地植物配置等手段，保育湿地生物，提升生物多样性。

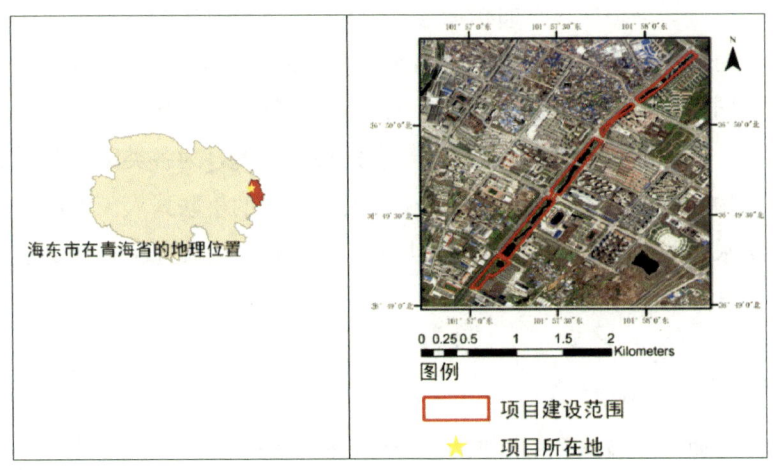

图4-170 项目所在地及项目建设范围示意图

2. 主要工程措施

（1）景观营建工程

毛斯湖小微湿地项目主要建设内容为：建设人工湖90 000 m^2、绿化工程42 380 m^2，种植土回填67 000 m^3，绿化整地74 000 m^2，安装潜水泵5台，敷设DN100 PE管3 500 m，设置箱变1个，安装太阳能庭院灯110套，建造入口牌坊1座、景观休闲廊架1座、木平台4处、景观单臂长廊2个、中医文化景墙1处、景观方亭3个、挡墙座椅80 m、景观墙2座、五孔石桥1座、戏蟾池1个、景观古建3座（水木明瑟、沁芳榭、秀苏轩），铺设红色透水混凝土路面

2 200 m²，铺装透水砖 3 200 m²，栽植各类乔木 3 564 株，密植各类彩叶植物 9 800 m²，种植宿根花卉 7 314 m²，栽植水生植物 8 种共 3 200 m²，以及铺设草坪 3 589 m²。

（2）科普宣教工程

项目以土族传统服饰中的彩虹袖为灵感，将其作为毛斯湖水系景观带的文化主题，并根据彩虹袖中的五种色彩，衍生出各自的景观节点主题。通过毛斯湖水系从北向南的带状流动，将这些文化主题串联起来，形成了一条主题鲜明、景色宜人的城市滨水景观带。同时，结合宣教系统对湿地知识进行普及，旨在提升公众对湿地的认识，进而增强他们保护湿地的意识。

（3）湿地生物多样性提升建设

小微湿地项目总面积达 220 000 m²。为提升生物多样性，项目通过地形塑造，增加了人工湖与岸边缓冲带的地形异质性，为不同生物提供了适宜的栖息地。同时，根据水位变化合理配置植物，使各区域成为不同生物生产者的理想环境，为各类动物及微生物的生存创造了良好条件。由原河道改建的串联式人工湖增强了水体的连通性，促进了物质与能量的交换，为湿地生物提供了更友好的生存环境。

3. 建设成效

（1）环境效益

通过排污改造，降低了水体营养负荷，使水体源头更为清洁。原先的溪流被扩建成串联的人工湖，增强了水体环境承载力，延长了水力停留时间，从而更有效地降低了环境污染。植被的修复也提升了缓冲带及湖体对污染的净化能力，在一定程度上缓解了城市径流污染问题。

（2）生态效益

小微湿地项目的建设提升了生物多样性，修复并重建了湿地生态系统，弥补了生态损失。同时，它有助于宣传湿地保护，增强民众的生态环保意识，并为人们提供了生态休闲观光的景观场所。生态保护一直是互助县乃至全国的建设与发展方向，小微湿地的建设作为生态保护与修复的重要一环，无论从当前的生态效益还是未来的生态系统可持续管理来看，当前的小微湿地项目都奠定了坚实的基础。

(3) 社会经济效益

小微湿地工程是融合当地土族文化特色的项目,一方面,项目以生态文化休闲的方式为当地带来了更多的旅游机会,推广了当地特色文化。另一方面,湿地项目为当地民众提供了文化依恋的载体,丰富了民众的生活。

(a)

(b)

(c)

图 4-171　毛斯河建成后现场照片

4. 经验总结

（1）关键技术

① 增强水环境容量的地形塑造技术：原湿地为狭窄溪流，位于县城内，面对城市径流污染等污水时，其环境容量有限，难以容纳并有效净化高负荷的污染。项目将溪流改造成串联的人工湖，主要通过两个途径增强了水环境容量：一是拓宽河道，直接增加水体容量；二是串联成湖，延长水力停留时间。这些效益的实现离不开科学的地形塑造，同时，地形塑造也在环境、生态与景观三方面对原有湿地进行了显著的改造与提升。

② 融合当地特色的景观植物配置技术：互助县作为全国唯一的土族自治县，其景观植物的配置巧妙融入了土族彩虹袖的五彩元素，以本土乡土植物为基础，精心配置适宜的彩色植物群落。同时，种植了代表互助县的青扦县树和暴马丁香县花，使得植物配置既具观赏性，又彰显当地特色。

（2）主要模式

根据原有地形等现场条件，明确设计目标，实施针对性策略，旨在打造具有鲜明地方特色的城市湿地景观，实现环境、生态、社会经济等多重价值的和谐统一。

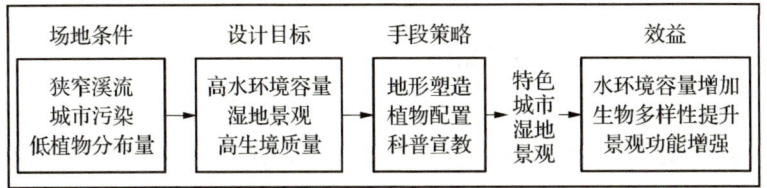

图 4-172 特色城市湿地景观营建模式

(3) 特色

工程秉承尊重现状的原则,对现状湖体进行扩建,充分利用现有水体与植被资源,进行全面升级;湖内增设湿生植物,驳岸处增添半湿生植物,打破单调的草坡驳岸,丰富湖岸线景观;扩大水域视觉范围,改造提升现有水堰,通过置石、景观小品、景观桥等元素装饰,增强湖体视觉连贯性;适量增设园路、亭、廊、桥等景观设施,促进游人与景观的互动;对迎宾大道两侧绿化带进行重塑,强化节点绿化,提升步行和车行的视觉体验。小微湿地景观的打造特色鲜明:一是充分利用当地乡土树种,强化植物造景,在景观节点处,通过增加乔灌花草等植物进行组团造景,栽植中充分应用互助县县树青扦和县花暴马丁香,大量引入彩叶植物,丰富苗木品种,充分利用各个植物的生物性特性,科学择期种植,从而达到了"三季开花,四季常青"的季相效果;二是结合现有的景观条件,增加景观亭及观景平台;三是沿驳岸增加湿生及半湿生植物,丰富湖体景观,利用植物柔化驳岸边线;四是结合现状水堰,对水堰进行改造,利用景观廊桥、拱桥、过水汀步、置石等元素,弱化水堰直线形式,营造很有气势的跌水景观;五是增设景观区园路,布设了红色透水混凝土园路,形成了一条健身道路,并抬高路面与园路相平,以利于铺装面雨水流到绿地内,来充分利用雨水,从而符合海绵城市的设计理念;六是增设了具有民族特色的太阳能路灯、灯带和水面泛光灯,丰富了毛斯湖的夜景效果。

4.2.2　海东市互助县东沟乡大庄村黑泉小微湿地

1. 基本情况

项目于 2021 年 5 月始建,并于同年 10 月完成建设。项目区坐落于青海省互助县东沟乡大庄村,大庄村距离县城威远镇 6 km,距西宁市 36 km。该地隶属于互助土族故土园国家 AAAA 级景区,海拔约 2 520 m,属大陆性寒温带气候,年平均气温在 4～6 ℃之间。全年干旱少雨,年降水量为 450 mm,年蒸发量则高达 1 763 mm。全村共有农户 530 户,总人口 2 483 人,其中少数民族人口 2 167 人。全村经济以农业、养殖业、苗木种植和旅游业为主要支柱,形成了以油菜、马铃薯种植为主,辅以养殖业、苗木种植和旅游业的特色经济结构。项目的地理坐标为东经 $102°2'1''$～$102°2'6''$,北纬 $36°49'56''$～$36°49'45''$。其范围涵盖:东面(从北到南依次为农田、村庄、农田、山坡及林地等);南面(农田及杨树林);西面(从北到南依次为田间路、林地及村庄);北面(田间路及农田)。总面积为 17.500 00 m²,其中分布有泉眼 108 个;溪流 1 条,长约 770 m;沼泽湿地 1 处,面积约为 88 300 m²。黑泉小微湿地作为自然保育主导型湿地,其核心区域以生物多样性保育为主,不设置人工设施,并采用网栏等措施防止人为破坏。湿地内大小不一的泉眼可调蓄径流,补充地下水,是重要的水资源地。此外,湿地还通过设立宣教牌等方式,发挥其科普宣教功能。同时,湿地内设置的景观步道、瞭望台等,为公众提供了休闲游憩的空间,增强了湿地的景观休闲功能。

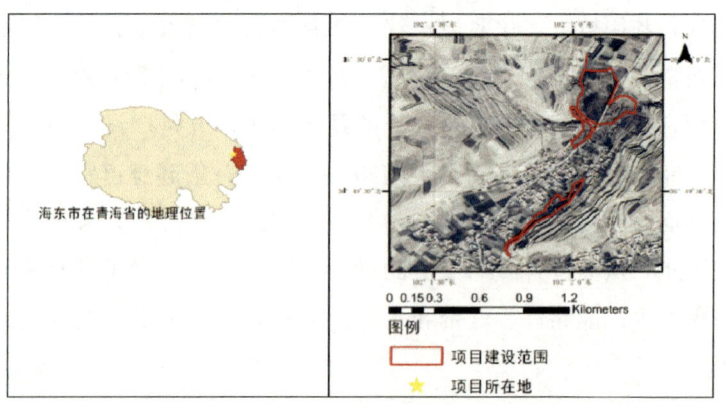

图 4-173　项目所在地及项目建设范围示意图

2. 主要工程措施

（1）湿地保护保育工程

互助县东沟乡大庄村黑泉小微湿地总面积达 175 015 m²，其中项目建设面积仅占 1 516 m²，而小微湿地实际保护面积达到 173 499 m²，占项目总面积的 99%。项目区域内，与人类活动紧密接触的区域已拉设了网围栏 2 650 m，以阻止人类进入湿地保护区。同时，安装了界桩 20 个、标志牌 1 块，明确标示保护区范围，并警示区域内禁止开发破坏活动。此外，工程还包括对小微湿地泉眼的一项保护工程。

（2）科普宣教工程

在项目建设区域内，我们构建了宣教长廊 2 座。进行小微湿地资源及环境动态监测共 50 批次，为科普教育提供了丰富的宣传材料。安装了各类宣教牌 61 块，设计了小微湿地 logo 1 个并制作了小微湿地宣传片 1 部。还组织了湿地课堂培训及湿地体验宣讲活动 6 次。

（3）景观工程

项目共进行景观提升 5 处（包括栽植景观树种共 2 465 株），建设湿地巡护通道（木栈道）580 m（其中新建 445 m，破损木栈道重建 135 m），并设立巡护瞭望台 2 座，增设果皮箱 50 个。

3. 建设成效

（1）生态效益

在当地民族宗教文化的影响下，"神水"崇拜现象在小微湿地内时有发生。在充分尊重少数民族宗教文化的前提下，我们采取了一系列行之有效的保护措施，旨在保护小微湿地内的水资源、自然景观，为湿地内的野生动植物提供适宜的栖息环境。这些措施不仅有助于维护生态平衡，还能改善生态状况，进而促进经济社会的可持续发展。项目建设的巡护设施及拉设的网围栏，为湿地巡护工作提供了坚实的保障。通过持续的湿地资源及环境动态监测评估工作，我们为黑泉小微湿地后期制定更加精准的保护与修复措施提供了可靠的数据支撑。

（2）社会效益

通过实施系统而科学的保护管理措施，青海省互助县东沟乡大庄村黑泉湿地的环境得到了进一步的改善。这些措施有效地保护了自然资源、文化资源和生态系统，使得该湿地的原始自然生态景观、丰富的历史文化、生物多样性以及科研监测和风景审美价值得到了完整体现。未来，我们致力于将青海省互助县东沟乡大庄村黑泉湿地建设成为一个集自然保护、科研监测、科普宣传教育、生态旅游等多种功能于一体的、具有鲜明中国西部高原湿地特色和土族文化特色的小微湿地公园。

（3）经济效益

黑泉小微湿地作为互助县生态景观的重要组成部分，是一张亮丽的生态名片，对于吸引生态旅游爱好者、带动当地旅游经济发展具有重要意义。

4. 经验总结

（1）模式

该模式着重于减少人为干扰，有效阻隔外界不利因素进入湿地保护区。同时，通过构建与当地旅游事业相结合的景观设施，提升居民旅游收入。

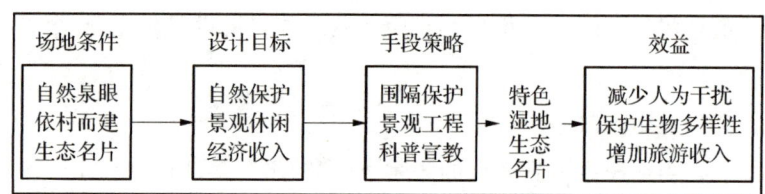

图 4-174　黑泉小微湿地特色湿地生态名片营建模式

（2）特色

黑泉小微湿地以保护保育为核心，在充分尊重当地特色文化的基础上，力求减少对湿地的破坏与人为干扰。其特色主要有以下几点：第一，以 108 个泉眼、溪流和沼泽湿地为特色的小微湿地群，作为保育对象，具有独特性，且项目以保护保育为主，减少了人为干扰，使自然发育的湿地更具当地特色，并保障了湿地中生物的土著物种。第二，限制了人为活动区域，但提供了条件适宜的观赏休闲场所。第三，使用乡土植物对被破坏的区域进行了修复，不仅修复了生态系统，还增加了景观的观赏性。第四，加强了科研监测工作，以便更深入地了解当地的湿地资源。

4.2.3　海东市化隆县牙什尕镇小微湿地

1. 基本情况

该项目始建于2021年1月，并于同年12月完成。该项目坐落于青海省海东市化隆县牙什尕镇，该镇位于化隆县境西南部，距离县府驻地约49 km，人口约0.7万，其中回族占比高达78%。牙什尕镇地处黄河北岸，海拔范围在2 016～2 450 m之间，地势相对平坦，地形特征为北高南低，南部为黄河谷地，北部则是二、三级台地。该地区属于大陆性高原气候，气候温暖，热量充足，年均无霜期约为185天，年降水量约为300 mm。项目的地理坐标为东经101°56′49.6″～101°57′38.0″，北纬36°3′17.0″～36°3′51.7″。项目区域南面和东面紧邻人工塘，而北面和西面则与公路相接。项目总面积达到38 668 m^2，其中包括人工塘1处，面积为29 100 m^2。本项目作为湿地保护与修复的典范，涵盖了湿地保护与修复、景观设施建设、科普宣教活动以及科研监测工作四大方面。通过持续对湿地资源及环境进行动态监测与评估，我们将为小微湿地未来的保护与修复策略提供坚实的数据支持。同时，通过实施系统而科学的保护管理措施，我们旨在进一步改善化隆县的湿地环境，有效保护自然资源、文化资源和生态系统，充分展现其原始自然生态景观、历史文化底蕴、生物多样性以及科研监测和风景审美价值。我们的目标是将青海化隆牙什尕镇的小微湿地建设成集自然保护、科研监测、科普宣传教育、生态旅游等多功能于一体的典范项目，为其他小微湿地的建设提供宝贵的经验、示范和模板。

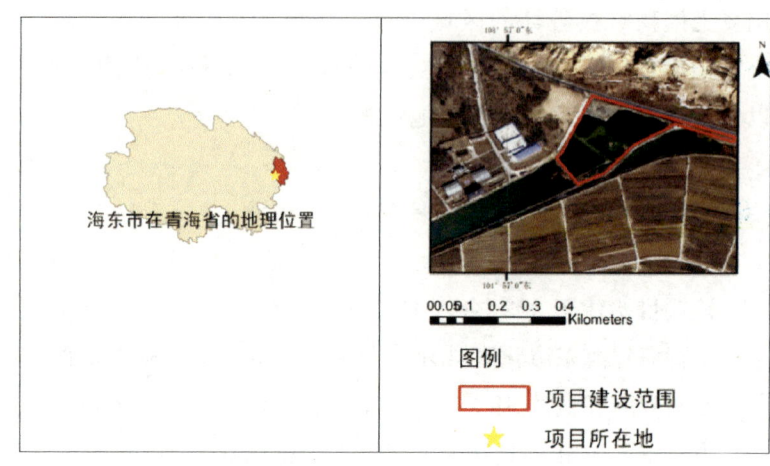

图 4-175　项目所在地及项目建设范围示意图

2. 主要工程措施

项目建设内容涵盖了湿地保护与修复、景观设施建设、科普宣教活动、科研监测工作四个部分。

(1) 湿地保护与修复

生态浮岛 2 处、人工岛屿 100 m²、生态驳岸 1 项、芦苇种植 3.5 亩、睡莲景观 3 亩、水沟平整修复及增设围栏 450 m。

(2) 景观设施建设

界桩 20 块、游览平台地面平整 2 000 m²、木护栏 100 m、木栈道 130 m、垃圾桶 8 个、座椅 5 个等。

(3) 科普宣教活动

宣传长廊 20 m、大型宣传牌 1 块、立式解说牌 5 块、栏杆横挂宣传牌 15 块、警示牌 10 块、指向牌 3 块、艺术雕塑 5 组等。

(4) 科研监测工作

水质检测 1 项、土壤成分监测 1 项、动植物种类及数量调查 1 项、监测设备 7 台、技术咨询服务 1 项。

3. 建设成效

(1) 生态效益

通过实施植被修复与景观提升工程，减少人为干扰，使湿地的原始自然生态景观、生物多样性及生态系统得到有效保护和完整体现；将小微湿地打造成为一处集自然保护、科研监测、科普宣传教育及公众游憩等多种功能于一体的示范点。

(2) 社会效益

通过本项目的建设，受损湿地生态系统得以修复，生态环境逐步改善。这一改善有助于推动化隆县生态观光旅游产业的发展，为人们提供亲近自然、享受自然的休闲场所，进而更好地促进化隆县经济社会的可持续发展。

同时，通过宣教系统及科研监测设施的建设，项目区内的生物资源和自然景观资源将得到有效保护，并初步建立湿地科研设施及宣传牌等宣教设施。这有助于促进小微湿地保护体系的建立健全，为公众提供一个接受生态科普教育的平台，从而增强他们保护湿地、爱护自然的意识，进一步推动自然保护事业和生态文明社会的建设与发展，实现人与自然的和谐共处。

(3) 经济效益

通过加强小微湿地综合建设，一方面我们注重提升整体形象，保护和维持独特的湿地景观，使其成为湿地文化的生态体验基地，对推动化隆县旅游业的发展产生巨大的促进作用；另一方面，湿地物种本身具有极高的保存价值，其丰富的生物多样性及遗传资源蕴含着巨大的潜在经济价值。有效保护好珍稀野生动植物及其生态环境，对于人类社会的可持续发展而言，无疑是一笔宝贵的财富。

图 4-176 项目建成后效果图

4. 经验总结

（1）关键技术

项目中，生态浮岛作为关键的生境结构，其技术方案如下：浮床载体采用错位齿合结构的高密度聚苯乙烯泡沫板，其特点包括：浮力较强、使用寿命长（7~10年）、无污染、易于拼装且价位合理。鉴于湿地特殊的地理位置及冬季低温环境，植物选择上需具备抗寒性，以适应生长条件。选定的植物种类为：香蒲、鸢尾、千屈菜。水生植物的栽植过程如下：去除土壤介质，整理成可入杯的形状，随后在阴凉处适应2天，最后将小苗置于单位槽中。

（2）模式

本项目以现有的人工塘为基础，实施全面的塘系统生态修复工程。针对当前人工塘普遍存在的生境异质性低、景观观赏性不足以及直立水岸等问题，我们采用生态浮岛、生态驳岸等方式，旨在修复塘系统的自然生境，显著提升景观观赏性，为塘生态系统的保护与修复树立典范。

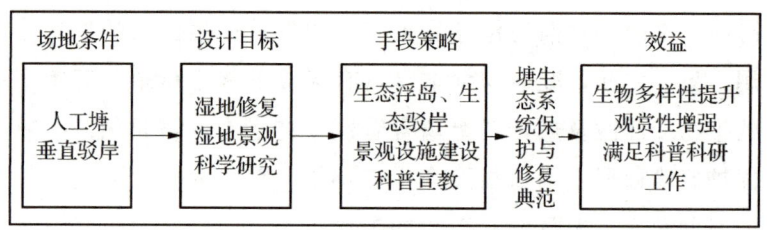

图 4-177 牙什尕镇小微湿地营建模式

（3）特色

本项目不仅对单个塘系统的生态修复进行了成功示范，还通过引入生态浮岛等结构，显著增强了湿地的生境功能。同时，生态驳岸的设计融入了促进生物多样性的软化技术，相较于传统人工塘系统普遍采用的硬质化水岸，生态驳岸不仅强化了塘系统的生态价值，还为人们提供了更加自然和谐的景观视觉体验。

4.2.4 海东市乐都区洪水镇店子村小微湿地

1. 基本情况

该项目始建于 2018 年,至 2021 年逐步完善了科普设施等工程。该项目坐落于青海省海东市乐都区洪水镇店子村,洪水镇地处县境东南部,湟水河南岸,距离县府驻地约 15 km。该镇人口约 1.8 万,以汉族为主,同时居住着回、土、藏等民族,总面积达 169 km²。下辖包括店子村在内的 23 个村委会。项目的地理坐标为:东经 102°33′8.3″~102°33′50.6″,北纬 36°26′8.8″~36°26′28.8″。工程总面积为 186 676 m²。其中包括潜流人工湿地 2 处,总面积 7 万 m²;人工塘 3 个,总面积 8.6 万 m²。本项目为水质净化主导型湿地,旨在有效削减污水处理厂尾水中的过量污染负荷,确保水体达标后再行排放。为此,构建了适应高寒地区的潜流及表面流人工湿地系统,该湿地系统可满足每日 2.0 万 m³ 的污水深度净化处理需求。湿地建成后,不仅为公众提供了人工小微湿地净化科普的场所,还为周边地区的动植物及微生物提供了适宜的栖息地,从而丰富并保护了生物多样性。

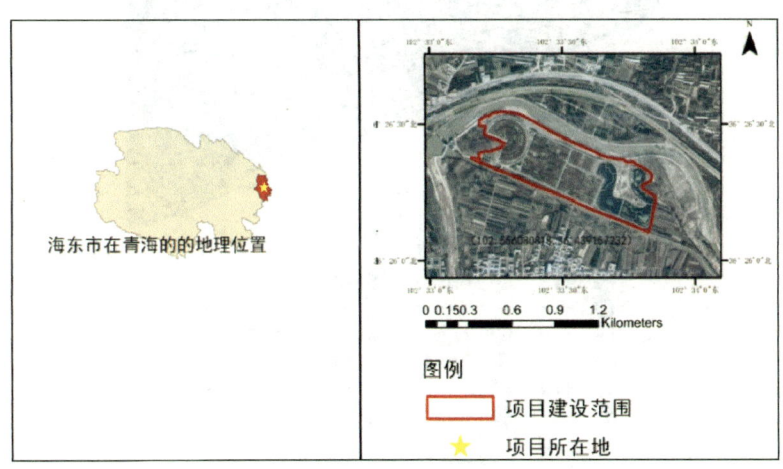

图 4-178 项目所在地及项目建设范围示意图

2. 主要工程措施

主要建设内容为湿地修复、科普宣教、湿地保护和科研监测。

(1) 湿地修复

进行了驳岸修复，种植了丁香48 020株、垂柳50株、海棠50株；针对盐碱地进行了土壤修复，并种植草坪，共4 000 m^2；种植水生植物460 m^2；投放白鲢1 500尾。

(2) 科普宣教

安置宣教牌、二维码植物牌、指示牌、警示牌、生境墙和科普铃廊等共计120个（座），设置倒木5根。

(3) 湿地保护

聘用管护员、安置界桩、装置语音播放器和购置保洁车。

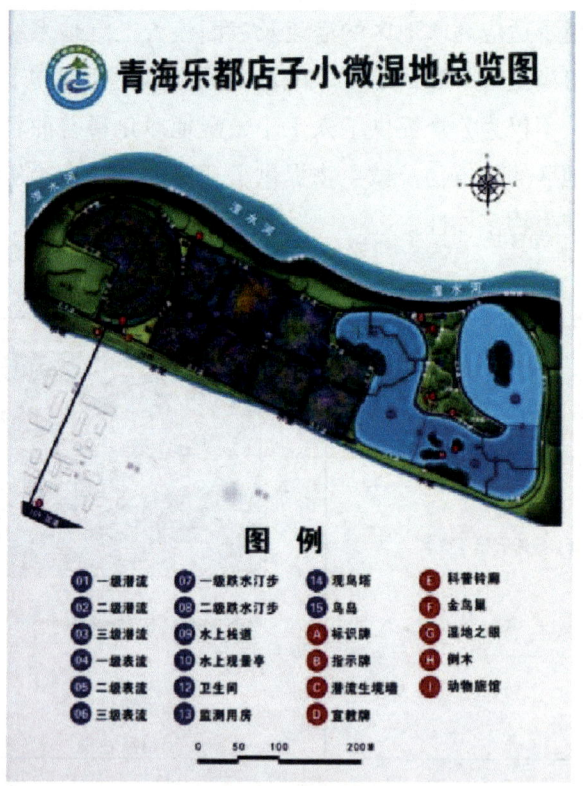

图4-179 青海乐都店子小微湿地总览图

图 4-180　乐都店子小微湿地宣教牌

（4）科研监测

完成 2021 年店子小微湿地内动植物、土壤及水质的全面监测工作。

3. 建设成效

（1）环境效益

湿地每年深度净化处理污水 700 多万吨，各种污染物均得到了进一步有效削减，实现年削减化学需氧量（COD）达 261 t、五日生化需氧量（BOD_5）达 104 t、悬浮物（SS）达 89 t、氨氮（NH_3-N）达 42 t。湿地建成后，有效地解决了城区水污染问题，改善了城市市容，提升了卫生水平，保护了人民身体健康；同时为周边居民营造了休闲、舒适的生活环境，并传播和普及了湿地知识，进一步增强了人民保护湿地的意识。

（2）生态效益

湿地的构建净化了污染水体，使湿地生物赖以生存的水体环境得到改善，有利于不同动物的生长繁殖。同时，在湿地项目中，湿地的营建为湿地生物提供了更加丰富的栖息场所。不同水深的湿地和多种类的水生植物，为水鸟提供了良好的栖息、觅食和避敌环境。

(a)

(b)

图 4-181　小微湿地建成后现场照片

图 4-182　小微湿地中栖息的水鸟

(3) 社会经济效益

湿地不仅提升了污水处理厂的污染净化效率,还为湿地的污染净化过程提供了科普教育的场所。湿地对于当地而言,既是老师、学生进行科研教学的重要场所,也是游客们观赏休闲的好去处。

4. 经验总结

(1) 关键技术

本项目的关键在于构建适宜高寒地区的人工湿地系统,既要确保湿地中各组分(如基质、植物、微生物)的有效运作,还要保障湿地的稳定性并降低管理成本。

(2) 模式

小微湿地的主要目标在于减轻高寒地区污水处理厂尾水的污染负荷,并同时实现湿地宣教的目的。对于尾水的处理,首先利用潜流人工湿地拦截颗粒悬浮物等污染物,随后利用表面流人工湿地提升污染负荷的去除效率。整个以净化为核心的人工湿地系统,辅以科普宣教设施,有利于宣传湿地的生物保育、污染削减等多重功能。

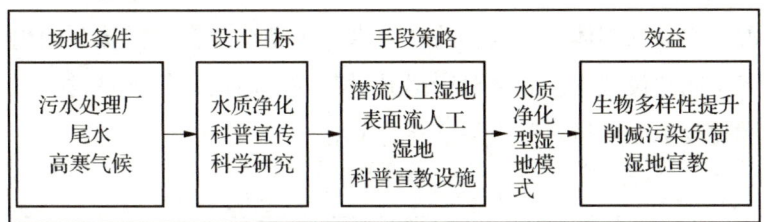

图 4-183 乐都区洪水镇店子村水质净化型湿地模式

湿地对污水处理厂尾水的年处理效率为:COD 达 16.7 t/m³、BOD 达 6.7 t/m³、SS 达 5.7 t/m³、NH_3-N 达 2.7 t/m³。

(3) 特色

本项目坐落于高寒地区,通常这类区域不利于人工湿地的建设,但本项目通过引入耐寒水生植物构建的人工湿地系统,不仅成功适应了当地严酷的气候条件,还能高效净化处理污水处理厂尾水,日处理能力达 2.0 万 m³。因此,本项目不仅具备高效处理污染负荷的能力,还营造了优美的湿地景观,为高寒地区的污染处理与生态修复提供了宝贵的参考案例。

4.2.5 海东市民和县古鄯镇李家山村镇娘娘天池小微湿地

1. 基本情况

本项目始建于 2021 年，目前尚未完工。该项目坐落于青海省海东市民和县古鄯镇李家山村。古鄯镇位于县境中西部，距离县府驻地约 38 km。该镇人口约 1.3 万，以汉族为主，同时居住着回、土、藏等民族。该镇面积 98.8 km^2，地处湟水谷地南侧的山地与沟谷地带。主导产业包括商贸、运输、建筑及饮食服务业，而农业则以小麦和油菜种植为主。项目的地理坐标为：东经 102°43′56.42″～102°43′58.95″，北纬 36°7′24.97″～36°7′32.19″。项目区域位于青海省民和县县城以南的古鄯镇，地处海拔 2 500 m 的李家山山顶，其范围为：东至常年水位线，南至林区边缘，西至林区边缘，北至公路。项目总面积为 32 597 m^2，其中包括湖泊湿地 1 处，面积为 9 900 m^2；人工湿地 1 处，面积为 2 200 m^2。本项目旨在将小微湿地的保护、可持续利用与脱贫攻坚、乡村振兴战略紧密结合，有序构建乡村湿地生命共同体，深入实践"山水林田湖草生命共同体"的生态文明建设理念。此举对于提升村落环境品质、促进乡村振兴和建设美丽乡村具有至关重要的作用。

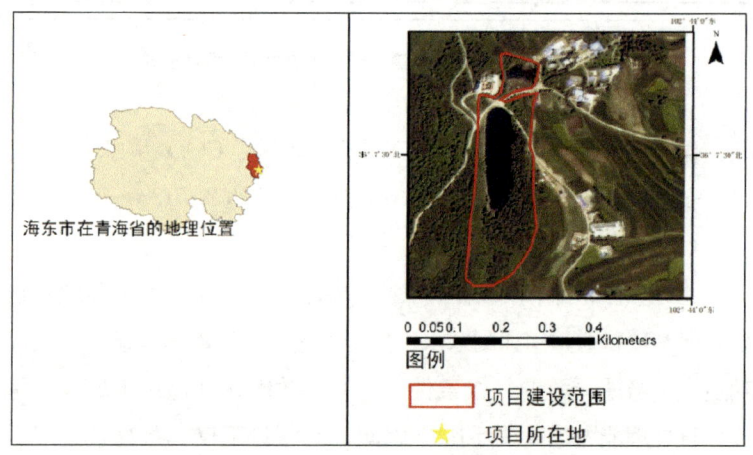

图 4-184 项目所在地及项目建设范围示意图

2. 主要工程措施

本项目主要包括生态修复工程、科普宣教活动及基础设施建设。主要建设内容及规模如下：

(1) 微地貌改造

项目区总面积为 32 597 m²，其中湖泊湿地面积 9 900 m²，人工洼地面积 2 200 m²。微地貌改造集中在人工湿地区域进行。包括：洼地整理（涉及微地形改造及垃圾清理）2 200 m²，铺设土工膜 2 200 m²，铺设渗透性低的砂砾 650 m³。

(2) 植物种植

种植乔木 430 株、灌木 106 株，水生和湿生植物覆盖面积达 1 000 m²。其中，芦苇种植 200 m²，种植密度为 10 株/m²；香蒲种植 250 m²，种植密度为 10 株/m²；水生鸢尾种植 250 m²，种植密度为 10 株/m²；蔗草种植 300 m²，种植密度为 10 株/m²。

(3) 科教宣教工程

设立中型宣传牌 2 座、木栈道步道 540 m、观景平台 25.5 m²、园林法兰式围栏 230 m、界桩 20 个、警示牌 20 个、凉亭 1 座。

3. 建设成效

(1) 生态效益

通过本项目建设，湿地生态系统将得到进一步的改善，生存环境将得到显著优化。这将促进生态系统内物质循环、能量流动、信息传递维持在一个相对稳定的平衡状态，为区内的动物提供更加良好的栖息环境，从而有助于野生动物种群的合理增长。最终，这将确保物种多样性、遗传多样性和生态多样性的持久有效保护，成为人类共有的宝贵自然资源。湿地公园的建设，对于保护和修复娘娘天池淡水湖泊的湿地生态系统尤为重要，它不仅能够促进和提升湿地自我修复、自我维持的能力，还能充分发挥湿地在调洪蓄水等方面的功能，对保障区域生态系统的安全具有重大意义。

(2) 社会经济效益

湿地保护和修复建设工程是一项重要的公益事业。该项目的实施将有效提升全社会对湿地重要性的认识，深化人们对湿地与水、湿地与野生动物、湿地与人类自身生存之间关系的理解和认知，进而激发公众保护环境和湿地的意识。它让城市居民深刻认识到湿地保护事业的发展与自身息息相关，增强他们的责任感，促使他们更加积极地参与到湿地保护事业中来。民和县李家山村娘娘天池小微湿地凭借其优越的自然地理条件和良好的生态环境，为周边群众提供了一个很好的宣教展示和环保教育的平台。通过这个平台，我们可以加强对湿地保护的教育，积极宣传建立湿地保护体系的重要性，推动群众性的湿地保护行动，并转变那些不利于湿地保护和合理利用的传统资源环境观念。此外，项目的实施还促进了农村剩余劳动力的转移，加速了特色经济、文化产业及第三产业的发展，为李家山村及周边地区的农民群众带来了直接或间接的经济利益，为当地农村经济发展注入了新的活力。项目的成功实施，将进一步改善民和县李家山村娘娘天池小微湿地的环境，丰富湿地景观，不断提升项目区的知名度和对外形象。

4. 经验总结

（1）关键技术

将湿地建设与生态文明建设紧密结合，以提升生态景观为核心，辅以完善的基础设施，旨在加强小微湿地的生态保护能力。

（2）模式

本项目利用原有的天然湖泊资源，整合周边生态要素，专注于湿地的保护与修复工作，旨在打造生态宜居的乡村小微湿地。该模式不仅有利于维护当地湿地的生物多样性，满足村民的景观需求，还为广大民众，包括游客在内，提供了优美的湿地景观和实用的湿地知识。

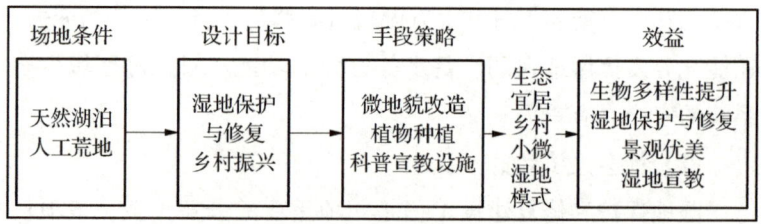

图 4-185 娘娘天池生态宜居乡村小微湿地模式

在娘娘天池小微湿地的建设中，我们规划了水生植物种植区 1 000 m²，种植了乔木树种 430 株、灌木 106 株，以显著提升湿地周边的生态环境质量。同时，设立了中型宣传牌 2 座、木栈道步道 540 m、观景平台 25.5 m²、园林法兰式围栏 230 m、界桩 20 个、警示牌 20 个、凉亭 1 座。这些设施在宣传小微湿地生态价值的同时，也加强了安全教育。此外，我们还进行了洼地整理（包括微地形改造及垃圾清理）2 200 m²，铺设了土工膜 2 200 m²，并填充了渗透性低的砂砾 650 m³。为了减轻水域对周边居民生活的影响，还进行了生态驳岸的建设。

（3）特色

本项目充分发挥湿地的多重生态功能，为公众提供了一个绿意盎然的生态空间，有效提升了青海省民和县娘娘天池小微湿地在当地的知名度和影响力。通过将小微湿地保护与乡村振兴战略的深度融合，我们有序构建了乡村湿地生命共同体，积极践行"山水林田湖草生命共同体"的生态文明建设理念，不仅提升了村落的环境品质，还有力推动了乡村振兴和美丽乡村的建设进程。

第五章 流域中下游乡村小微湿地保护修复与合理利用典型案例分析

5.1 中游地区乡村小微湿地典型案例分析（湖南湖北）

5.1.1 江永湿地公园小微湿地

1. 基本情况

江永湿地公园小微湿地项目位于上江圩镇普美村（女书岛）东部和武村。普美村小微湿地保护与建设项目占地总面积为 8.86 hm²，其中包括小微湿地斑块 8 处，总面积 1.4 hm²，林地 0.7 hm²，农田（含沟渠）6.76 hm²；武村小微湿地保护与建设项目占地总面积为 1.98 hm²，其中包括小微湿地斑块 5 处，总面积 1.05 hm²，林地 0.78 hm²，并新增碎石步道 497 m²。江永县以小微湿地空间为基础，以河湖沟渠水系为纽带，实现了生产、生活、生态"三生融合"，打造出了宜居、宜游的复合生态空间，这是湿地公园小微湿地模式的典范。

图 5-1 江永普美村小微湿地平面布局

2. 主要工程措施

普美村小微湿地保护与修复建设试点项目修复了小微湿地斑块9处，总面积为1.4 hm²，具体开展的建设内容包括修复生态荷塘2处、近自然湿地净化塘1处、浮叶植物塘1处、森林湿地1处、水生蔬菜种植区1处、生态景观塘2处和生活污水净化湿地1处。武村小微湿地保护与建设试点项目修复了小微湿地斑块5处，总面积为1.05 hm²，具体开展的建设内容包括生态景观塘2处、溪流生境湿地1处、生态荷塘1处和挺水浮叶植物生态塘1处。

3. 建设成效

小微湿地保护与建设项目充分利用了现有集中连片分布的库塘、洼地、农业废弃地以及退耕还湿用地，针对区域农田面源污染治理难度大、农村生活污水集中排放、湿地生物多样性低、生态景观差以及居民生态休闲和科普宣教场所缺乏等问题，根据不同小微湿地斑块的位置、立地条件和功能需求，确定了其修复目标。项目构建了以自然表流湿地为主体、湿地植物类型多样、生态及景观层次丰富的小微湿地，修复了小微湿地的生态系统服务功能，改善了生态环境，提升了自然景观，为居民提供了湿地生态休闲场所，并宣传普及了湿地生态文化。

图5-2 湖南江永普美村小微湿地

(a)

(b)

图5-3　湖南江永武村小微湿地

4. 经验总结

通过自然修复和采取人工措施，修复小微湿地的生态系统、恢复湿地功能和保护特殊物种，需要根据小微湿地的退化程度及面临的威胁因素来制定明确的修复目标。因此，在小微湿地保护与修复的具体设计和实施过程中，以主导功能为导向对小微湿地采取保护与修复措施，可以使保护修复目标更加明确，修复技术更具针对性，技术也更便于标准化推广，同时后期的维护与管理也更具有可操作性。

乡村地区的小微湿地在生态环境治理、生物多样性保护、乡土文化传承、乡村旅游产业发展和乡村农业转型等方面具有独特的优势。开展以不同主导功能为导向的乡村地区小微湿地保护与修复工作，将有助于从新的视角探索乡村地区小微湿地的保护与合理利用之间的平衡点，推动乡村振兴战略在具体实践中实现"三生空间"的充分融合。

5.1.2　长沙市望城区莲花镇小微湿地

1. 基本情况

长沙市望城区莲花镇小微湿地建设项目始于 2015 年，坐落于长沙市望城区莲花镇立马村。立马村拥有 1 100 余户，共计 3 300 多名村民；其排水系统采用雨污合流制，全村污水排放量为 300 m³/d 左右，降雨旺季时最大雨水量可达 4 500 m³/d 左右。该小微湿地的建设面积为 10 000 m²，属于水质净化主导型小微湿地。

2. 主要工程措施

小微湿地由两套并联的"表—潜—表"三级串联人工湿地单元构成，具体包括表流湿地单元（A1、A2）、水平潜流湿地单元（B1、B2）以及另一组表流湿地单元（C1、C2），共计 6 个单元。

表 5-1　系统单元功能

单元	名　　称	功　　能
A1	一级表流湿地	沉淀、调节、生物吸收降解、布水
A2	一级表流湿地	沉淀、调节、生物吸收降解、布水
B1	水平潜流湿地	吸附、过滤、生物吸收降解
B2	水平潜流湿地	吸附、过滤、生物吸收降解
C1	二级表流湿地	稳定水质、水体景观
C2	二级表流湿地	稳定水质、水体景观

3. 建设成效

（1）环境效益：根据《地表水环境质量标准》（GB 3838—2002），本项目设计进水水质为地表水劣Ⅴ类标准，出水水质达到地表水Ⅲ类标准。实际出水水质基本达到了地表水Ⅲ类标准，可用于草毯生产的灌溉。

表 5-2　系统设计与实际进出水水质

单位：mg/L

项　目	COD_{Cr}	BOD_5	TN	TP
设计进水水质	40	10	2.0	0.4
设计出水水质（地表水Ⅲ类标准）	≤20	4	≤10	≤0.2
实际出水水质（1月份）	10.1	4.2	0.37	0.09

（2）社会效益：该项目是长沙市首个秀美乡村湿地示范点。

（3）经济效益：人工湿地系统建设总投资为84.77万元，且实现了零动力自流。

(a) 一级表流湿地

(b) 二级潜流湿地

(c) 二级表流湿地

(d) 二级表流湿地

图 5-4 各单元实际运行情况

4. 经验总结

(1) 关键技术：人工湿地由两套并联的"表—潜—表"三级串联人工湿地单元构成，建设湿地面积为 10 000 m^2，系统最大污水处理量设计为 5 000 m^3/d，水力负荷为 0.5 $m^3/(m^2 \cdot d)$。

(2) 主要模式：该系统主要用于处理农业面源混合废水。

(3) 特色：将污水处理与新农村秀美乡村建设紧密结合。

5.1.3 长沙市松雅湖国家湿地公园东入水口小微湿地

1. 基本情况

长沙市松雅湖国家湿地公园东入水口小微湿地项目始建于 2016 年，坐落于长沙市松雅湖国家湿地公园的东入水口。该项目通过建设拦水坝来控制入水水量并设定为 20 000 m^3/d，以减少农业面源污染，还建设了面积为 119 432 m^2 的湿地。此小微湿地属于景观营造主导型和水质净化主导型。

2. 主要工程措施

项目采用了"植物塘＋潜流人工湿地＋景观塘"的多级分段处理工艺（流程图见图5-5），将设计区域（119 432 m²）划分为以下四个单元：一级植物塘（5 200 m²）、二级潜流人工湿地（10 500 m²）、河道区（21 034 m²）和景观区（82 698 m²）（分区图见图5-6）。

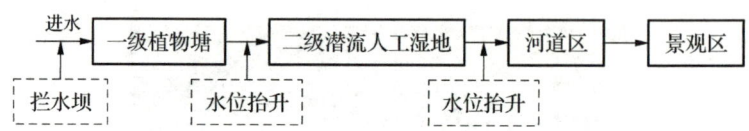

图5-5 松雅湖工艺流程图

图5-6 松雅湖功能分区图

3. 建设成效

（1）环境效益：根据《地表水环境质量标准》（GB 3838—2002），本项目设计进水水质为地表水劣Ⅴ类标准，出水水质达到地表水Ⅲ类标准。

表5-3 系统设计与实际进出水水质

单位：mg/L

项　目	COD	TN	TP	SS
设计进水水质	43.7	2.83	0.55	13
设计出水水质（地表水Ⅲ类标准）	≤20	≤1	≤0.05	≤10
实际出水水质（8月份）	11.2	0.75	0.031	—

（2）社会效益：该项目已成为松雅湖国家湿地公园的重要教育基地。

（3）经济效益：项目建设的总投资估算为 1 200 万元，且实现了零动力自流。

(a) 一级植物塘

(b) 二级潜流湿地

(c) 河道区

(d) 景观区

图 5-7　松雅湖各单元实际运行情况

4. 经验总结

（1）关键技术：通过建设拦水坝来控制入水水量，并设定为 20 000 m^3/d，湿地面积为 119 432 m^2，水力负荷为 0.17 $m^3/(m^2 \cdot d)$。

（2）主要模式：该项目主要处理农业面源混合废水。

（3）特色：实现了污水处理与湿地公园建设的有机结合。

5.1.4　衡阳市衡东洣水国家湿地公园小微湿地

1. 基本情况

衡阳市衡东洣水国家湿地公园小微湿地项目始建于 2017 年，坐落于衡阳市衡东县新塘镇的幸福河—杨泗港河道沿线区域。建设总面积为 718.1 亩，其中新增湿地面积 486.18 亩，修复湿地面积 38.71 亩，集水面积约 50 km^2，平均基流量为 40 000 m^3/d。该小微湿地以湘江保护为核心，以农业面源污染治理为主要目标，旨在建设湘江沿线的保护"绿带"，并发挥湿地系统涵养水源、净化污水的生态服务功能。

2. 主要工程措施

采用多级表流人工湿地分段处理工艺（流程图见图 5-8），该工艺共分为 3 个表流湿地单元。其中，一级表流单元面积为 2.3 hm^2，包含 6 个子单元；二级表流单元面积为 6 hm^2，包含 11 个子单元；三级表流单元面积为 4.75 hm^2，包含 6 个子单元。

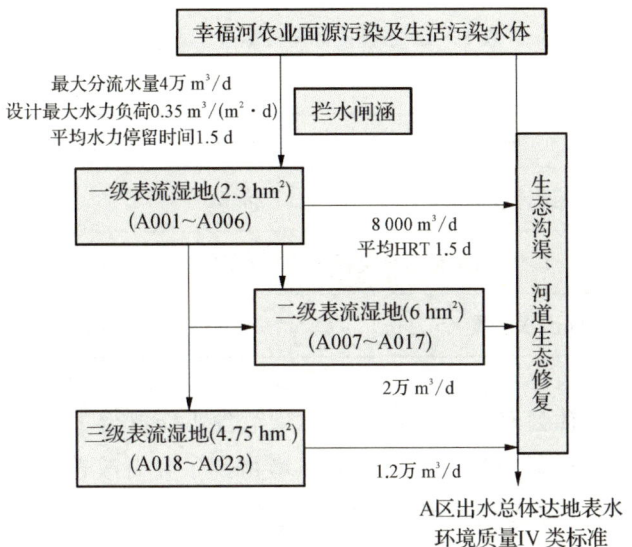

图5-8 衡东洣水小微湿地工艺流程图

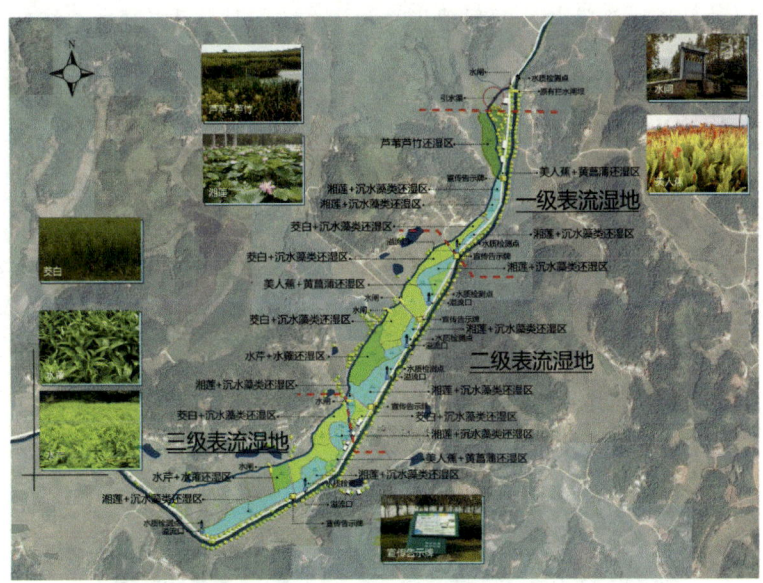

图5-9 衡东洣水小微湿地功能分区图

3. 建设成效

（1）环境效益：根据《地表水环境质量标准》（GB 3838—2002），本项目设计进水水质为地表水劣Ⅴ类标准，出水水质基本达到地表水Ⅲ类标准。

表 5-4　系统设计与实际进出水水质

单位：mg/L

项　目	COD	TN	TP
设计进水水质	28.816	5.165	0.146
设计出水水质（地表水Ⅲ—Ⅳ类标准）	≤20	≤1	≤0.05
实际出水水质（9月份）	14.47	1.015	0.09

（2）社会效益：农业面源污染治理工作取得了显著成效，生态环境质量明显提升，水质环境得到了显著改善，鱼、虾、水鸟等生物数量明显增多。这一成果受到了包括央视频道在内的多家媒体的宣传报道，并于2021年被评为"湖南省首届国土空间生态修复十大范例"。

（3）经济效益：项目建设总投资为1078万元。湿地系统实现了零动力自流，年净化污水量约2000万t，污水处理成本仅为0.075元/t。

(a) 净化型湿地植物单元

(b) 景观型湿地植物单元

(c) 溢流调节池

(d) 出水区

图 5-10　衡东洣水小微湿地各单元实际运行情况

4. 经验总结

（1）关键技术：通过拦水坝控制系统入水水量，并设定为40 000 m³/d，湿地系统平均水利停留时间为 1.5 d，设计最大水利负荷为 0.35 m³/（m²·d）。通过合理控制三级表流单元及各子单元的水流走向，并根据每个子单元的水位水量配置不同类型的湿地植物群落，包括净化型、景观型和经济型。

（2）主要模式：采用多级表流人工湿地系统处理农业面源污染和居民生活污水。

（3）特色：结合湿地公园的实际需求，紧密围绕湘江保护开展湿地建设。

5.1.5 长沙市洋湖再生水厂人工湿地

1. 基本情况

长沙市洋湖再生水厂人工湿地始建于 2010 年，位于长沙先导洋湖建设投资有限公司的管辖范围内。该湿地面积达 150 亩，处理污水厂尾水量为 40 000 m³/d。它属于水质净化主导型小微湿地。

2. 主要工程措施

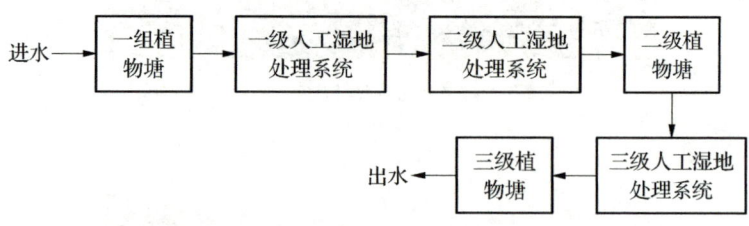

图 5-11　长沙市洋湖再生水厂人工湿地工艺流程

3. 建设成效

（1）环境效益：本项目的深度处理工程以污水处理厂的尾水作为进水，根据《城镇污水处理厂污染物排放标准》（GB 18918—2002），本项目设计进水水质为一级 B 标准，出水水质达到一级 A 标准。实际出水水质已满足设计的一级 A 标准，而根据《地表水环境质量标准》（GB 3838—2002），实际出水水质的各项指标中，除 TP 外，其余指标均可达到地表水Ⅲ类标准。

表 5-5 系统设计与实际进出水水质

单位：mg/L

项　目	COD_{Cr}	BOD_5	SS	NH_3-N	TP	TN
设计进水水质	60	20	20	15	1.0	20
设计出水水质 （一级 A 标准）	≤50	≤6 (8)	≤10	≤5	≤0.5	≤15
地表水Ⅲ类标准	≤20	≤4	—	≤1	≤0.2	≤10
实际出水水质（3月份）	13	0.5	4	0.17	0.34	6.18

（2）社会效益：本项目是湖南首个生活污水处理厂尾水的深度处理湿地系统。

（3）经济效益：建设成本为 6 000 万元，且实现了零动力自流。

4. 经验总结

（1）关键技术：本项目的污水处理量为 40 000 m^3/d，湿地面积为 150 亩，水力负荷为 0.4 m^3/(m^2·d)。

（2）主要模式：采用生活污水处理厂尾水的深度处理模式。

（3）特色：得理后的污水被用于供应洋湖湿地公园的景观用水。

图 5-12 洋湖湿地各单元实际运行情况

5.1.6　长沙市青竹湖星月水库小微湿地系统

1. 基本情况

长沙市青竹湖星月水库小微湿地系统始建于2017年。星月水库作为青竹湖园区的重要水体景观区，坐落于长沙市开福区捞刀河镇太阳山村，紧邻青竹湖管委会北侧，其地理坐标为东经112°57′45″，北纬28°20′15″。该小微湿地系统占地面积为10 410 m²，主要处理来自上游5 km范围内（包括武广专家基地、板塘村、星月水库三个区域）的混合污水，混合污水处理量为6 000 m³/d。该小微湿地属于景观营造主导型、水质净化主导型小微湿地。

2. 主要工程措施

本工程采用了"表流湿地（A）—潜流湿地（B）"三级串联与水体景观（C）相结合的复合模式。

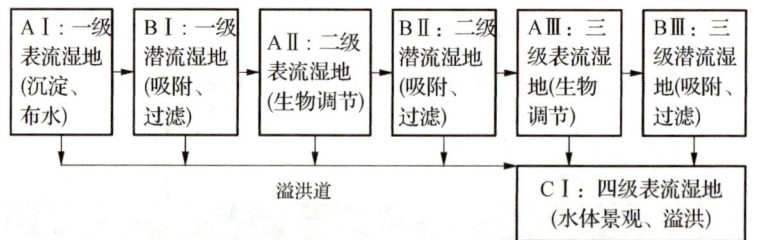

图5-13　长沙市青竹湖星月水库小微湿地组合模式工艺流程图

图5-14　长沙市青竹湖星月水库小微湿地系统功能分区图

3. 建设成效

(1) 环境效益：出水水质达到了《城镇污水处理厂污染物排放标准》（GB 18918—2002）中的一级 A 标准，并接近《地表水环境质量标准》（GB 3838—2002）中的地表水Ⅲ类标准。

表 5-6　系统设计与实际进出水水质

单位：mg/L

项　目	COD_{Cr}	TN	TP	NH_3-N
设计进水水质	100	39.2	2.8	48.5
设计出水水质（一级 A 标准）	≤50	≤15	≤0.5	≤5
地表水Ⅲ类标准	20	1.0	0.2	1.0
实际出水水质（3 月份）	9.06	0.45	0.04	0.23

(2) 社会效益：提升了周边区域的环境景观质量。

(3) 经济效益：建设成本为 150 万元，且实现了零动力自流。

(a)

(b)

(c)

(d)

图 5-15　长沙市青竹湖星月水库小微湿地系统实际运行情况

4. 经验总结

(1) 关键技术：水力负荷为 $0.57 \text{ m}^3/(\text{m}^2 \cdot \text{d})$。

(2) 主要模式：以面源污染治理为核心。

(3) 特色：将景观营造与水质净化功能紧密结合。

5.1.7　黄冈市武穴市大法寺镇李贞村"一秀农场"小微湿地

武穴市"一秀农场"小微湿地始建于 2019 年，位于大法寺镇李贞村，占地面积 500 亩。

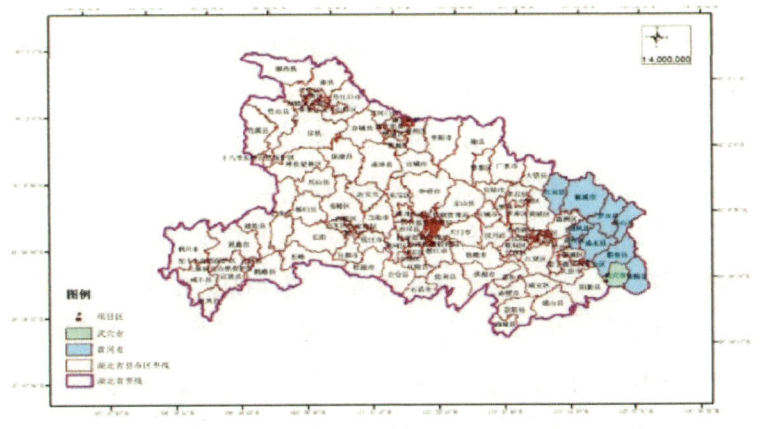

图 5-16　武穴市大法寺镇李贞村"一秀农场"小微湿地位置图

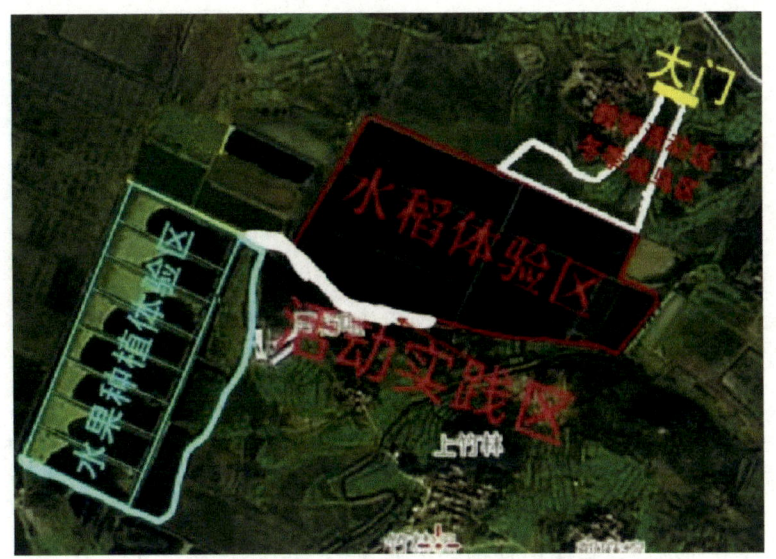

图 5-17　"一秀农场"小微湿地布局图

该小微湿地主要以打造野生动物保护基地（作为天鹅等候鸟休憩觅食、繁殖的栖息地），保护生物多样性为主要功能。主要建设内容涵盖以下四方面。

（1）保护优先，强化湿地周边水系保护。一是对"一秀农场"实施特殊保护，将农场及其周边约 1 000 亩水田全部纳入永久基本农田范畴，实行红线管控。二是将"一秀农场"周边山体纳入自然保护规划，并逐步划入生态保护红线管控范围，逐步清退已有的畜禽养殖,严禁开展开发性、生产性建设活动。三是加强供给一秀湿地水源的水库环境保护,确保区域自然地貌完整和土壤洁净,减少面源污染。

(2) 湿地水体与周边山体生态修复。2021年4月,在周边山体种植湿地松、木荷容器苗13 000株,在"一秀农场"周边湖坝、路边栽种6 cm粗的桂花3 000株,维护堤坝2 000 m,种植伊乐草、苦草500亩,设置围网400 m,累计投资42.6万元。后期将种植冬青树、构树、海桐、火棘、樱桃等浆果类乔木和灌木,为鸟类等野生动物提供食物链,丰富湿地的生物多样性。

(3) 观鸟设施及湿地保护鸟类展示用房建设。一是安装一套360°摄像监控设备和四套固定摄像监控设备。二是建设砖混结构的观鸟休息室及卫生间等共4间。三是建设观鸟展示厅及课堂会议室三间。四是建造瞭望塔一座。后续配套设施建设正在持续推进中。

(4) 加强野生动物保护。一是资金投入,2020年拨付省级林业生态文明建设专项资金20万元,支持"一秀农场"小微湿地试点建设。2021年,争取到省级野生动物疫源疫病监测监控项目资金,将"一秀农场"作为武穴市野生动物疫源疫病重要监测点进行建设,进一步加强野生动物保护工作,全面提升对"一秀农场"野生动物疫病的监测能力,保障人民群众生命健康安全。二是在"一秀农场"周边加大相关政策法规宣传力度,深入开展野生动物保护和公共卫生安全宣传,引导全社会自觉增强对野生动物保护、生态保护和公共卫生安全的意识,营造野生动物禁食和保护管理的浓厚氛围。三是严格落实《野生动物保护法》及相关法律法规要求,加强"一秀农场"野生动物栖息地保护,定期开展巡查,加大执法力度,杜绝非法猎捕野生动物行为,特别是针对天鹅等鸟类。

"一秀农场"小微湿地建设完成后,实现了农业生产与生态环境的完美融合。依托"一秀农场"打造的天鹅恋野品牌大米已成为湖北省知名品牌,售价高达十几元一斤,不仅提升了农产品溢价,还供不应求。该产品成为援鄂医护人员的馈赠之选,广告遍布武汉高铁站、天河机场、户外商圈及高速广告位。湿地所产的天鹅恋野小龙虾也销售火爆,在杭州网易总部更是斥资千万举办专场推介会。"一秀农场"小微湿地还成了湿地保护和野生动物保护的科普基地。近年来，利用天鹅、虎纹蛙等珍稀野生动物资源和丰富的生境，联合科研人员开展了多次观鸟活动、湿地保护进校园活动，成了自然保护科普的重要阵地，让更多青少年树立了自然保护意识和野生动物保护意识。

图5-18　"一秀农场"小微湿地景观

(a)

(b)

图5-19　"一秀农场"小微湿地天鹅实景图

图5-20 "一秀农场"小微湿地的天鹅爱好者

5.1.8 咸宁市咸安区贺胜桥镇黎首寺村乡村小微湿地

咸宁市咸安区贺胜桥镇黎首寺村仙鹤湖小微湿地始建于2018年。该项目坐落于咸安区贺胜桥镇黎首寺村十六组严罗湾，东临循环经济产业园区，南接铁军大道，其地理坐标为东经114°22′44.033″至114°23′9.614″，北纬30°1′12.716″至30°1′33.310″。总用地面积为1 410亩，其中水域面积为174亩。

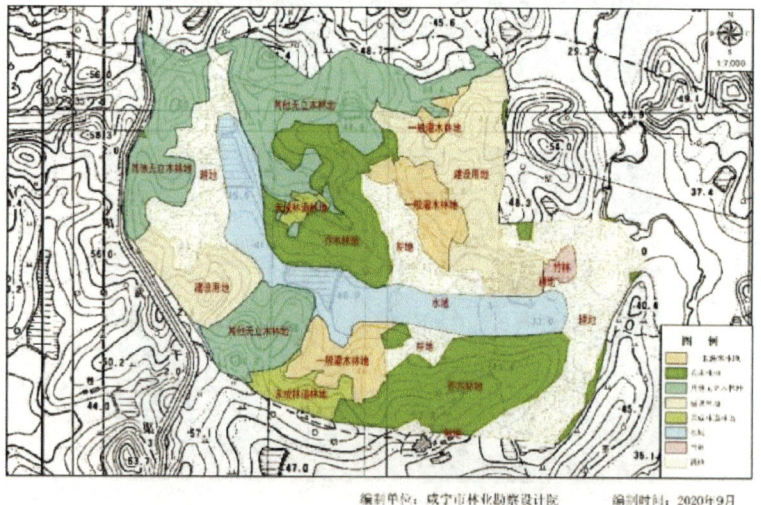

图5-21 仙鹤湖小微湿地项目建设区划地类示意图

仙鹤湖小微湿地划分为生态利用区、修复区、可持续发展建设区和管理服务宣教区。项目区域内已完成了房屋主体、跌级水景堤坝、停车场等基础设施的建设，具体包括湿地生态修复区300亩、湿地生态利用区354亩、森林生态修复区370亩、森林生态保育区311亩和管理服务宣教区75亩。

仙鹤湖湿地以收集、栽培和展览特色湿地植物和陆生植物为主要内容，旨在实现科普教育、湿生植物配置示范和引种繁育等功能。规划依据实地条件，按照陆生、湿生和水生植物的水平分布进行配置，向游客展示丰富的湿地植物资源，并配套建设给排水系统、廊道、休憩亭等设施。

(a)

(b)

图5-22 仙鹤湖湿地实景图

5.1.9 随州市黄土关乡村小微湿地

黄土关乡村小微湿地始建于2020年9月。该项目位于蔡河镇楼坊村，北起飞沙河水库，西起管家沟与飞沙河河道交汇处，南达楼坊村委前三岔口，东接南界村交界溮河，其地理坐标为东经113°50′17″～113°51′26″，北纬31°49′35″～31°50′53″。湿地总面积为7.90 hm²，河流平均宽度为9.5 m，流程为4.99 km。

(a) 分布图

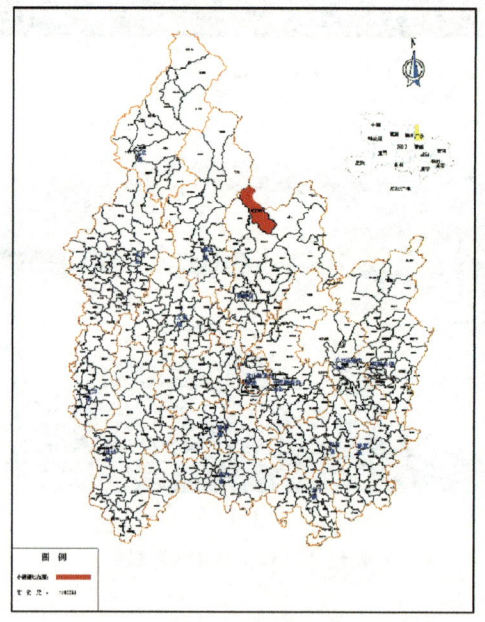

(b) 位置图

图5-23 湖北省广水市黄土关乡村小微湿地分布图及位置图

黄土关乡村小微湿地内野生动植物资源丰富，上游建有国家小二型水库，是一个典型的常年积水型河流湿地。湿地周边环绕着村庄、水田、滩涂，生物多样性丰富，每年吸引众多迁移鸟类在此休息、补充能量，同时也有大量鸟类在此繁衍生息。该小微湿地主要建设内容包括：（1）清理河道 8 km，绿化河岸 55 000 m²，制作各类标志、标识、标牌和解说牌 20 块，加大环保宣传力度，加强与湿地周边居民的交流，提高居民保护湿地资源的意识。（2）推行生态农业种植养殖模式，减少农药、化肥、除草剂等对水质的污染，在资源条件较好的区域建立湿地保育区与修复重建区，限制区域内人员活动，保护水质，为野生动植物提供良好的栖息、繁衍环境。（3）建设湿地宣教展示功能区，定期开展本地资源与环境要素记录，实时掌握湿地资源情况，了解发展动态，并制定管护巡防机制。

图 5-24　黄土关乡村小微湿地实景图

黄土关乡村小微湿地有效保护了区域内的生物多样性，改善了周边环境，为野生动植物营造了一个良好的栖息地，同时也与黄土关农文旅小镇相得益彰，共同推动美丽乡村建设。

5.1.10 荆州市公安县黄山头镇马鞍山乡村小微湿地

马鞍山村月亮湖景区小微湿地始建于2015年9月。项目坐落于湖北省公安县黄山头镇马鞍山村三组月亮湖景区内，建设区域以月亮湖为中心，涵盖周边1km的范围。

该小微湿地主要以乡村旅游为主要功能定位。主要建设内容涵盖修建水边木亭（长8m，宽4m）、木质观景台2个（长6m，宽4m）、木栈道（宽2m，长120m）、堤面青石板铺路（宽3.8m，长300m）以及湖边路灯亮化设施共10盏。

公安县秉持生态优先的发展理念，遵循"风貌古朴、功能现代、环境优美"的建设原则，充分发挥小微湿地的生态功能，加速小微湿地的保护与利用过程，着力打造月亮湾生态园。经过一系列设计改造，月亮湖景区焕发出新的生机，自然风光更加直观地展现在游客面前，使游客能更好地融入山水之间，体验感受实现了质的飞跃。借助政府开发投资带来的乡村旅游人气，周边村民纷纷开展农庄、民宿、旅游产品销售等业务，分享了生态旅游带来的红利。

(a)

(b)

(c)

(d)

图 5-25　马鞍山村月亮湖景区小微湿地实景图

5.1.11　荆州市石首市管家铺乡村柳湖公园小微湿地

管家铺村柳湖公园小微湿地始建于 2020 年。该项目位于湖北省荆州市石首市南口镇管家铺村，地理坐标为东经 112°20′16″，北纬 29°43′20″，项目区占地面积 100 亩。

该小微湿地以生态治理及保护、储水灌溉、乡村振兴及人居环境整治为主要功能定位，总投资近 800 万元。主要建设内容包括：（1）征地拆迁：投资 60 万元拆除房屋 3 处，征用宅基地 20 余亩。（2）清淤护坡：投资 160 万元疏挖底泥 3.5 万 m^3，使用混凝体预制板护坡 1 500 m^3。（3）绿化亮化：投资 150 万元对柳湖四周进行绿化与亮化，共栽种桂花、紫薇、樱花、美国红枫等近 15 个品种的成年树木，铺设草皮近 1 万 m^2，铺设近 4 000 m 景观灯电缆，安装 9 W 射树景观灯、地坪灯、灯笼共 400 余盏。（4）道路桥梁：投资 270 万元建设配套设施，包括修下水沟 380 m、修建长 1 446 m 的环湖大道（先硬化后沥青刷黑），以及生产桥和跨湖观赏拱桥各一座。（5）党建文化：投资 160 万元建设党建文化阵地，包括 389 m 的文化造型墙、近 245 m^2 的百姓舞台、4 280 m^2 的民居墙体刷白、一座木质休闲亭及近 30 个板块的党建文化宣传牌，内容涵盖党建要领、本地农耕文化、法制知识等，将柳湖打造成党建引领湖泊大保护的示范地。

该项目通过疏挖底泥 3.5 万 m^3，使柳湖的蓄水能力比改造前增加了 3 万多 m^3，极大地提升了周边农田的灌排能力。同时，通过疏挖底泥、栽植各类绿植以及回收湖泊经营权，采取人放天养的模式，恢复了湖泊的自我修复功能，湖泊水质持续改善。此外，夜间的柳湖树影婆娑、湖水清澈、成为当地百姓饭后休闲娱乐的热门地点。跨湖观赏拱桥更是为充满传说的柳湖（车落湖）增添了景观上的惬意感。

柳湖公园的建设切实贯彻了"绿水青山就是金山银山"的发展理念，倡导循环经济发展，协调农业发展与产业发展的关系，处理好农村经济发展与生态环境保护的关系。坚持绿色发展，推动农村经济与生态环境的协调发展，改善人居环境，促进农村精神文明建设。

(a)

(b)

图 5-26 管家铺村柳湖公园小微湿地实景图

5.1.12 黄冈市蕲春龙泉庵乡村小微湿地

蕲春县蕲州镇龙泉庵村小微湿地始建于 2020 年。该项目坐落于湖北省蕲春县蕲州镇龙泉庵村四组的龙泉庵水库，地理坐标为东经 115°23′30.487″，北纬 30°1′2.836″，海拔 79 m，占地面积 97.7 亩。

该小微湿地以生态修复为主要功能。主要建设内容包括以下四个部分：

（1）水库边坡自然岸线修复。通过结合工程措施与生物措施，重建边坡区域适宜植物生长的生境。首先，拆除了水库东北面全长共230 m的硬化水泥基质。随后，在拆除后的坡面上安装护坡框架，并在框架内填充土壤，以营造适合植物生长的基质环境。坡面顶部采用50 cm高的小青砖砌筑栏杆，确保行人安全。在植物选择上，优先选用具有环境净化功能、观赏价值高、抗病虫能力强、生长环境与龙泉庵水库小微湿地相似的本地植物。同时，根据不同水深条件，采用草本植物、挺水植物、浮叶植物、沉水植物的组合种植方式，形成高低错落、疏密有致的植物群落结构，实现水面与陆地的生态过渡，促进植物生长，形成群落景观，为湿地生物提供栖息环境。具体而言，在坡面区域种植草坪，在水深50～100 cm处种植芦苇、狭叶香蒲等挺水植物；在水深50～300 cm处种植浮叶植物睡莲；在水库水位较深处，栽培苦草、菹草等净化水质能力强的沉水植物。这些措施实现了龙泉庵水库乡村小微湿地的全面绿化，为湿地动物提供了良好的栖息和繁殖场所，提升了湿地的生物多样性和生态系统服务功能。

（2）小微湿地周边垃圾清理工程。龙泉庵水库周边农田、居民众多，农田中农药化肥的过度使用导致残留物在雨季随雨水流入水库。同时，未经处理的生活污水排入水库，导致水质恶化，总氮、总磷和高锰酸钾指数等相关理化指标上升。此外，大风大雨及入库河流常将枯枝落叶、塑料、泡沫等污染物带入库区。这些问题严重影响了库区水质和湿地景观。为此，龙泉庵村民居委会制定了多项措施。第一，从污染源头控制，根据土地情况减少化肥、农药的使用，推广生态农业、有机农业；并建设简易生活污水处理设施，处理农村生活污水，防止面源污染。第二，制定相关管理规定，在小微湿地周围树立标识牌，禁止丢弃垃圾。第三，管理部门与相关环保部门加强合作，密切关注水质变化，定期检测水质指标，观察水质变化趋势。第四，采用植物修复方法，利用植物吸收氮、磷的能力，增强小微湿地的自我净化能力。第五，制定了全面的清漂实施方案，库区工作人员在不破坏原有生态环境的前提下，常年对小微湿地水面的漂浮物进行收集、打捞和转运，以保证水质清洁，确保居民用水安全及营造适合生物生存的水环境，同时保持良好的湿地景观效果。

（3）坝下农田退耕还湿。为满足物种多样性及水体净化等生态功能需求，龙泉庵村民居委会对坝脚进行自然景观建设，总面积 4.2 亩，田面总宽 10 m。通过清杂、平整田块，打造了水平梯田。在田块顶部栽种木本植物，坡面区域种植草坪，水深较浅位置种植莲等挺水植物，构建复杂的植物群落。这些措施增加了湿地植被面积，为鸟类、鱼类等水生动物提供了觅食、栖息和繁殖场所，提升了龙泉庵水库的生态功能和景观效果。

（4）宣教体系建设。湿地科普宣教旨在宣传湿地生态系统的概念和作用，普及湿地知识和保护理论，加深当地居民和游客对湿地的认识和了解。建设前，龙泉庵乡村小微湿地周围未设置相关标识标牌，导致居民及游客对湿地知识了解不全面，存在向水库投掷垃圾、钓鱼等破坏湿地生态景观的行为。为此，龙泉庵村居民委员会围绕湿地保护和管理的主题，结合湿地自然资源特点和社会文化传统，制定了个性化和系统性的宣教方案。采用标识标牌作为宣教设施，建设了两大块标识牌用于介绍小微湿地及村落概况、相关管理条例等，分布于水库两侧。同时，设置了15块小宣教牌，包括公告性标识牌与解说标识牌。其中，公告性标识牌用于警示与解说，以规范游客参访行为；解说标识牌用于解说和宣传湿地物种。

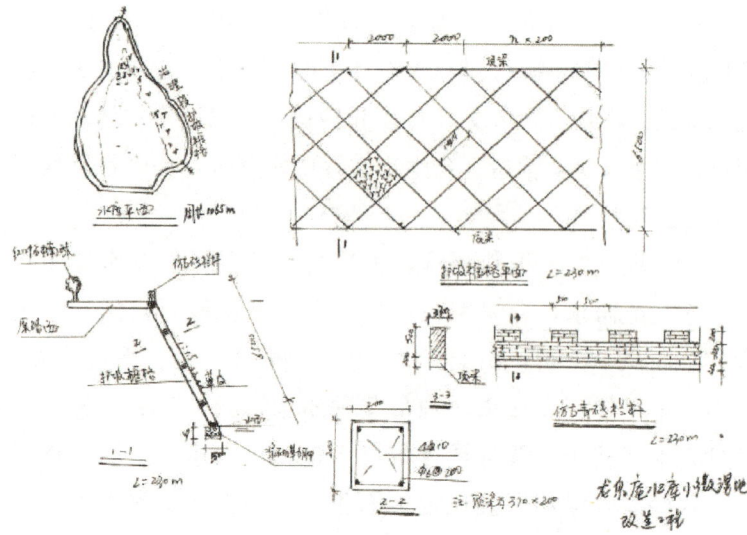

图 5-27　龙泉庵水库乡村小微湿地改造工程图

(a)

(b)

图5-28 龙泉庵水库乡村小微湿地边坡修复工程

　　改造前的龙泉庵水库小微湿地栖息地缺乏，景观环境单一，不利于野生动物栖息与繁殖，也未能满足游客观赏需求。而改造后，龙泉庵水库实现了生态保护与生态旅游功能的双重提升，年游客量增加10 000人次，展现了乡村小微湿地在乡村振兴和美丽乡村建设中的积极作用。龙泉庵水库乡村小微湿地四面环山，周边旅游资源丰富，包括大雄宝殿、医圣殿等景区以及龙泉花海景区。龙泉花海面积两万亩，种植了桂花、樱花、红枫、紫薇、红梅、红叶石楠、垂丝海棠等多种花卉，保证四季花开不断，吸引大量游客前来观光游览。龙泉庵村民居委会将小微湿地并入龙泉花海进行经营管理，将湿地建设与新农村建设、乡村振兴战略相结合，合理利用湿地景观和资源，发展生态旅游、农家乐、农产品采摘等活动，为村民带来了可观的经济收入。

(a)

(b)

图5-29 龙泉庵水库乡村小微湿地整治前后比较

图 5-30 标识标牌

5.1.13 荆州市松滋市张家河乡村小微湿地

松滋市张家河乡村小微湿地始建于 2020 年 8 月。项目位于湖北省松滋市涴市镇丙码头村东部 3 组范围内,紧邻长江大堤。湿地占地面积 220 亩,其中水域面积为 166 亩。

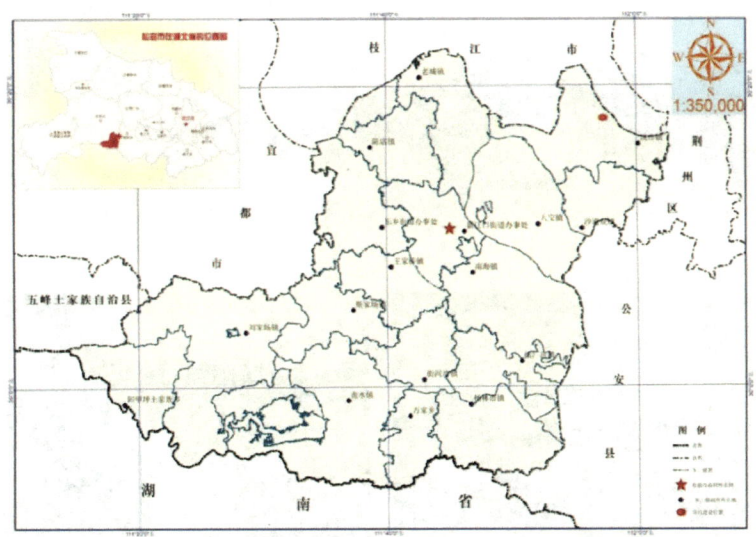

图 5-31 松滋市涴市镇张家河小微湿地建设项目位置示意图

该小微湿地主要功能包括湿地生态修复、湿地景观展示、科普宣教、生态田园体验以及打造和美宜居环境。主要建设内容分为三部分:(1)湿地生态修复:取缔占地精养鱼池,整合水体,清挖淤泥,疏通水系,种植湿地植物,修建浮岛,治理水域面积 166 亩。(2)悠闲康养游园:修建湿地公园入口、若水台、活动广场,种植绿化树木近 200 株,铺设草坪 1000 多平方米,铺装林间水边步行道 600 多米。(3)生态田园民居:整治湿地公园周边民居,修缮维护村居,建设丙码头传统文化彩绘长廊 500 m,利用居民园田打造特色花圃 40

余个，兴建特色果菜种植园约 30 亩，极大地改善了人居环境。

张家河湿地公园前期项目资金为 250 万元，配套资金 200 万元，建设已初具规模，成效显著。该小微湿地改造建成后，有效改善了生态环境，人居环境优美，四季有花，为周边群众提供了一个休闲康养的好去处，年接待游客量近 2 万人次。人们可在此感受湿地森林景观文化、陶冶性情、自觉亲近并保护自然。

(a)

图 5-32　管家铺村柳湖公园小微湿地实景图

5.1.14 武汉市蔡甸区桐湖办事处香妃公园乡村小微湿地

蔡甸区桐湖办事处香妃公园建成时间为 2020 年。项目位于武汉市蔡甸区桐湖办事处（桐湖农场）香炉山大队，全域面积为 34 583 m²。

图 5-33 蔡甸区香妃公园平面图

该小微湿地主要以景观游憩为主要功能。主要建设内容包括坑塘整治（11 864 m²）、植被绿化（14 551 m²）以及基础设施建设（8 168 m²）。

香妃公园是桐湖办事处辖区内建成的第一个社区公园，结合地形、气候等因素，充分利用现有地形，形成了一处小微湿地。该小微湿地位于集镇范围内，项目建设符合集镇发展需求。作为景观游憩型小微湿地，其水域布局合理，水亭步栈道和厕所等附属设施较为完善，能够较好地体现湿地保护生物多样性、改善水质、调节小气候的生态作用，并为周边居民提供了纳凉、晨练、休憩的良好场所。

图 5-34 香妃公园内的池塘

图 5-35 香妃公园内的附属设施（洗手间）

5.1.15 宜昌市远安县金家湾乡村小微湿地

远安县金家湾乡村小微湿地的建设时间为 2020 年。项目位于湖北省宜昌市远安县花林寺镇花林寺村金家湾，紧邻 224 省道和保（康）宜（昌）高速公路远安段出口，距离鸣凤城区仅 5 km。地理坐标为东经 111°36′34.16″，北纬 31°1′9.43″。湿地建设总面积为 928.95 亩。

图 5-36　湖北远安县金家湾乡村小微湿地位置图

该小微湿地属于景观生态型小微湿地。主要建设内容包括疏通河道，串联现有各大湖面，并通过绿化改造，精心打造滨水景观带。具体措施包括水系清淤 11 万 m³，修建花海区木栈道 120 m，开发洞沟水坝以解决湿地生态补水问题；种植适生物种和乡土树种，如水杉、银杏、乌桕、桂花、樱花等共计 267 株，以及滨水带水生植物，如水生金鱼藻、美人蕉、水生鸢尾、睡莲等 50 丛；同时完善水系周边的绿化及景观建设。

远安县金家湾乡村小微湿地以丹霞山水自然风光为基底，融合了山野田园景色和乡土民俗风情，是目前湖北省规模最大、最典型的丹霞湿地景观分布区。这里集科普教育、青少年校外实践、市民休闲于一体，展现了独特的生态湿地景观和丹霞山水景观。山水田园景色宜人，风景变化有序，让人不禁联想到"山重水复疑无路，柳暗花明又一村"的诗意境界。

5.1.16 荆门市十里铺镇彭场林场肖家巷小微湿地

荆门市十里铺镇彭场林场肖家巷小微湿地建设时间为2021年。项目位于荆门市十里铺镇彭场林场，地理坐标为东经112°8′41.28″，北纬30°38′37.32″。湿地建设总面积为80亩，其中水库面积30亩，水库周围陆地50亩。该小微湿地主要以肖家巷水库为中心，辐射肖巷分场场部周边区域。

该小微湿地的主要功能包括保持水土、净化水质、保护生物多样性以及营造野生鸟类栖息地。主要建设内容包括景观建设和宣教工程建设。景观建设主要涉及肖家巷水库护岸、步道建设，以及水库周围空地的绿化美化，同时在水库水域栽植水生植物等。宣教工程建设则包括设置小微湿地标识标牌1个。

小微湿地改造建成后，新增了乔木林10亩，提高了森林覆盖率，同时进一步提升了湿地生态系统功能，为野生鸟类提供了良好的栖息环境，取得了显著的生态环境效益。此外，项目还美化了肖巷分场辖区的人居环境，增加了绿植面积，有效地进行了小微湿地的科普宣传；同时，也为周边群众带来了一定的经济收益，兼具社会经济效益。

(a)

(b)

(c)

图 5-37　荆门市十里铺镇彭场林场肖家巷小微湿地实景图

在改造工程中，湿地与林场森林旅游建设相结合，并融入其中，提升了林场整体形象。湿地景观绿化以乡土树种为主，规范施工确保了造林质量及项目建设成效，实现了统一布局、合理规划、因地制宜等要求。

5.1.17　荆门市客店镇杨庙村杨炳小微湿地

客店镇杨庙村小微湿地的建设时间为 2021 年 9 月至 2021 年

12月。项目位于湖北省荆门市钟祥市客店镇杨庙村,起点为红光大坝(东经112°53′54.17′,北纬31°20′25.04′),终点为杨庙村村部河边(东经112°55′2.14′,北纬31°19′17.76′)。总面积为20 hm²,全长3 km,其中小微湿地规划面积为8 hm²,全长1.5 km。

该湿地的主要建设内容包括:(1)投资3万元,沿湿地公园东岸河边清除杂草1 500 m。(2)投资13.5万元,沿湿地公园东岸河边开挖人行道长1 500 m、宽3 m,土方量6 750 m³。(3)投资27万元,硬化小河咀段(沿湿地公园东岸北段)人行道长1 500 m、宽2 m、厚0.15 m。(4)投资3万元,修筑人行道砂石路长1 500 m、宽2 m、厚0.1 m。(5)投资5万元,沿1 500 m河岸栽植高3.5 m、胸径5 cm以上的垂柳500株。(6)投资1.5万元,在北入口修建踏步1处,在桥两头各修建踏步1处,踏步宽1.5 m。(7)投资8万元,建设2处观景平台及护栏。以上工程费用合计61万元,项目总额为640 500元。

项目建成后,有3 800户、12 000名村民受益,农民有了增收的渠道,社会更加稳定,农民生活更加安居乐业。同时,由于环境的改善,也方便了游客的游玩。计划每年接待游客3万人次,为村民增加旅游收入300万元,促进了客店镇经济的发展。

图5-38 客店镇杨庙村杨炳小微湿地实景图

5.1.18 荆州市江陵县熊河镇熊堤村熊家渊小微湿地

江陵县熊河镇熊堤村熊家渊小微湿地建设时间为 2020 年 10 月。地理坐标为东经 112°27′27.00″，北纬 30°4′15.12″。项目区域面积为 0.067 km²。

该小微湿地的主要功能定位为自然观光、野生动植物栖息地以及地下水源补充。主要建设内容包括修建长 400 m、宽 1.5 m 的环湖生态步道，亲水平台 40 m²，两条熊渊廊道各长 20 m，以及科普宣传牌 30 块。

按照小微湿地的建设要求，熊家渊小微湿地开展了水生植物栽植、还湖林带建设、湿地水系连通等建设工作。结合新农村建设，熊家渊将被打造成居民休闲中心，开展水生植物栽植，营造动物栖息地，使生物呈现多样性，并变成具有科普、科教功能的宣教中心。

在熊家渊小微湿地的建设中，坚持保护优先、节约优先、自然修复的原则，优化生态结构，增加湿地蓄水排涝自循环空间；发挥生态功能，提升水质净化能力，提升景观效果，挖掘地方文化资源，构建富有本土特色的自然教育基地和休闲空间；将乡村小微湿地保护与乡村振兴、美丽乡村建设和旅游相融合。

(a)

(b)

(c)

(d)

图 5-39　荆州市江陵县熊河镇熊堤村熊家渊小微湿地实景图

5.1.19 宜昌市远安县徐家庄乡村小微湿地

徐家庄村乡村小微湿地的建设时间为2021年。项目位于湖北省宜昌市远安县旧县镇徐家庄村二组，地理坐标为东经111°34′15.15″，北纬31°9′32.97″。该小微湿地的总面积为108亩。

图5-40　湖北远安县徐家庄村乡村小微湿地位置图

该小微湿地为生态农业型小微湿地。主要建设内容包括：种植生态水稻108亩，铺设4条步游道共长1 200 m，开挖3条机耕道，挖掘环形虾沟，清杂并平整土地23.6亩，安装防盗、防逃配套设施1 600 m，架设PE管道0.8 km，挖掘灌溉井，制作标识牌，以及完善绿化和其他附属设施。

徐家庄村乡村小微湿地充分利用自然优势，致力于建设生态农业小微湿地，遵循"一村一品"的特色美丽乡村发展路径，已成为生态观光、科普教育、教学实习和青少年自然知识教育的基地，促进了农业的多元化发展和农民的增收。在同等面积下，虾稻田一年能产出优质中稻300公斤以上，小龙虾200公斤，平均每亩纯收入超过4 500元，相较于单一种植水稻，增收达3 500元以上。该项目带动了周边27户57人（贫困户人口）的农村经济发展。同时，它还推动了湿地产业的发展，促进了农旅融合，探索并推广了"虾稻供作"模式，利用虾稻的互利共生特性——水稻为龙虾提供良好的栖息和生长环境，龙虾则为水稻除草并提供有机肥,鸭群在其中穿梭觅食。这种生产方式产出的生态米、小龙虾、稻田鸭品质上乘,吸引了大量游客前来体验钓虾,品尝稻田鸭、吊锅饭和生态菜,进一步推动了农旅融合,实现了农业增效和乡村振兴,小产业照亮了群众的小康之路。

图 5-41 徐家庄乡村小微湿地全景

图 5-42 防(虾)逃隔离网

图 5-43　虾稻环形沟

图 5-44　虾藕环形沟

5.1.20　武汉东湖乡村小微湿地（东湖风景太渔桥湿地）

东湖风景太渔桥湿地建设时间为 2017 年。项目位于武汉市东湖风景区吹笛景区的太渔桥，地理坐标为东经 114°27′7.62″，北纬 30°31′55.50″，总面积为 4.513 2 hm²。

图 5-45　武汉东湖风景太渔桥湿地位置图

该小微湿地以景观游憩为主要功能。主要建设内容包括新建栈道 800 m，以及修复 20 个品种的水生植物。

项目完成后，湿地生态系统得到了有效保护，生物多样性显著增加。湿地水鸟品种增至 54 种，数量也大幅提升；湿地鱼类品种增加到 32 种；各类虾蟹的数量也明显增加，水质得到了显著改善；湿地水生（湿生）植物品种增加至 158 种。此外，每年有 20 万人次的游客来到湿地公园接受科普教育，其中包含大量小学、中学及大专院校的师生。参与湿地建设的社会团体和个人数量也显著增加。武汉观鸟会及武汉的大专院校都积极参与了东湖湿地的各项监测工作。湿地科普知识得到了有效普及，科研监测能力也在不断提升。同时，湿地公园已解决当地社区 50 余名村民的就业问题，积极引导村民调整产业结构，减少化肥农药的使用，对湿地生态环境的改善和生物多样性的提升起到了显著的促进作用。

东湖国家湿地公园的工作取得了显著成效，有效地保护了规划范围内的湿地景观生态，湿地景观得到了美化，湿地公园周边的环境也有所改善，对保护东湖湿地起到了关键作用。然而，仍存在保护管理经费不足、资金来源渠道单一、湿地保护相关专业技术人才匮乏、科研监测能力有待加强等问题，需要在今后的工作中不断探索解决方案。

5.2　下游地区乡村小微湿地典型案例分析（江苏）

5.2.1　常熟泥仓溇水质净化小微湿地

1. 基本情况

项目位于常熟市董浜镇观智村，属于太湖水系阳澄片区，湿地内水系纵横交错、水网密布，是典型的平原水网圩区之一。泥仓溇乡村湿地中包含河流 6 条，每条长度在 0.5~1.5 km 之间，宽度在 7~13 m 之间；池塘（包括养殖塘）12 处，各处面积在 0.14~6.4 hm² 之间；水田 65 块，每块面积在 0.15~2.7 hm² 之间。常熟泥仓溇通过实施生活污水湿地净化、农田尾水湿地净化、畜禽养殖湿地净化等措施，有效净化了村庄水质，属于水质净化型小微湿地。

2. 主要工程措施

(1) 农村生活污水湿地净化工程

泥仓溇乡村湿地采用集中式和分散式相结合的农村生活污水净化工程,将居民生活污水通过微动力处理设备和人工湿地净化达标后排放至周边河道,以改善泥仓溇湿地水质,提升居民生活环境质量。集中式农村生活污水湿地净化工程采用预处理(净化槽)+集水井+垂直流人工湿地+水平流人工湿地+出水井的工艺,处理61户居民生活污水,每日处理污水量25 t。工程建设总面积619 m^2,其中湿地面积307 m^2。分散式农村生活污水湿地净化工程采用预处理(净化槽)+水量调节池+侧渗槽+近自然湿地的工艺,处理4户居民生活污水,每日处理污水量1.6 t。工程建设总面积624 m^2,其中湿地面积414 m^2。

(2) 农田尾水湿地净化工程

泥仓溇乡村湿地内农田种植采用节水灌溉措施,有效降低了农业面源污染程度,但仍有部分污染物排入周边水体。因此,泥仓溇通过构建人工湿地来净化处理农田尾水中的污染物,防止周边水体富营养化。人工湿地由原有鱼塘改造而成,通过地形改造、植被种植、隔离措施设置等工程手段,将湿地分为沉降区、挺水植物区、沉水植物区、浮叶植物区和浅滩区。经过五个区域的逐级净化,水中污染物得到有效削减。同时,湿地中设置了风车水循环系统,使湿地水体保持活化状态。工程建设总面积0.68 hm^2,其中湿地面积0.5 hm^2,用于处理周边3.64 hm^{2}农田产生的尾水,年处理量约$3.2×10^4$ t。

(3) 畜禽养殖湿地净化工程

以天然湿地资源为基础,经过人工辅助优化措施建立起来的三级湿地处理区,可有效净化养猪场废水。三级湿地处理区包括初级净化区4 583 m^2、次级净化区2 643 m^{2}和强化净化区5 058 m^2。将生态养猪场中经沼气池处理的沼液引入初级湿地净化区,该区在原有地形基础上通过梳理内部水渠走向及整合竖向高差,形成弯曲狭长的污水净化流线。污水经由蜿蜒的引导渠流过由微生物、湿生及沉水植物组成的生物过滤区,实现初次净化。次级和强化净化区保留原有芦苇湿地，通过涵管将初次净化后的污水依次引入，依靠植物、土壤及微生物完成二、三次净化，最终排入河道。

3. 建设成效

农田尾水湿地净化工程水质监测结果显示，TN去除率50%左右，硝氮去除率53%左右，TP去除率80%左右，活化磷去除率85%左右，COD去除率25%左右；农田尾水水质由劣Ⅴ类提升至地表水Ⅲ类标准。农村生活污水湿地净化效果显著，TN去除率60%左右，TP去除率55%左右，COD去除率25%左右，氨氮去除率95%左右，农村生活污水水质由劣Ⅴ类提升至地表水Ⅲ类标准。通过三级湿地的净化，畜禽养殖湿地净化工程有效分解了水中的磷、氮等污染物质，出水口处水体污染物浓度明显降低，达到排放标准。

表5-7 分散式农村生活污水湿地净化示范工程净化效果

采样点	TN	COD	TP	氨氮
湿地内	1.0	24.1	0.276	0.05
周边河道	2.8	16.6	0.609	1.36

图5-46 农田尾水湿地净化工程

图 5-47 集中式农村生活污水人工湿地净化示范工程

4. 经验总结

常熟泥仓溇通过实施生活污水湿地净化、农田尾水湿地净化、畜禽养殖湿地净化等措施，同时开展蛙稻共生、稻鱼共生、桑基鱼塘等有机农业实践，显著减少了系统对外部化学物质的依赖，增加了生物多样性，实现了稻、鱼、桑、蚕的丰收。这些措施共同实现了区域内生活、生产、生态的"三生融合"。

5.2.2 常熟沉海圩休闲观光湿地乡村

1. 基本情况

沉海圩乡村湿地位于常熟市虞山镇，占地面积 122 hm²，拥有居民共 223 户，总人口 805 人。沉海圩水网密布，其水系经由望虞河与太湖和长江相连。由于整体地势低洼，这里形成了大片的湿地生境，湿地自然资源十分丰富。小微湿地中包含河流 11 条，每条长度在 0.3～2.1 km 之间，宽度在 7～10 m 之间；池塘（包括养殖塘）8 处，每处面积在 0.1～3.05 hm² 之间；水田 49 块，每块面积在 0.05～0.86 hm² 之间。

2. 主要工程措施

（1）小型集中式生活污水处理工程

汪家宅基是沉海圩乡村湿地的重要组成部分，由许家圩、钱家宅基、后汪家宅基等3个自然村落组成，是2012年度江苏省村庄环境整治的三星级康居乡村。村内共有居民115户，已全面实施生活污水治理，铺设了污水管网3.8 km，安装了小型集中式污水处理设备3套，每套设备处理规模为10 t/d，总日处理能力达到30 t。该项目总投资235万元，其中管网投资185万元，设施投资50万元。

（2）功能明确的分区发展思路

根据区域功能的不同，沉海圩乡村湿地被划分为六个功能区域。稻田湿地区是沉海圩中面积最大的功能区，在保留基本农田生产功能的同时，采用生态农业和循环农业技术，使其兼具生产、环保和景观功能。核心湿地区以湿地植物园与鸟类栖息生态岛为核心，为游客提供乡村休闲旅游空间及相应的旅游服务和景观设施。果林种植区主要保留现有果林，并提升其生态性和观赏性，以增强旅游参与功能。水质修复区通过连接现有水道和池塘，形成两条湿地河道，对从北向南流经规划区的水流及规划区外直接流经的水体进行过滤净化。村落生活区是现有的自然村落，是村民的生活空间。公共服务区则具备村民服务和游客中心的功能（图5-48）。

图5-48 沉海圩乡村湿地功能分区图

（3）乡村湿地景观修复工程

通过退塘还湿、生态驳岸重塑、湿地生态岛构建、湿地植被种植等措施，修复并重建了近自然的湿地生境，为鸟类、鱼类、底栖动物提供了更为适宜的栖息环境，丰富了湿地生物多样性，实现了湿地生产与湿地生态的和谐共存。同时，也为原住居民和外来游客提供了休憩、观光的良好生态空间，成为地方重要的休闲活动聚集地。

图 5-49　乡村湿地景观修复工程

3. 建设成效

小型集中式净化槽采用生物接触氧化工艺，出水水质达到一级 B 标准。沉海圩乡村湿地利用退塘还湿后的区域，种植了经济价值较高、观赏性较好的莲藕、芡实、芋头等水生植物，在一定程度上恢复了江南水八仙的饮食文化和风土人情。乡村湿地中还建有廉政清风林，这是以政府工作人员廉政教育为主题的区域。通过在乡村湿地中建设主题园，较好地推动了地方廉政建设、乡规民约以及社区共建的良性发展。

4. 经验总结

沉海圩湿地乡村以乡村自然河流为纽带，将核心湿地区、稻田湿地区、果林种植区、水质修复区、村落生活区、公共服务区等区域连接起来，形成了集湿地自然环境、湿地农业生产、滨水乡村生活、休闲旅游观光于一体的乡村湿地模式。

5.2.3 常熟蒋巷村旅游体验湿地乡村

1. 基本情况

蒋巷村位于江苏省常熟、昆山、太仓三市交界的阳澄湖水系戚浦塘流域，是常熟市地势最低洼的区域。全村共有192户，850人，村域面积3 km²。蒋巷村有河流6条，每条长度在0.46~1.5 km之间，宽度在8~12 m之间；池塘（包括养殖塘）11处，每处面积在0.07~5.4 hm²之间；水田65块，每块面积在0.15~2.7 hm²之间。

2. 主要工程措施

（1）湿地科技花园

湿地科技花园是蒋巷村于2011年建设的分散式污水生态处理系统，总面积4 500 m²，其中湿地面积为1 600 m²。该系统主体结构包括初沉调节池和步水泵站、垂直流滤床、水平流滤床、污泥干化滤床四大部分，设计处理污水规模为150 m³/d。

图5-50 湿地科技花园工程

（2）七巧湖休闲区

七巧湖休闲区占地面积2.67 hm²，在原有鱼塘基础上，通过生态清淤、地形梳理、生态修复等手段，对湖泊湿地系统进行了修复与重建。通过精选对水体修复能力强且观赏价值高的荷花、芦苇等本土植物，提升了本区域的物种多样性和湿地景观层次；通过在深水区散养草鱼、青鱼等多种淡水鱼，增加了退化生态系统的物种多样性和食物链的复杂性（图5-51）。

图 5-51 七巧湖休闲区

（3）千亩粮油生产基地

千亩无公害优质粮油生产基地由十六个种田大户承包种植，从播种到收割全程机械化作业，且按季节实行休耕轮作制度。淤泥和稻草还田后，土地更加肥沃，同时增强了作物的自身抗病虫害能力，所产大米成为百姓放心食用的绿色食品。

3. 建设成效

湿地科技花园的污水生态处理出水水质达到了《城镇污水处理厂污染物排放标准》（GB 18918—2002）一级 A 标准。经过科学规划和多年建设，蒋巷村现已形成"蒋巷工业园""村民蔬菜园""村民新家园""蒋巷生态园"和"千亩无公害优质粮油生产基地"等五大核心板块，并配套建设了污水生态处理设施、小型沼气池、秸秆气化站、大气环境自动监测站等设施。作为全国文明村和国家级生态村，蒋苍村的发展历程始终贯穿着生态理念，是发展"绿色能源、循环经济"的典范，也是中国现代化新农村的典型代表。

图 5-52 蒋巷村效果图

4. 经验总结

蒋巷村将新农村建设与旅游发展相结合,通过发挥乡村产业优势和农业规模经营效应,推动农村产业链条的不断延伸;通过积极引入新优科技和生态科技,推动低碳、和谐的人居环境持续优化;通过创新实践"共同富裕"理念,推动社会主义新农村的典型示范;通过充分利用江南水乡文化的创新演绎和住宿、餐饮、休闲娱乐设施的完善齐备等发展优势,构建了一、二、三产业协调发展和江南水乡文化创新演绎的旅游景区型湿地乡村。

5.2.4 沙家浜国家湿地公园小微湿地综合体

1. 基本情况

沙家浜国家湿地公园小微湿地综合体位于沙家浜国家湿地公园东南部的科普园片区,项目区占地面积约为 2.4 hm²,原为展示湿地动物的渔乐园。该区域包含七个水池,加上连接这些水池的进水渠和溪塘,水体总面积约为 5 331 m²。沙家浜国家湿地公园小微湿地综合体的功能定位包括湿地净化示范、科普宣教和湿地体验。该项目在设计上巧妙地利用 7 个水池、进水渠和溪塘串联成一条水质净化的活水链,每个池塘都承担一个主导功能。这 7 个池塘与进水渠共同构成了一个小微湿地综合体，实现了空间与水系的连通，不仅具备水质净化功能，还兼具观赏、体验和科普功能，充分发挥了各种生物功能群以及小微湿地群的生态功能。

图 5-53　沙家浜国家湿地公园小微湿地综合位置图

2. 主要工程措施

（1）进水渠：通过水泵从沙家浜圩内河提水，水泵在白天运行 2.0 h。进水渠内种植了少量的金鱼藻、菹草、轮叶黑藻、狐尾藻等耐污沉水植物。

（2）一号耐污沉水植物塘：面积约为 383 m^2，水位高程为 2.1 m，设计水深为 1.0 m。植物选择包括金鱼藻、狐尾藻、菹草和轮叶黑藻等耐污沉水植物。

（3）二号藻类塘：面积约为 258 m^2，水位高程为 1.9 m，水深控制在 0.6 m。选用刚毛藻、小球藻、硅藻等藻类，以及睡莲等浮叶植物，浅滩区域种植黄菖蒲和水葱。

（4）三号水生动物挺水植物塘：面积约为 331 m^2，水位高程为 1.7 m，设计水深为 0.5 m。植物选择包括黄菖蒲、蕨草、水葱、旱伞草等挺水植物。

（5）四号水生动物沉水植物塘：面积约为 773 m^2，水位高程为 1.45 m，设计水深为 0.25 m。植物选择包括金鱼藻、菹草、轮叶黑藻、狐尾藻、苦草等沉水植物。

（6）五号浮叶植物塘：面积约为 481 m²，水位高程为 1.3 m，设计水深为 0.7 m。植物选择包括芡实、睡莲、菱角、荇菜等浮叶植物。

（7）漂浮植物塘：面积约为 482 m²，水位高程为 1.0 m，设计水深为 0.3 m。底部铺设直径 10 cm 的砾石，上面散置直径的 20～30 cm 砾石。植物选择包括水鳖、槐叶萍、紫萍、田字萍等漂浮植物，并投放高体鳑鲏、棒花鱼、藻虾、背角无齿蚌、中华圆田螺等水生动物。

（8）六号鱼类滤食塘：面积约为 737 m²，水位高程为 1.1 m，设计水深为 0.7 m（局部水深 0.3 m 处铺设砾石）。植物

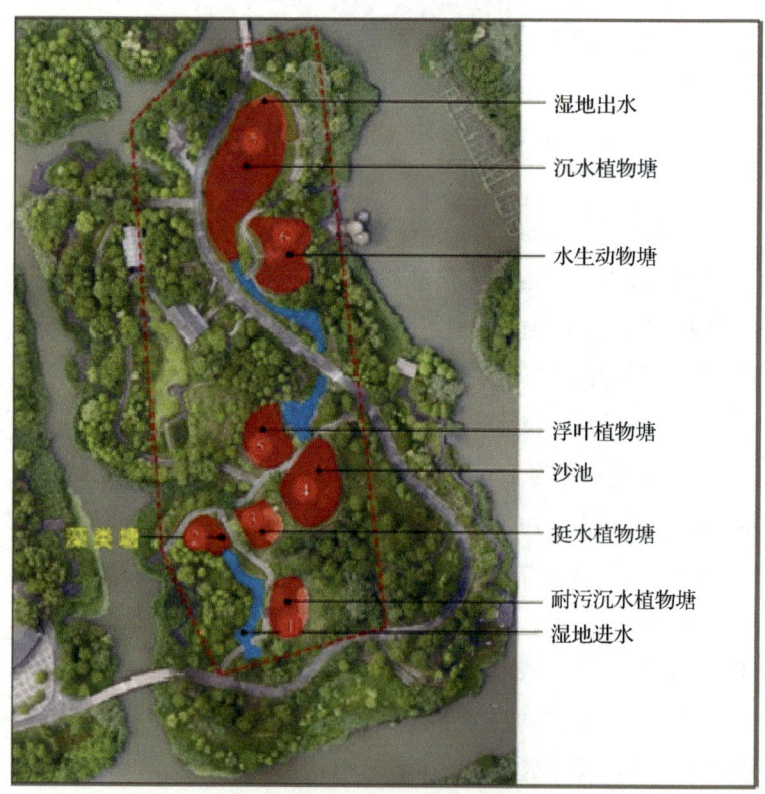

图 5-54　沙家浜国家湿地公园小微湿地综合总体布局图

选择包括睡莲、金鱼藻、苴草、轮叶黑藻、狐尾藻等水生植物，并投放草金鱼、高体鳑鲏、棒花鱼、藻虾、背角无齿蚌、中华圆田螺等水生动物。

（9）七号鱼类产卵塘：面积约为 1 591 m²，现状平均底高程为 0.1 m，水位高程为 0.9 m，设计水深为 1.0 m（种植矮生苦草），局部水深为 0.5 m（铺设砾石）。植物选择以矮生苦草为主，并投放锦鲤、高体鳑鲏、黄颡鱼、背角无齿蚌、中华圆田螺等水生动物。

3. 建设成效

项目区作为沙家浜景区内部的湿地，能够净化沙家浜圩内河水，日处理水量达到 500 m³，年处理水量为 182 500 m³。进水渠设置了 2 组手摇水车作为无动力设施，提升了儿童的湿地体验。一号耐污沉水植物塘主要起到沉淀作用。二号藻类塘利用藻类的光合作用释放大量氧气，为异养细菌降解有机物和自养细菌氧化氨氮提供所需的电子供体。藻类易于被分解为简单有机物，为后续工艺的脱氮过程提供有效的碳源。三号水生动物挺水植物塘利用挺水植物发达的根系净化水体，同时固定沉积物。四号水生动物沉水植物塘中，浮游动物增加了水体的有机碳含量，调节水体的碳氮平衡，促进微生物的脱氮除磷作用。沉水植物吸收水体的营养物质，增加水体的氧含量，为浮游动物提供氧气。茂密的沉水植物枝叶附着微生物群落，为微生物的生长繁衍提供了场所。五号浮叶植物塘利用浮叶植物在水面上进行光合作用，遮挡阳光，抑制水中的光合放氧过程，形成缺氧环境，为兼氧微生物的脱氮除磷作用提供了良好条件；漂浮植物塘同样为兼氧微生物的脱氮除磷作用提供了缺氧环境。六号小型鱼类塘中，小型鱼类取食浮游植物、浮游动物和有机颗粒等，形成捕食食物链，底栖动物摄食动植物残体、有机碎屑和悬浮颗粒等，形成腐食食物链，完善了食物链结构，提高了生物多样性。七号鱼类产卵塘中的沉水植物为鱼类提供了产卵及附着的场所，而浮游生物、小型鱼类和底栖动物则为鱼类提供了丰富的饵料。

图 5-55　建设效果实景图

4. 经验总结

该项目在设计上巧妙地利用 7 个水池、进水渠和溪塘串联成一条水质净化的活水链。每个池塘都承担一个主导功能，7 个池塘与进水渠共同构成了一个小微湿地综合体，实现了空间与水系的连通。这不仅提升了水质净化功能，还兼具观赏、体验和科普功能，充分发挥了各种生物功能群以及小微湿地群的生态功能。

5.2.5　邳州市官湖镇授贤村小微湿地

1. 基本情况

授贤湖小微湿地位于徐州市邳州市官湖镇授贤村，东临沂河，是授贤村积极响应乡村振兴战略，推进特色田园乡村建设的重要成果。周边景色宜人，湿地资源丰富。邳州市授贤湖小微湿地的详细设计面积为 4.8925 hm^2，主要布局于村落东侧，紧邻沂河。该小微湿地周边居住区密集，景观需求占据核心地位，且周边环境相对清洁。因此，该小微湿地的功能被定位为以景观营造为主导，兼具生态修复与水质净化等多重功能。设计采用了"一轴两区七点"的总体框架。

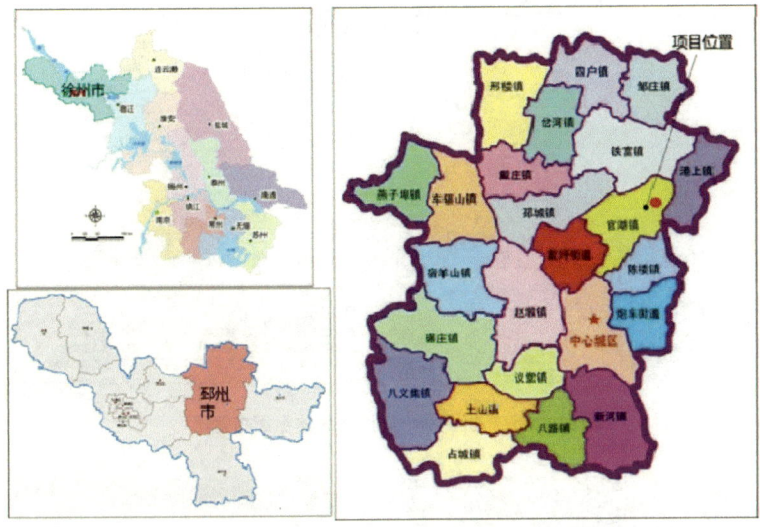

图5-56 授贤湖小微湿地项目地理位置示意图

2. 主要工程措施

（1）对原有驳岸进行平整处理，并种植耐水湿植物，水边则种植黄菖蒲等挺水植物，以形成层次分明、生态丰富的驳岸景观。同时，在塘中点缀睡莲等浮叶植物，进一步提升景观效果。此外，将南岸原有的油菜田改为樱花林，增添浪漫氛围。

（2）保留原有的荷塘，并在其周围挖沟以形成高度差，防止荷塘无序扩张。鉴于此处水域较浅，适宜种植狐尾藻等沉水植物，以净化水质，提升生态活力。

（3）对岛上植物进行整理，清除杂草，并在岛周围种植玉蝉花，丰富景观层次，将其打造成为一处引人注目的景观节点。

（4）对原有植物进行梳理，并适量增加景观植物与景观石。同时，对原有驳岸进行再次平整，并种植耐水湿植物。

（5）挖除塘埂，以增强水系的连通性。

图 5-57 授贤湖小微湿地总体平面布置图

图 5-58 授贤湖小微湿地主要框架

3. 建设成效

工程建设内容涵盖了挖填方 1 600 m³，修复植被面积达到 3 000 m²，设置科普宣教展牌构架 8 块，设计文化科普墙绘面积达到 200 m²。

4. 经验总结

（1）在布设小微湿地岸线形态、植被配置以及水域面积比例时，应严格遵循生态学和美学原理。

（2）在构建基本的小微湿地生态系统结构的基础上，应着重打造丰富多彩的湿地生态景观，以满足公众的观赏、休闲以及湿地科普需求。

（3）在选择和配置小微湿地植物时，应充分考虑生态景观营造的功能需求。配置时要注重物种间的搭配和生态功能的发挥，实现观赏功能与水体自净功能的和谐统一。物种搭配应主次清晰，高低错落有致，并符合各水生植物对生态环境的具体要求。

5.2.6　苏州市三山岛湿地公园湿地

1. 基本情况

苏州太湖三山岛湿地公园位于苏州市吴中区东山镇的太湖之中，其范围以泽山岛、厥山岛、蠡墅岛和三山岛本岛的岛岸线向外扩展 200 m 及其最短连接线为四至边界，整体形态呈不规则的马蹄形。

图 5-59　苏州市三山岛湿地公园地理位置示意图

2. 主要工程措施

（1）植被修复工程规划。主要实施滨岸缓冲带和水生植被带的修复与重建，以及深水区沉水—漂浮植物群落的修复与重建等措施，旨在实现"堤岸陆生植被→水陆过渡植被→水生植被"的合理有效过渡，从而形成结构合理、功能完善的水生生态系统，丰富景观，还原自然风貌。

（2）鸟类及栖息地修复规划。通过对水系和植被的合理规划，在湿地公园内选择面积较大、人为干扰较少的区域，为鸟类提供栖息、繁殖的多样化栖息地。同时，搭建不同类型人工鸟巢，并保留自然状态下的树杈、草丛、倒木等，以吸引鸟类自行筑巢。

（3）水生生态系统修复工程。该工程包括两部分：一是配置生产者物种，即修复岸上植被以吸收土壤中的有害金属元素，修复岸边挺水植被以吸收水体中的富营养物质；二是完善食物链结构，即根据能量金字塔原理和食物链、食物网的物质流动原理，在区内湖、塘、河道中配置不同品种的野生鱼类（包括腐食性、草食性、植食性、肉食性等）及其他水生动物，以有效构建健康的水生态系统。同时，充分利用生态位空间和资源，提高区内水产品的附加值和产出率，既达到湿地修复和水污染治理的预期目标，又为区内湿地体验项目提供特色湿地资源。

（4）河道湖泊疏浚规划。主要采用底泥疏浚、河道拓宽和水系连通等措施。水系相通可保证湿地生态系统的物质流动顺畅，并为能量的快速传递提供有利条件。

3. 建设成效

三山岛湿地公园的规划立足于湿地基底的修复，着力修复和完善湿地结构和功能。该规划不仅具有调节洪水、生物多样性保护、净化水质、生物固碳及气候调节等多重价值；还再现了西华美景，从湿地景观和功能上联结游湖与太湖，融入古吴文化、太湖渔文化、石雕石碑文化等元素，实现了资源的再生利用，创造了经济价值，并体现了可持续发展的理念。

(a)　　　　　　　　　　　(b)

图 5-60　三山岛植被修复

(a)

(b)

图 5-61　鸟类栖息地修复

图 5-62 健康水生态系统的构建

（a）建设前　　　　　　　　　（b）建设后

图 5-63 三山岛修复前后比较

4. 经验总结

三山岛湿地公园的最大特色是在规划过程中注重社区参与。为此，设立了三山岛社区管理委员会，负责社区的组织协调工作，并积极引导和组织社区居民参与到苏州太湖三山岛国家湿地公园的建设与管理工作中来。同时，明确了双方的责、权、利关系。通过协议合作和提供相关技术、信息和服务等方式，对社区进行援助式的帮助，吸收更广泛的社区居民参与到湿地公园的建设与管理中来。这使得苏州太湖三山岛国家湿地公园的保护和管理工作从身边的居民做起。此外，新农村建设规划融入了村庄面貌整改和村庄固废污染控制；有机果园菜地规划了果园菜地整合、分片种植以及旅游与农业的结合；水街规划则依托三山岛地区丰厚的历史文化底蕴，沿疏浚一新、功能完善的荷花江风光带设立，旨在弘扬吴文化、赏明清建筑、体验渔家风情并享受三山岛的特色。

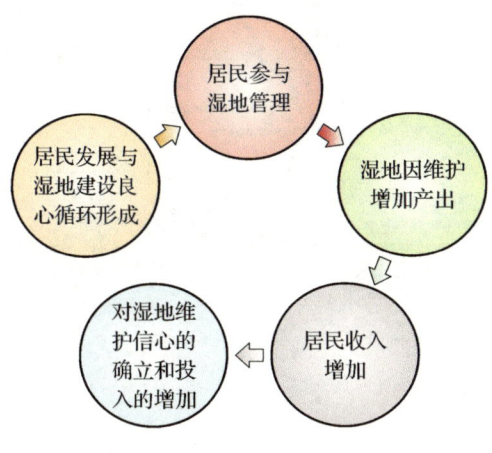

图 5-64 社区共建模式

5.2.7 淮安市小微湿地网

1. 基本情况

2020 年，淮安市政府办公室发布了《2020 年市政府为民办十件实事实施方案》，其中第三项"治理提升湿地生态系统"明确提出要建设一批小微湿地。2020 年 3 月，淮安市启动了申报国际湿地城市的工作，小微湿地的规划建设作为其中的重要组成部分率先展开。同年 4 月，经过前期的踏勘测绘、选址论证，并在充分征求社会各界意见的基础上，先后进行了两次现场考察和多轮方案沟通，最终确定了首批 24 个小微湿地的建设，这些小微湿地覆盖了淮安市的 4 区 3 县，初步构建小微湿地网络。

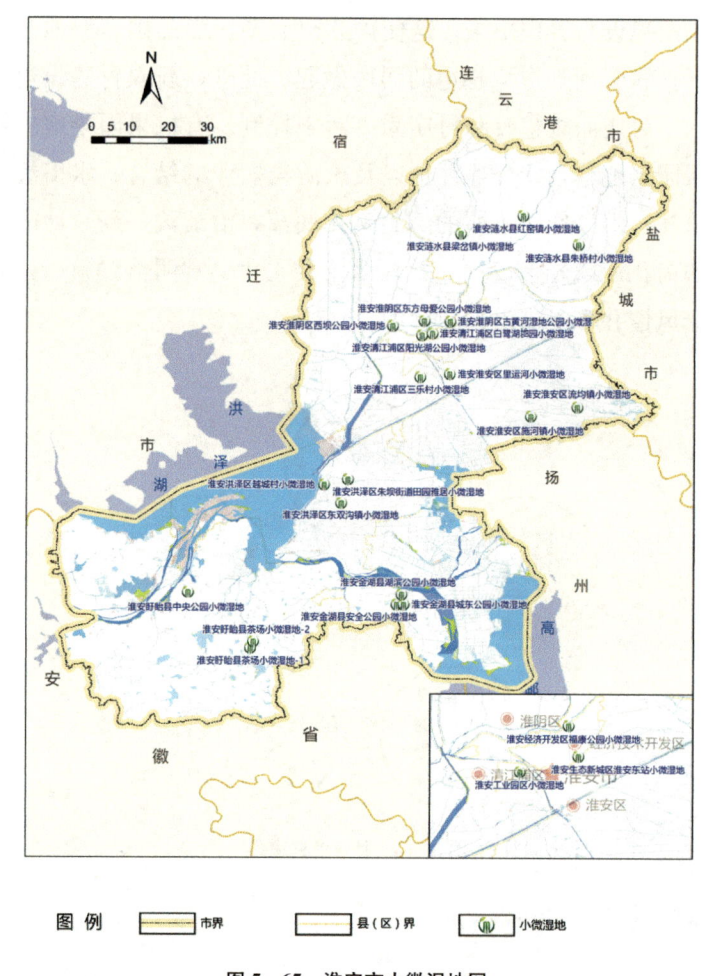

图 5-65 淮安市小微湿地网

2. 主要工程措施

（1）小微湿地选址

根据淮安市河湖众多、水网密布的特点，首批小微湿地的建设选址覆盖了全域范围。从 2020 年 1 月至 4 月，共开展了 3 轮全域小微湿地的现场勘察工作，涉及 42 处地点，具体包括淮安区 5 处、清江浦区 5 处、淮阴区 6 处、洪泽区 3 处、盱眙县 9 处、金湖县 5 处、涟水县 6 处，以及经济开发区、生态新城区和工业园区各 1 处。在综合分析待建小微湿地的湿地类型、存在问题后，确定了淮安市首批 24 个小微湿地的保护修复重点。待建的小微湿地包括已建成的公园景观水体、在建的乡镇休闲水体和原生态的村庄沟塘等。

表 5-8 2020 年淮安市小微湿地建设项目选址汇总表

所属地区	序号	地点	性质	设计范围/hm²
淮安区	1	流均镇都梁村	村庄休闲景观水体	7.8
	2	施河镇万新村	镇休闲公园	1.7
	3	里运河公园	城市公园	3.8
	4	阳光湖公园	城市公园	10
清江浦区	5	黄码镇黄马村	村庄沟塘	1.6
	6	黄码镇三乐村	村庄沟塘	1.4
	7	东方母爱公园	城市公园	2.3
淮阴区	8	西坝公园	城市公园	1.4
	9	废黄河景区	城郊公园	3.7
	10	高良涧街道越城村	村庄沟塘	2.8
洪泽区	11	东双沟镇	镇休闲公园	1.2
	12	朱坝街道田园雅居	村庄休闲景观水体	1.0
经济开发区	13	富康生态湿地公园	城郊公园	23.2
生态新城区	14	淮安东站公园	城郊公园	3.0
工业园区	15	管委会对面	城郊休闲水体	1.0
	16	中央公园	城市公园	2.2
盱眙县	17	盱眙茶场（1）	村庄沟塘	6.0
	18	盱眙茶场（2）	村庄沟塘	2.0
	19	湖滨湿地公园	城市公园	6.0
金湖县	20	城东湿地公园	城市公园	4.0
	21	安全主题公园	城市公园	3.4
	22	梁岔镇士流村	村庄沟塘	1.5
涟水县	23	黄营镇朱桥村	村庄沟塘	0.8
	24	红窑镇污水厂	镇污水尾水河道	1.7

(2) 小微湿地规划建设

结合所选小微湿地地块周边环境和发展规划，从生产、生活、生态三个维度出发，对各个小微湿地进行主导功能构建，并以景观营造、生境修复、水质净化为主导方向进行规划设计。

景观营造主导型小微湿地：将城市公园湿地、城郊公园湿地等休闲水体定位为景观营造主导型小微湿地，设计以提升景观视觉体验为主要目标。通过多层次的湿地植物搭配，扩大景观空间范围，丰富视觉体验，改善周边群众的生活环境，以水为脉，增加休闲公园的景观灵动性。此类小微湿地共14处，占建设总数的58.3%，典型案例为盱眙县茶场景观营造主导型小微湿地。

图 5-66　盱眙县茶场景观营造主导型小微湿地平面布置图

生境修复主导型小微湿地：将人为干扰较少的城郊和人居环境较为稳定的乡村环境中的湖泊水库定位为生境修复主导型小微湿地，设计以修复小微湿地生境、提高生物多样性为主要目标。通过合理的植物配置和施工工艺，完善地块功能，构建功能稳定的湿地生境，使其在城市雨洪管理、污染物处理和生物多样性的维持方面发挥优势。此类小微湿地共6处，占建设总数的25%，典型案例为清江浦区阳光湖生境修复主导型小微湿地。

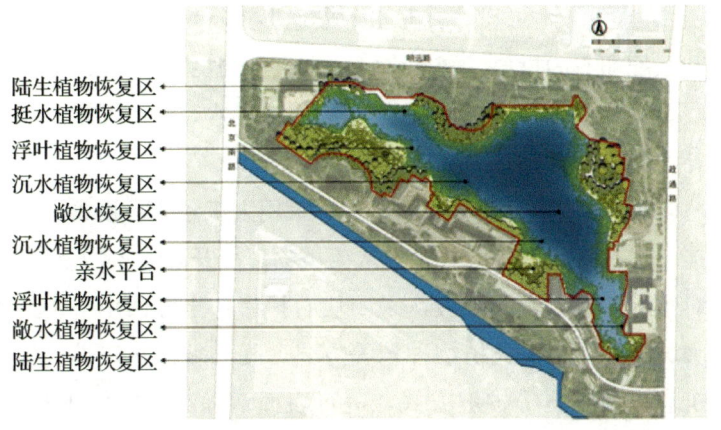

图 5-67　清江浦区阳光湖生境修复主导型小微湿地平面布置图

水质净化主导型小微湿地：将城镇污水处理厂下游的小型河道和村庄沟塘定位为水质净化主导型小微湿地，设计以净化汇流雨水、散排生活污水和小型污水厂尾水出水、改善水质为主要目标。选择干扰最小的施工工艺，最大限度地保留湿地近自然状态。此类小微湿地共 4 处，占建设总数的 16.7%，典型案例为洪泽区越城村水质净化主导型小微湿地。

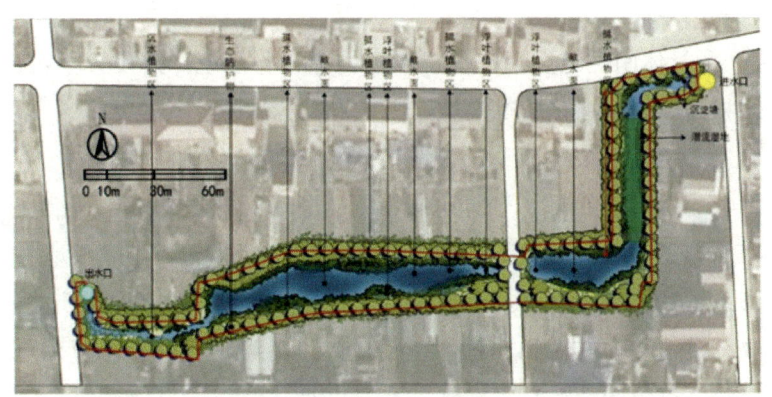

图 5-68　洪泽区越城村水质净化主导型小微湿地平面布置图

（3）小微湿地修复工程

① 生态清淤：针对水质较差的小微湿地，实施生态清淤工程，迅速清除长期累积的内源污染，提升水质。

② 水下微地形设计：对水下微地形进行设计改造，配合沙土和级配卵石的投放，塑造多样的水生生物栖息繁育环境。

③ 水系沟通：设置进出水口，引流活水，修复湿地生态水源补给渠道。

④ 岸坡整治：针对硬质岸坡，采用人工浮床、投盆、岸边悬挂、生态隔离网等方式种植水生植物，提升湿地生物多样性；针对水土流失严重的陡坡，采用块石护岸、土方回填、密打木桩和坡面削缓与护坡植物种植等方式，提升坡面稳定性；针对建筑垃圾和碎石等护坡方式，进行表面清除和土方回填替换，营造适合湿地植物生长的环境。清除的建筑垃圾可作为坡脚稳定材料，实现废物利用。

⑤ 植物配置：景观营造主导型小微湿地以多花和宿根湿地花卉为主，如千屈菜、睡莲、梭鱼草、德国鸢尾、旱伞草等，同时增加滨水陆生乔木、灌木和草本植物，丰富视觉空间体验和季相变化；生境修复主导型小微湿地注重考虑本土动物的需求，种植能满足动物觅食、栖息和躲避的多样性植被；水质净化主导型小微湿地选择具有较强抗污和净化能力的植物，同时考虑景观效果和生态安全，以芦苇、菖蒲、睡莲、沉水植物组合等为主。

⑥ 休闲设施设置：设置步道构建慢行系统，并设置平台、木栈道、台阶、块石等设施，满足人们的休闲游览需要。

3. 建设成效

小微湿地的修复与建设初步构建了小微湿地网络，为淮安市增添了"绿色血液"。通过自然修复和人工措施，小微湿地生态系统功能得到修复，不仅增加了湿地面积，还提升了湿地植物种群遗传多样性和动物（包括鱼类、鸟类、底栖动物和有重要经济价值的动物）多样性。淮安市小微湿地示范项目建设取得了显著成果，受到了广泛肯定。

4. 经验总结

（1）政策支持方面

小微湿地分布广泛，且其保护修复工作属于公益事业。在建设时，应更注重可持续的生态效益和社会效益，而建成后的直接经济效益较难评估。因此，淮安市从政府层面发文，将其作为年度为民办十件实事的内容加以推行。各区县以政策落实的形式开展工作，形成一条职责明确的纵线，层层落实，为小微湿地的建设和推广打下了坚实基础。

(2) 小微湿地的选址

① 将各区县均衡建设作为选址的首要条件，确保每个区县都有建设点位，从而起到有效的示范作用。针对淮安市小微湿地总量较大，广泛分布在城市和农村，且市域小微湿地普遍存在受损和退化等问题，考察方案确定在4区3县开展调查研究工作。② 将建设基础作为选址的一个重要参考，优先考虑现状已有一定建设基础且建设目标不与小微湿地相冲突的地块，以提高调查效率，避免走弯路，并在建设阶段节约经济成本。③ 点位交通状况与项目建设实施密切相关。因此，在点位选择时避开道路交通条件差且距离偏远的考察点，为后期项目实施、施工和人员进场提供便利。建成后便捷的交通可达性也为湿地科普宣传教育和建设推广打下了基础。④ 地方建设意愿关系到项目的落地和后期维护。通过与考察点所在的基层领导干部和群众沟通，宣传小微湿地保护修复的意义和重要性，了解周边群众干部对项目建设的真实意愿和意见建议，消除顾虑并取得支持，不将未达成共识的考察点选定为建设点位。

(3) 小微湿地规划设计

① 明确主导功能定位：小微湿地的保护和修复不同于单一功能的景观水体建设。应综合考虑小微湿地在洪水调蓄、水质净化、气候调节、生物栖息、文化娱乐等方面的作用，充分分析小微湿地的地理位置、生物多样性现状、湿地利用情况、受损情况以及周边地块的建设规划等相关问题，确定主导功能定位，进而开展规划设计。② 尊重自然规律：将小微湿地规划设计与一般园林景观设计相区别，尊重小微湿地的自然结构，塑造健康的湿地生态系统。不以提升视觉体验为唯一目标，避免改造和重建。水系沟通应顺应湿地自然水流方向，以疏导为主。场地整体保留现状长势良好的植物，清除衰败植株，并根据主

导功能补充多样化的乡土湿地植物和水生动物。工程修复技术的选择应根据湿地生态环境修复的必要性评估确定，做到因地制宜。③ 遵循水生生物修复技术路线：首先，以沉水植被修复＋浮叶植物＋挺水植被个体生长为基础，构建丰富的湿地植物群落；其次，通过投放乡土底栖动物和鱼虾等动物，构建食物链和食物网，形成丰富的水生生态环境；最后，小微湿地的自我修复功能逐渐恢复，形成稳定的小微湿地生态系统。④ 重视科普宣教：将科普宣教作为设计的重点。通过对小微湿地知识的普及，包括小微湿地的定义、重要性、功能以及建设发展等，提升人们对小微湿地的认识和保护的自觉性。深入挖掘小微湿地的个性化素材，包括历史人文等方面，融入科普宣教，激发人们保护湿地的共鸣。

5.3 沿海地区乡村小微湿地典型案例分析（福建、上海、广西）

5.3.1 福建明溪观鸟小微湿地

福建明溪县凭借当地海拔较高、森林资源丰富，尤其是野生鸟类资源丰富的优势，致力于发展观鸟旅游产业。通过科学合理的保护与修复小微湿地，为鸟类创建了更多适宜的栖息地，为观鸟旅游产业的发展奠定了坚实的基础，其中黄金井观鸟湿地和旦上观鸟湿地最具代表性。

黄金井观鸟湿地，属于河滩湿地类型，面积约为 1 200 m^2，海拔 380 m。湿地内植被以草本为主，主要栖息的鸟类包括黑水鸡、白胸苦恶鸟、彩鹬、白腰草鹬、普通翠鸟、北红尾鸲、黑喉石䳭、白鹭、牛背鹭、池鹭、八哥、黑领椋鸟、丝光椋鸟、小青脚鹬、强脚树莺、红头咬鹃、叉尾太阳鸟、暗绿绣眼鸟、金眶鸻、扇尾沙锥等。湿地内主要种植荷莲和茭白，并兼放养鱼，以此吸引当地野生鸟类和迁徙鸟类前来栖息。

(a)

(b)

(c)

(d)

图 5-69 黄金井观鸟湿地实景图

321

旦上观鸟湿地，属于溪流湿地类型，面积约为 10 000 m²，海拔 820 m。湿地内植被以乔木类的壳斗科、樟科、蔷薇科为主要树种，以及小乔木与草本植物，主要有水杨梅、五节芒、石菖蒲等。主要栖息的鸟类有白鹇、白颈长尾雉、黄腹角雉、灰背燕尾、星头啄木鸟、黄嘴绿啄木鸟、黑冠鹃隼、赤腹鹰、普通翠鸟、池鹭等。该区域以自然森林为主体，湿地由溪流贯穿，众多鸟类在此栖息。

(a)

(b)

图 5-70　旦上观鸟湿地实景图

此外，明溪县在大力保护、修复当地小微湿地的同时，还积极鼓励村民自愿申请成立观鸟旅游合作社，积极探索"村社合一"的发展道路。通过深入挖掘当地丰富的野生鸟类资源，开发观鸟和生态旅游项目，有效带动了全体村民收入的增加。

5.3.2 上海青浦练塘三泖小微湿地

1. 基本情况

上海青浦练塘三泖小微湿地建设时间为2019年5月至2019年10月。该项目位于青浦区练塘镇太浦河南岸星浜村段的水源涵养林内，其地理范围东至青松港，南至九洲片林，西至东塘港，北至泖河。具体地理坐标为东经121°05′6.36″~121°05′58.56″，北纬31°00′27.00″~31°01′14.88″。项目区域总面积为110亩，主要功能为生态涵养。

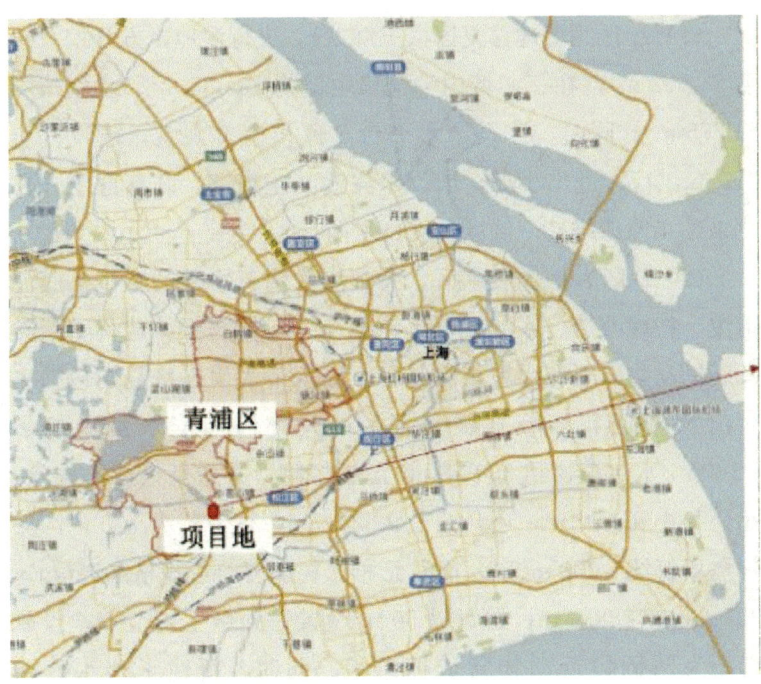

(a)

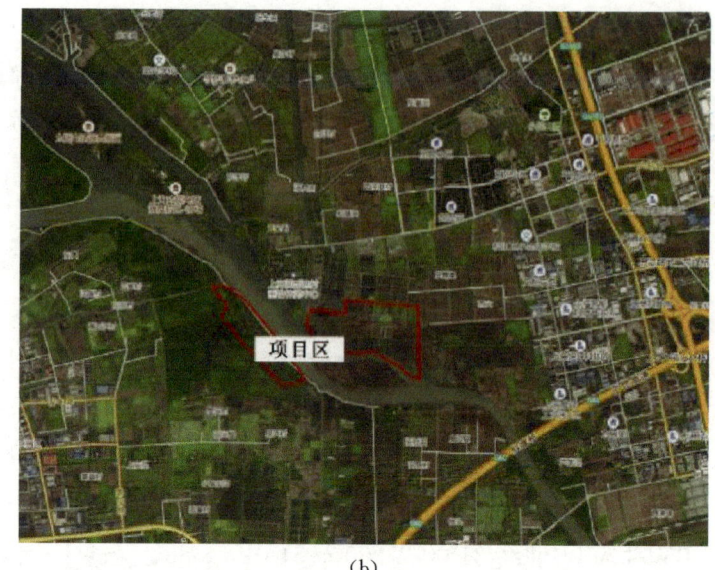

(b)

图 5-71 项目地理位置示意图

2. 主要工程措施

（1）A 区为湿地修复区（三泖塘）。进行湿地土方开挖及造型 25 602 m³，在三泖塘内种植旱生植物 13 533 m²、水生植物 26 275 m²。同时，建设亲水平台 2 座供游客观赏，建设汀步 215 m 供行人进出小岛，铺设水泥混凝土道路，并新建了一体化泵站 1 座以维持三泖塘的水位平衡。

（2）B 区为科普展示区。大排沟水生态修复措施包括底泥疏浚、护岸改造、底泥生石灰消毒、生态植物系统建构、鱼类及底栖动物修复和岸坡植物修复。滨水带水生态修复则包括水生植物构建和陆域植被修复。在大排沟和滨水带种植了 7 100 m² 水生植物和 35 948 m² 湿生植物，并适量投放了螺丝、小鱼和小虾。此外，还开挖了 9 620.7 m³ 林带草沟土方，沟坡籽播草籽约 8 000 m²，设置 U 形槽（树脂复合，规格200 mm×300 mm）7 288.4 m，并每隔 50 m 设置一处微生境节点，投放置石为两栖爬行动物营造栖息地。同时，新建了透水砖路 622.5 m（规格 300 mm×300 mm×60 mm）供行人通行。

（3）C 区为水源涵养林区。主要建设内容包括科普宣教中心、科普牌、指引牌以及室外视频监控系统等。

3. 建设成效

建成后，水质得到了显著提升，湿地功能修复显著，水质净化效果明显。现场观测到了对生存环境要求严格的黑丽翅蜻。蛙类调查结果显示，区域内蛙类种类丰富，上海本土常见的 5 种蛙类在此均有分布。

(a)

(b)

(c)

(d)

图 5-72　建设成效实景图

4. 经验总结

在三泖塘的地形塑造中，深水区最深水深被控制在 2.0 m 以内，浅水区最深水深被控制在 0.7 m 以内。根据水潭现状，利用施工便道旁的高地营造了生态岛型浅滩。浅滩外形根据现场实际地形采用异形轮廓，面积为 4 155 m^2，高度高出水面约 0.3～0.5 m。浅滩上种满了湿生草本植物，为两栖爬行类动物提供了隐蔽和遮阴条件。此外，在三泖塘南侧与高压电塔交界处堆置了隔堤，隔堤上种满了湿生草本植物。隔堤长约 270 m、宽约 11 m、高约 1.5 m，不仅营造了地形的起伏，增加了湿地生态景观的异质性，还为两栖爬行类动物提供了穴居和隐蔽的优良场所。三泖塘地形塑造共开挖土方约 15 000 m^3，全部土方实现了内部平衡。

该项目合理利用了原有的鱼塘和水系，并结合北侧的水源涵养林进行了湿地修复，有助于生物多样性的提升。此外，湿地内采用的石质汀步相较于木栈道更具经济性。

5.3.3 上海嘉定区嘉北郊野公园彭门小微湿地

1. 基本情况

嘉定区嘉北郊野公园彭门小微湿地建设时间为 2019 年 8 月至 2019 年 10 月。项目位于嘉北郊野公园内，北至机耕路，西至西泾河，南至五泾河，东至小排河。其地理坐标为东经 121°12′38.3″～121°12′50.0″，北纬 31°21′32.2″～31°21′43.0″。项目总面积为 90.6 亩，其中现状水塘面积 60 亩，河道水域面积 30.6 亩。该小微湿地的主要功能为生态涵养及科普宣教。

 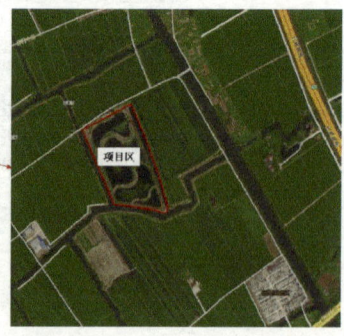

图 5-73　项目地理位置示意图

2. 主要工程措施

该项目的总体施工内容分为以下六个部分：

（1）地形塑造：包括木桩护岸、土隔埂及生态岛等的建设。

（2）植物栽植：涉及陆生植物和水生植物的栽植。

（3）水质改善：涵盖管道铺设、进出水口、集水井、溢流堰、壅水堰及一体化泵站等的建设。

（4）底栖动物和鱼类投放：包括小鱼、螺、虾等的投放。

（5）科普设施：包括亲水平台、标识标牌及科普宣教房等的建设。

（6）其他设备：涉及微纳米曝气系统设备、微生物活化系统设备的安装。

具体实施内容包括：

（1）绿化部分：绿化施工总面积约 33 500 m²，其中地被类植物约 6 100 m²，水生植物约 27 400 m²。

（2）土方部分：清理淤泥约 9 100 m³，回填土方约 9 700 m³，疏通及开挖内部新河道约 10 300 m³。

（3）土建部分：新建木栈道约 490 m，新建木平台约 64 m²，汀步 32 m，新增跨水栈道约 113 m，增设进出水口 3 处。将约 238 m 原林地内素土路面改建为碎石路面作为养护通道，拆除 300 m² 废弃棚屋和硬化场地用于建设科普宣教房。此外，还设置了 6 块指示牌和 20 块科普标识牌，以及其他拆除与修补项目。

（4）装修部分：对科普宣教房进行装修，增加电视机、办公家具和野生动植物科普展示柜，并对现有房屋进行修缮。

（5）安装工程：湿地内安装了微生物活化系统设备 4 套、微纳米曝气系统设备 4 套、埋地式一体化泵站 1 套、配电箱 1 个。此外，铺设了微纳米曝气系统设备布气管约 500 m、微生物活化系统设备布水管约 1 600 m。

3. 建设成效

据 2020 年监测数据显示，该湿地记录到鸟类 29 种、两栖类和爬行类 5 种、兽类 3 种、植物 54 种。水质达到了地表水Ⅳ类标准，且科普硬件设施已完备。

(a)

(b)

(c)

(d)

(e)

图 5-74 建设成效实景图

4. 经验总结

在管理方面，该项目与嘉北郊野公园保持了良好的连通与合作，确保了稳定的游客量。同时，在景观肌理上进行了很好的延续和补充。陆生植物品种的选择具有郊野特色，野生动物通道的设置具有创新性。水生植物长势良好，对水质净化作用显著。

5.3.4 广西三联坡那湿地保护小区

1. 基本情况

广西三联坡那湿地保护小区建于 2017 年，位于广西崇左市龙州县武德乡三联村坡那屯。该湿地属于季节性河流湿地类型，其中包含河流 6 条，每条长度在 0.7～1.8 km 之间，宽度在 3～6 m 之间；池塘 29 处，单处面积在 0.04～1.14 hm² 之间；水田环绕村庄周边，单块面积在 0.36～5.5 hm² 之间。三联坡那湿地保护小区总面积约 2 000 亩（其中湿地面积为 224 亩），季节性河流的丰水期为每年 5 月至 9 月，枯水期为 10 月至来年 4 月。

图 5-75　三联坡那湿地保护小区地理位置示意图

2. 主要工程措施

随着农业集约化经营强度的不断增强，弄岗保护区周边的季节性河流湿地呈现出减少的趋势。保护小区内的湿地均保持原生状态，仅受到轻微的人为活动影响，主要为人工筑土坝蓄水进行水产养殖，对湿地的破坏程度较小。湿地周边的土地为耕地，主要种植甘蔗。项目区湿地是农业灌溉和生活用水的主要水源。弄岗保护区管理局积极与当地社区群众沟通，召开社区会议，共同分析湿地保护的意义，动员湿地周边的社区群众减少对湿地的破坏性开发。同时，与当地社区群众达成了成立湿地自然保护小区的共识。通过积极谋划，弄岗保护区在保护区周边的三联社区成立了"坡那湿地保护小区"。湿地保护小区建立了管理委员会，并开展日常管理工作。同时，成立了保护小区巡护队，开展生物多样性保护工作，禁止对水生生物进行猎杀，杜绝电鱼、毒鱼等现象。

3. 建设成效

当地湿地保护管理部门与周边社区共同推进湿地保护小区的建设，有效避免了群众对湿地的破坏性开发，小微湿地的原生状态得到了有效保护。此外，湿地保护小区位于龙州县全域旅游的黄金线路上，临近弄岗保护区的著名景点"蚬木王"。这为未来在确保生物多样性安全的前提下，拓展湿地保护小区的社会经济作用，助推社区发展，实现生物多样性保护与社区发展的共赢奠定了坚实基础。

(a)

图 5-76 三联坡那湿地保护小区成效图

4. 经验总结

（1）利用社区合作委员会，积极组织技术人员深入拟建湿地保护小区的社区，组织社区群众开展湿地保护研讨，建立保护小区，并向社区群众普及湿地和湿地保护以及保护小区的基本知识。同时，解答群众对成立湿地保护小区后的疑惑和顾虑。通过分享湿地保护、湿地修复、湿地可持续利用等案例，开阔社区群众的视野，让社区群众充分了解和理解建立湿地保护小区的利弊以及可达到的愿景，坚定社区群众建立湿地保护小区的信心。

（2）在取得群众理解和支持的基础上，将基层民主制度运用于社区共建中，引导村民利用自治法中的"一事一议"程序，通过召开全体村民大会，表决同意成立湿地保护小区的意愿后签字签章确认。此项工作确保了湿地保护小区的成立得到大多数社区群众的支持，为后续开展各项工作提供了便利。

（3）在全体村民大会的基础上，引导社区群众推选出湿地保护小区管理委员会成员，并设立保护小区管理机构负责日常管理工作。同时，由保护小区管委会与弄岗保护区共同明确了保护小区的土地权属，确定了保护小区的四至界线，并在图纸上进行了标注。

(a)

(b)

图 5-77 商议确定保护小区边界线

（4）牵头发起单位与技术支持单位除了积极发动群众、做好宣教工作外，还进行了保护小区的资源调查，并引导编制了保护小区的管理办法和村规民约。积极引导保护小区完善其机构和制度，积极与科研单位开展合作。根据湿地保护小区的实际情况，为其定制了适合当地社区社会经济发展以及资源可持续利用的发展模式。秉承"绿水青山就是金山银山"的发展理念，推动湿地保护小区的良性发展。

(a)

(b)

图5-78 牵头发起单位与技术支持单位开展工作

5.3.5 广西鹅泉湿地保护小区

1. 基本情况

鹅泉湿地保护小区位于广西靖西市城区西南6 km处，地处靖西市城区与乡村的交界地带，是靖西市著名的八景之一。小区内水田、河道、水塘稠密，主要水域景观包括泉眼、溪流、泽地、水堤、岛屿等。湿地小区总面积为1 460亩，其中湿地面积为719亩，占湿地总面积的49.2%。小区内以水域沼泽和水田为主要地貌，沼泽面积约为2.48 hm^2；池塘（含养殖塘）共有6处，单处面积在0.27～0.89 hm^{2}之间；水田面积各异，单块面积在0.13～1.7 hm^{2}之间。

2. 主要工程措施

鹅泉为中国西南部的三大名泉之一，同时也是亚洲第一大跨国瀑布——德天瀑布的源头，还是中南地区母亲河——珠江的源头之一。小区内植被种类独特，绿化覆盖良好，有自然生长的杨柳群和环绕村庄的湿生竹林。湿地管理部门在建设湿地保护小区时，主要采取了以下措施：一是加强宣传和教育，提升公众保护意识，为解决游客对湿地造成污染的问题，景区管理部门全力做好相关宣传工作，科学规划并设置垃圾分类收集箱，做好垃圾清运与处理等工作；二是建立并完善湿地保护小区管理体系，湿地管理部门做好指导服务工作，在湿地保护小区内设立湿地管理机构，负责鹅泉湿地小区的日常管理工作；三是规划湿地资源保护措施，减少湿地污染现象的发生。

鹅泉湿地小区依托鹅泉湿地这一核心资源，充分利用周边的自然资源，发展乡村旅游配套项目，有效解决了周边社区居民的就业问题并提高了其经济收入水平。凭借湿地内丰富的溪流资源，开展游船载客服务，为社区居民增加了经济收入。同时，利用以鹅泉水草为主料并荣获美食金奖的泉草煎蛋，获银奖的鹅泉螺，获铜奖的鹅泉烧鹅，以及鹅泉神蚌汤等特色美食，弘扬了壮乡的饮食民俗文化。

图 5-79　鹅泉/百色市旅游发展委员会

3. 建设成效

凭借优越的湿地景观资源，旅游产业发展取得了显著的经济和社会效益。主要收入来源包括景区门票销售收入、乡村农家乐和民宿、餐饮以及民俗表演节目等经营创收。2016 年，社区居民通过旅游服务获得的经济总收入达到 1 500 多万元，占社区总收入的 60%。

(a)

(b)

(c)

(d)

图 5-80　广西鹅泉湿地保护小区实景图

4. 经验总结

总结经验，我们形成了村民自主管理、政府辅助指导的湿地保护利用模式。村民和政府部门共同组建湿地管理机构，共同开展鹅泉湿地保护小区的日常管理工作。

6.1 乡村小微湿地发展原则

（1）因地制宜，生态优先

不同的乡村拥有各异的生态资源条件、产业发展基础和文化背景。深入分析乡村自身条件所具有的优势和劣势，在具体规划设计和管理过程中应因地制宜地制定方案。注意运用乡土湿地植物、动物进行小微湿地修复，同时尽量减少对原生生境的干扰。

（2）科学修复，适度规模

根据地形地貌、汇水面积、灌溉面积等因素，科学规划和修复小微湿地生态空间，并将其纳入国土空间规划体系。建设前，应对区域内的水环境、土壤条件、动植物分布以及主要污染源等现状进行全面细致的调查分析，同时结合当地地理水文特征、气候条件及实际需求，选择科学合理的湿地修复模式，充分利用区域内现有条件进行科学的工程设计。在设计环节，应充分考虑项目后期的维护成本，避免维护管理成本过高的问题。

（3）突出功能，问题导向

针对不同区域的主导生态功能及存在的问题，以问题为导向，采取针对性的措施，重点解决制约主导生态功能发挥的各类限制性因素，从而实现小微湿地主导功能的修复。

（4）示范带动，持续发展

积极探索和创新小微湿地保护修复与合理利用的新模式，并将小微湿地保护与乡村振兴、美丽乡村建设以及生态休闲需求紧密结合，确保试点项目的可持续发展。通过试点项目的示范引领作用，不断总结经验和技术成果，为在全国范围内推广小微湿地保护与管理提供有益的借鉴和示范。

6.2 乡村小微湿地发展方向

6.2.1 小微湿地保护修复

1. 制定相关法律规范

小微湿地的建设保护是一项综合性工作，需要综合园林、林业、水务、农业等相关行业与管理部门的意见，制定规划，明确地类、保护形式（如列入重要小微湿地名录、一般湿地名录、保护小区等）、治理主体。通过结合林长制、河湖长制等制度，压实修复责任，有序推进小微湿地的保护和管理工作。各省市应配套出台一系列关于小微湿地保护修复与合理利用的技术标准规范，并加强小微湿地的法制化建设，从制度建设层面提升小微湿地的地位。

2. 推进科研技术创新

加大对监测、科研攻关、技术创新等方面的支持力度，设立长期监测点，深入研究小微湿地的生态系统服务功能。本着保护优先、科学修复、合理利用的原则，根据区域发展定位，推进小微湿地建设工程中的技术创新，打造集成技术应用与示范的项目。

3. 打造示范工程

每个省（或直辖市/自治区）应建设打造小微湿地保护修复与合理利用的示范工程，尤其是沿海、东北、西北等成功案例较少的地区。通过实施示范工程，总结经验并推广，并在此基础上召开现场经验介绍与推广会，引导创建适合当地条件的小微湿地保护修复与合理利用模式。通过工程示范和各地的经验总结，提炼出适合我国国情的重要模式，为大规模推广提供参考。

4. 增强湿地保护意识

通过相关行业的新闻媒体、网页、公众号、团体活动等宣传平台，借助"世界湿地日""爱鸟周"等活动日，宣传小微湿地在生态、社会、经济等方面的价值，树立重视和保护小微湿地的观念。引导开展生态优先的小微湿地实践项目，切实提升居民生活的幸福感，从感性和理性层面增强公众对小微湿地的科学认知和保护意识。

5. 将小微湿地保护修复主流化

所谓主流化，就是在空间、土地、社会经济总体规划中，将小微湿地的保护修复与合理利用作为最基本要素加以要求、约束与体现。在乡村地区，打造基于小微湿地的"湿地乡村"模式。"湿地乡村"模式是以湿地空间为基础，河湖系统为纽带，以保护修复生态环境、满足社区居民生活需求、提升当地生产水平为目标，实行"三生融合"的宜居、宜产、宜游的新兴乡村建设模式。

6.2.2 湿地乡村建设

乡村小微湿地蕴含着生态、生产、生活"三生融合"的新型湿地管理模式，对于解决湿地乡村在生产、生活、生态三生空间中所面临的发展困境具有重要意义。乡村小微湿地建设以美丽乡村建设为基础，首先需要在城市总体规划中将小微湿地保护与建设主流化，具体实施时可围绕"乡村小微湿地保护修复""农村环境整治及污染治理""村庄民居的改造提升""乡村湿地文化挖掘及科普宣教体系构建""乡村湿地产业结构优化""乡村湿地生态旅游发展""社区共管体系建设"等七大方面展开。

1. 乡村小微湿地保护修复

充分结合乡村振兴战略，开展退田还湿、退塘还湿等工作，拆除自然湿地中的养殖围网等，同时对乡村中的河流、湖荡等小微湿地进行清淤疏浚，修复挺水、沉水等自然湿地植被，构建生态驳岸，以修复健康的自然湿地生态系统。

2. 农村环境整治及污染治理

对乡村内的农村生活污水、畜禽养殖尾水等采用分散式净化设备预处理及人工湿地深度净化的模式进行治理；对农田尾水则采用农田表流人工湿地进行净化后再排入周边自然水体的方式。这些措施旨在进一步解决农村面源污染问题，改善乡村湿地水质，提升乡村生态环境质量。同时，开展乡村生活垃圾的清理整治工作,全面推进"户集、村收、镇运"垃圾集中处理模式,合理设置垃圾中转站、收集点,确保乡村清洁。

3. 村庄民居的改造提升

依托"美丽乡村"建设,对乡村的民居、基础设施及绿化景观等进行统一改造提升,旨在使村庄与湿地和谐相融,实现人与自然的和谐发展。

首先,推进农村旧房改造和墙体立面整治工作,按照统一的地域风格进行规划,以营造出和谐自然的视觉效果。其次,根据各乡村的独特风貌,采取新植、补植、封育等多种措施,优化并美化乡村的绿化景观,特别是公路沿线及沿河两侧的绿化景观带,以提升生态效益和景观美感。村民居住区的绿化覆盖率需达到40%以上。最后,进一步完善乡村的道路、供水、排水、供电、通信及网络等基础设施,确保给水、排水系统完备,管网布局合理,饮用自来水符合国家饮用水卫生标准,且入户率达到100%。同时,主干道和公共场所的路灯安装率也需达到100%。对于湿地乡村的交通干道及村镇主要出入口,应进行整体风貌设计,既要鲜明突出地域特色,又要朴素自然,与周边的湿地环境相融合。

4. 乡村湿地文化挖掘及科普宣教体系构建

在乡村湿地保护修复的基础上,深度挖掘当地独特的湿地文化,建设农耕文化展示园、展示厅等设施,以宣扬并传承当地的湿地文化。同时,依托湿地乡村的湿地生态系统和特色湿地文化资源,制作相关的科普展牌、导览牌、警示牌、宣传册以及官网介绍等,以完善湿地乡村的科普宣教体系,进一步提升村民的生态环保意识。

在充分发掘和保护古村落、古民居、古建筑、古树名木以及民俗文化等历史文化遗迹的基础上,优化美化村庄人居环境,将历史文化底蕴深厚的传统村落培育成为传统文明与现代文明有机结合的特色湿地文化村。特别要注重挖掘传统农耕文化、山水文化、人居文化中蕴含的丰富湿地生态思想,将特色湿地文化村打造成为弘扬地方特色文化的重要科普和传承基地。

5. 乡村湿地产业结构优化

在现有乡村传统农业生产模式的基础上，发展蛙稻共生、桑基鱼塘、果基鱼塘、稻鱼共生等有机农业、循环农业和生态农业模式，以优化乡村湿地产业结构，着力打造资源节约型和环境友好型乡村，减少环境污染，提高产量，增加收益。

深入推进现代农业发展，推广种养结合等新型农作制度，大力发展精致高效农业，扩大无公害农产品、绿色食品、有机食品和湿地特色农产品的生产规模。重点培育具有地方特色的"名、特、优、新"产品，推进"一村一品"的生态农业发展模式，致力于打造一批湿地生态农业专业村，增强湿地特色产业和主导产业的示范引领作用。

6. 乡村湿地生态旅游发展

在保护乡村湿地的基础上，充分利用农村优美的湿地景观、田园风光和独特的湿地文化，发展各具特色的乡村休闲旅游业。加快构建以重点景区为引领、骨干景点为支撑、"农家乐"休闲旅游业为基础的乡村休闲旅游业发展格局，致力于将乡村打造成为区域旅游休闲的目的地。

对于拥有光荣革命历史的老村和历史文化名村，可发展红色旅游，突出其爱国主义教育特色；而对于具备独特湿地自然生态条件和乡村田园景观的乡村，则应强化其自然休闲特色，发展生态旅游，将传统的农耕活动逐步转型为农业观光、农事体验、特色农庄及农情民舍等附加值高的乡村湿地生态旅游项目。

7. 社区共管体系建设

由政府相关主管部门和当地村民代表共同组建湿地乡村管理机构，负责协调处理水利工程、农业发展等与乡村湿地保护相关的矛盾问题，统筹管理全市的乡村湿地建设工作。通过构建乡村湿地的社区共管体系，实现湿地资源的有效保护和合理利用。

6.3 乡村小微湿地发展保障

（1）加强组织领导

明确领导和监管机构，各有关部门需要按照职责分工，紧密配合。遵循"谁主管，谁负责"的原则，切实制定并实施乡村小微湿地建设工作的实施方案。各乡镇、各部门应成立相应的工作小组，建立小微湿地建设工作责任制，以加强对乡村小微湿地建设工作的组织领导，确保各项工作和目标任务顺利推进。村委会需切实履行村民会议、村民代表会议的决议，做好乡村湿地建设的宣传发动、组织实施和管理服务等工作。

（2）加强资金保障

把小微湿地保护与建设纳入当地经济社会发展规划，所需经费应列入财政预算。积极创新乡村小微湿地建设的融资机制，制定并完善相关的经济及环保政策，采取更灵活多样的措施，充分发挥市场机制的作用。通过政府引导、市场运作、多方筹措资金等形式，搭建融资平台，形成多元化投入格局，为湿地乡村建设提供坚实的资金保障。

（3）加强技术保障

组织湿地修复、生态保护、湿地监测等领域的专家，为乡村小微湿地建设提供决策咨询和技术支持，并针对建设过程中存在的问题和不足，提出建设性的意见和建议。同时，加强与高等院校和科研机构的合作，开展小微湿地保护修复与合理利用的关键技术研究。广泛借鉴国内外小微湿地保护修复与合理利用的先进技术和经验，形成具有地方特色的小微湿地保护与建设的具体对策和措施。

（4）营造良好氛围

充分发挥电视、广播、报刊、网络等主流媒体的作用，开展形式多样、生动活泼的宣传教育活动，总结并宣传先进典型，形成全社会共同关心、支持和监督乡村小微湿地建设的良好氛围。

（5）加强监督考核

定期对各部门实施乡村小微湿地建设工程的情况进行督办，并将督查结果进行通报。

《湿地公约》第十三届缔约方大会
"湿地—城镇可持续发展的未来"
阿联酋迪拜，2018年10月21至29日

决议 XIII.21
小微湿地保护与管理（中文版）

1. 回顾缔约方对《湿地公约》条款 3.1 的承诺，即尽可能促进在其领土内湿地的合理利用，并按照条款 3.2 维护《国际重要湿地名录》所列湿地的生态特征。

2. 回顾Ⅶ.11号决议《国际重要湿地名录未来发展指导原则和战略框架》，以及Ⅺ.8号决议《国际重要湿地指定和更新程序》修正案。

3. 回顾Ⅶ.20号决议《湿地资源调查的优先领域》，敦促所有仍未全面开展国家湿地资源调查的缔约方，在下一个三年期间将全面开展国家湿地资源调查列入最高优先事项，并在可能情况下，在调查中纳入受损湿地和可能修复的湿地。同时，将"湿地资源调查框架"作为Ⅷ.6号决议《湿地公约关于湿地资源调查框架》的附件。

4. 又回顾Ⅻ.14号决议《地中海流域海岛湿地的保护》，以及Ⅷ.33号决议《关于确定、可持续管理和指定暂时性池塘作为国际重要湿地的指南》。

5. 还回顾Ⅴ.3号建议《湿地本质特征及划分湿地保护区的必要性》。

6. 注意到保护和管理小微湿地的生态特征有助于实现"可持续发展目标",特别是目标2"消除饥饿,实现粮食安全,改善营养状况和促进可持续农业",目标6"为所有人提供清洁饮水和卫生设施并对其进行可持续管理",目标11"建设包容、安全、有风险抵御能力和可持续的城市及人类社区",目标13"采取紧急行动,通过调节排放和促进可再生能源发展,应对气候变化及其影响",目标14"保护和可持续利用海洋和海洋资源以促进可持续发展",以及目标15"保护、恢复和促进可持续利用陆地生态系统,管理森林,防治荒漠化,制止和扭转土地退化,遏制生物多样性丧失"。

7. 又注意到许多国家为保护和管理小微湿地做出了努力,并提供了小微湿地保护和管理的良好范例。

8. 还注意到小微湿地对人类福祉有重大贡献,特别是对小岛屿发展中国家和其他岛屿国家而言。

9. 意识到目前小微湿地没有明确的定义,泉水、池塘、上游溪流等小微湿地可以独立构成景观,或成为大型湿地的组成部分。

10. 意识到一些湿地资源调查没有优先考虑小微湿地,且在对小微湿地及其空间分布、连通性和全球网络方面存在重大认知差距。

11. 又意识到小微湿地因其规模较小,极易受到包括气候变化在内的环境变化以及人类发展需求的影响。

12. 认识到原住居民社区、村庄和城镇等人类居住地通常与小微湿地联系在一起,它们共同构成重要的景观遗产,并受益于良好的综合管理。

13. 认识到小微湿地可以在流域或更大尺度的水文循环中发挥重要作用,为许多特殊湿地物种提供重要的庇护场所和繁殖地;还认识到小微湿地通常可以提供与大型湿地相似的生态系统和文化服务。

14. 关注到小微湿地面临着日益严重的发展压力,正在不断退化和丧失;又关注到放牧等农业扩张、城镇发展和其他人为活动是导致小微湿地丧失的重要原因。

缔约方大会

15. 鼓励缔约方通过颁布小微湿地的国家和地方政策、制定水管理规划或空间规划等有效措施，紧急应对人为活动给小微湿地带来的重大威胁，防止小微湿地进一步丧失。

16. 鼓励缔约方采用适当方法开展小微湿地科学调查，将小微湿地纳入国家湿地战略以及相关国家和区域土地利用规划之中。

17. 邀请缔约方通过合理利用小微湿地来促进可持续发展，并在适宜情况下寻求实施小微湿地保护、恢复和有效管理的资金渠道。

18. 邀请缔约方在适宜条件下开展小微湿地的水文连通性和质量评估，并将水文连通性和湿地质量作为国家或区域水流域和含水层开发过度和管理失当的预警指标。

19. 邀请缔约方将符合国际重要湿地标准的小微湿地和小微湿地综合体纳入《国际重要湿地名录》，以保护其生物多样性，维护其生态、文化和社会价值。

20. 鼓励缔约方在开展沟通、教育和公众意识活动时充分体现小微湿地的重要性，以提高决策者和公众的认知。

21. 邀请缔约方和秘书处进一步提升小微湿地在《生物多样性公约》《保护野生动物迁徙物种公约》和可持续发展高级别政治论坛中的地位。

22. 邀请所有缔约方依据自身能力，在《湿地公约》国家报告中阐述其领土内小微湿地的保护工作及其成效。

23. 请求科技审查委员会根据其职责、要求和2019—2021年工作优先领域，在制定提交给第57次常委会会议的工作计划时，考虑准备小微湿地识别指南以及关于特别是在景观管理和气候变化背景下小微湿地生物多样性保护的多重价值指南，并从《湿地公约》的每个地区选取具有代表性的案例，介绍小微湿地保护、管理以及合理利用的不同法规、政策和最佳实践方法。

小微湿地保护与管理的决议（英文版）
13th Meeting of the Conference of the Contracting Parties to the Ramsar Convention on Wetlands

"Wetlands for a Sustainable Urban Future"
Dubai, United Arab Emirates,
21-29 October 2018

Resolution XIII. 21
Conservation and management of small wetlands

1. RECALLING the commitments made by Contracting Parties in Article 3.1 of the Convention to promote, as far as possible, the wise use of wetlands in their territory and, in Article 3.2, to maintain the ecological character of wetlands included in the Ramsar List of Wetlands of International Importance;

2. RECALLING Resolution VII. 11 on *Strategic Framework and guidelines for the future development of the List of Wetlands of International Importance*, and the amendments adopted through Resolution XI. 8 on *Streamlining procedures for describing Ramsar Sites at the time of designation and subsequent updates* ;

3. RECALLING Resolution VII. 20 on *Priorities for*

wetland inventory, which urges "all Contracting Parties yet to complete comprehensive national inventories of their wetland resources, including, where possible, wetland losses and wetlands with potential for restoration, to give highest priority in the next triennium to the compilation of comprehensive national inventories", and the Framework for Wetland Inventory as annexed to Resolution Ⅷ.6 on *A Ramsar Framework for Wetland Inventory*;

4. ALSO RECALLING Resolution Ⅻ.14 on *Conservation of Mediterranean Basin island wetlands* and Resolution Ⅷ.33 on *Guidance for identifying, sustainably managing and designating temporary pools as Wetlands of International Importance*;

5. FURTHER RECALLING Recommendation 5.3 on *The essential character of wetlands and the need for zonation related to wetland reserves*;

6. NOTING that conservation and management of the ecological character of small wetlands can contribute to the Sustainable Development Goals (SDGs), in particular SDG 2, "End hunger, achieve food security and improved nutrition, and promote sustainable agriculture", SDG 6, "Ensure availability and sustainable management of water and sanitation for all", SDG 11, "Make cities and human settlements inclusive, safe, resilient and sustainable", SDG 13, "Take urgent action to combat climate change and its impacts by regulating emissions and promoting developments in renewable energy", SDG 14, "Conserve and sustainably use the oceans, seas and marine resources for sustainable development", and SDG 15, "Protect, restore and promote sustainable use of terrestrial ecosystems, sustainable manage forests, combat desertification, and halt and reverse land degradation and halt biodiversity loss";

7. ALSO NOTING the efforts made by many countries to conserve and manage small wetlands that provide examples of

small wetland conservation and management;

8. FURTHER NOTING that small wetlands can contribute significantly to the well-being of people, especially in Small Island Developing States and on other islands;

9. AWARE that "small wetlands" currently do not have a clear definition, and that small wetlands, such as springs, ponds and headwater streams, can occur in the landscape either independently or as part of larger wetland complexes;

10. AWARE that some wetland inventories have not prioritized small wetlands, and that there are major gaps in the understanding of small wetlands and their spatial distribution, their connectivity and their networks around the world;

11. ALSO AWARE that small wetlands, as a consequence of their limited size, can be extremely vulnerable to environmental changes, including climate changes, as well as to human development needs;

12. RECOGNIZING that human settlements, including indigenous communities, villages and towns, are often associated with small wetlands and that they together contribute to important landscape heritage that would benefit from integrated management;

13. RECOGNIZING that small wetlands can play important roles in hydrological cycles at catchment and larger scales, provide critical refuge and breeding sites for many specialized wetland species; and FURTHER RECOGNIZING that small wetlands can often provide the same types of ecosystem and cultural services as larger wetlands; and

14. CONCERNED that small wetlands are increasingly facing development pressures leading to degradation and loss; and ALSO CONCERNED that many of these small wetlands are being lost to the expansion of agriculture including livestock grazing, urban development, and other anthropogenic activities;

THE CONFERENCE OF THE CONTRACTING PARTIES

15. ENCOURAGES Contracting Parties to address urgently the significant human-induced pressures that threaten small wetlands, through, as appropriate, promulgation of national and regional policy, and other effective measures, such as water-management planning or spatial planning to prevent further loss of small wetlands;

16. ENCOURAGES Contracting Parties to include small wetlands in their science-based inventories, based on appropriate methodologies, to include them in national wetland strategies, and to integrate their information into national and regional land-use plans, as appropriate;

17. INVITES Contracting Parties to foster the wise use of small wetlands, as a means to advance sustainable development, and to explore ways to find additional funding targeted at the effective management, restoration, and implementation of conservation for small wetlands, as appropriate;

18. INVITES Contracting Parties to assess the hydrological connectivity and quality of small wetlands, as appropriate, to consider them as indicators to provide early warning of the over-exploitation and inadequate management of national or regional water basins and aquifers;

19. INVITES Contracting Parties to designate small wetlands and small wetland complexes that meet the criteria for identifying wetlands for inclusion in the List of Wetlands of International Importance, in an effort to ensure the conservation of their biodiversity, and the maintenance of their ecological, cultural and social values;

20. ENCOURAGES Contracting Parties to ensure, as

appropriate, that small wetlands are adequately reflected within communication, education, and public awareness activities, so as to enhance awareness of both decision-makers and the general public;

21. INVITES the Contracting Parties and, as appropriate, the Secretariat to further promote the importance of small wetlands to the Convention on Biological Diversity, the Convention on the Conservation of Migratory Species of Wild Animals, and the High-level Political Forum on Sustainable Development;

22. INVITES all Contracting Parties to report on the efforts to conserve small wetlands in their territory and their results, in their Ramsar national reports, as appropriate and according to their capacities; and

23. REQUESTS the Scientific and Technical Review Panel, consistent with its scope, mandate and priority thematic work areas for 2019-2021, in developing its proposed work plan for presentation at the 57th meeting of the Standing Committee, to consider preparing guidance on the identification of small wetlands, and their multiple values for biodiversity conservation especially in the contexts of landscape management and climate change, and to draw representative examples from each of the Ramsar regions highlighting a range of different legislation, policy and other best-practice approaches to the conservation, management and wise use of these wetlands.

COP14 2022

14th Meeting of the Conference of
the Contracting Parties
to the Ramsar Convention on Wetlands
《湿地公约》第十四届缔约方大会

"Wetlands Action for People and Nature"
"珍爱湿地 人与自然和谐共生"

Wuhan, China, and Geneva, Switzerland
5-13 November 2022
2022年11月5日至13日，中国武汉和瑞士日内瓦

Resolution XIV. 15
Enhancing the conservation and management
of small wetlands
决议 XIV. 15
加强小微湿地保护和管理

1. RECALLING the commitments made by Contracting Parties in Article 3.1 of the Convention to promote, as far as possible, the wise use of

wetlands in their territory;

回顾缔约方在《公约》第三条第1款中作出的承诺，尽可能促进其境内湿地的合理利用；

2. RECALLING Resolution Ⅶ.20 on *Priorities for wetland inventory*, which urges "all Contracting Parties yet to complete comprehensive national inventories of their wetland resources, including, where possible, wetland losses and wetlands with potential for restoration […] to give highest priority in the next triennium to the compilation of comprehensive national inventories", and the Framework for Wetland Inventory as annexed to Resolution Ⅷ.6;

回顾第Ⅶ.20号决议"湿地清查优先事项"，其中敦促"所有缔约方全面调查其国家湿地资源，尽可能包括湿地丧失情况和具有恢复潜力的湿地……在下一个三年期内最优先重视编制全面的国家调查报告"，以及作为第Ⅷ.6号决议附件的湿地资源调查框架；

3. ALSO RECALLING Resolution ⅩⅢ.21 on *Conservation and management of small wetlands*, which encourages Contracting Parties to include small wetlands in their science-based inventories, assess the hydrological connectivity and quality of small wetlands, as appropriate, and promulgate national and regional policy on small wetlands, and which requests the Scientific and Technical Review Panel to prepare guidance on the identification of small wetlands, to address the significant human-induced pressures that threaten small wetlands and prevent further loss;

还回顾第ⅩⅢ.21号决议"小微湿地保护和管理"，该决议鼓励缔约方将小微湿地纳入科学调查，评估小微湿地的水文连通性和质量，酌情颁布关于小微湿地的国家和区域政策，并请科技委员会编制小微湿地认定指南，以应对威胁小微湿地的重大人为压力，防止进一步丧失；

4. NOTING the ongoing efforts made by many countries to conserve and manage small wetlands that provide examples of small wetland conservation and management；

注意到许多国家正在努力保护和管理小微湿地，为小微湿地的保护和管理提供了范例；

5. AWARE that some wetland inventories carried out by many countries have not prioritized or fully covered small wetlands nor set clear standards for their identification, classification or evaluation；

意识到许多国家进行的一些湿地资源调查没有优先考虑或完全覆盖小微湿地，也没有为其认定、分类和评估制定明确的标准；

6. CONCERNED that small wetlands are increasingly facing development pressures leading to degradation and loss, and that conservation, restoration and management of small wetlands is urgently needed；

关注小微湿地正日益面临导致其退化和丧失的发展压力，迫切需要开展小微湿地的保护、恢复和管理；

7. ALSO AWARE that the lack of unified technical specifications and standards for the identification, classification, inventory, conservation, restoration and management of small wetlands creates great difficulties in various countries；

还意识到在小微湿地的认定、分类、调查、保护、恢复和管理方面缺乏统一的技术规程和标准，给各国造成了巨大困难；

8. AWARE that small wetlands are often overlooked, or highly depleted, and that, owing to their restricted range, they can support vulnerable populations of threatened species, and

are important for the conservation of biological diversity;

意识到小微湿地往往被忽视或大量减少，由于其范围有限，它们可以支撑受威胁物种的脆弱种群，并对保护生物多样性至关重要；

9. CONCERNED that non-sustainable land and water development may lead to the fragmentation of small wetlands that provide important habitat for migratory and/or non-migratory wetland-dependent species;

考虑到不可持续的土地和水资源开发可能导致小微湿地的破碎，而这些小微湿地为依赖湿地的迁徙/非迁徙物种提供了重要的栖息地；

10. CONCERNED that small wetlands may be overlooked as sites of ecological significance and may not be considered for designation as Wetlands of International Importance, even though the *Strategic Framework and guidelines for the future development of the List of Wetlands of International Importance of the Convention on Wetlands* supports the designation of small wetlands;

考虑到具有生态意义的小微湿地可能被忽视，可能不被考虑指定为国际重要湿地，即使《湿地公约》国际重要湿地名录的未来发展战略框架和准则支持指定小微湿地；

11. AWARE that the *Sixth Assessment Report*（2021）of the Intergovernmental Panel on Climate Change（IPCC）stated that climate change is already affecting every region across the globe, with human influence contributing to many observed changes in weather and climate extremes;

意识到政府间气候变化专门委员会第六次评估报告（2021年）指出，气候变化已经影响到全球每个地区，人类的影响导致了许多观察到的天气和气候极端变化；

12. ALSO AWARE that the *Global Wetland Outlook*: *Special Edition 2021* noted that wetlands are particularly impacted by sea-level rise, coral bleaching and changing hydrology, with Arctic and montane wetlands especially at risk, and that changing weather increases risks of flooding and drought in many places;

还意识到《全球湿地展望》2021年特刊指出，湿地尤其受到海平面上升、珊瑚白化和水文变化的影响，北极和山区湿地尤其面临风险，且不断变化的天气增加了许多地方发生洪水和干旱的风险；

13. FURTHER AWARE that the IPCC *Sixth Assessment Report* stated that with every increment of global warming, changes get larger in regional mean temperature, precipitation and soil moisture, and CONCERNED that this may increase the pressure on small wetlands, owing to the effects on their hydrological functioning; and

进一步意识到气专委第六次评估报告指出，随着全球变暖的每一次加剧，区域平均温度、降水量和土壤湿度的变化也会加大，并担心由于会影响到水文功能，可能会增加对小微湿地的压力；

14. NOTING the publication of *A new toolkit for national wetlands inventories* (2020) by the Convention on Wetlands that can be applied and adapted to small wetlands;

注意到《湿地公约》发布了一个新的国家湿地清查工具包（2020年），可适用于小微湿地；

THE CONFERENCE OF THE CONTRACTING PARTIES
缔约方大会

15. ENCOURAGES Contracting Parties to consider the

conservation and management of small wetlands in policies, plans, programmes, and other policy instruments according to their own national conditions, if possible, and as part of nature-based approaches to climate change adaptation and disaster risk management, among its wider relevance to biodiversity conservation, and human health and wellbeing;

鼓励缔约方尽可能根据本国条件，在政策、计划、方案和其他政策工具中，考虑小微湿地的保护和管理，并将其作为基于自然的气候变化适应和灾害风险管理途径的一部分，以及与生物多样性保护、人类健康和福祉广泛相关内容的一部分；

16. ENCOURAGES Contracting Parties to designate small wetlands and small wetland complexes that meet the criteria for identifying wetlands for inclusion in the List of Wetlands of International Importance, as well as to identify and implement other potential measures that contribute to the conservation and sustainable and wise use of small wetlands, including mapping small wetlands within protected areas and working landscapes, in an effort to ensure the conservation of their biodiversity, and the maintenance of their ecological, cultural and social values;

鼓励缔约方指定符合认定标准的小微湿地和小微湿地综合体，以列入《国际重要湿地名录》，并识别和执行有助于保护和可持续及合理利用小微湿地的其他潜在措施，包括对保护区和周边景观内的小微湿地进行绘图，以努力确保保护其生物多样性，维护其生态、文化和社会价值；

17. ENCOURAGES Contracting Parties to develop national plans or to amend existing national and/or subnational plans to promote the conservation, restoration, and wise use of small wetlands;

鼓励缔约方制定国家计划，或修订现有的国家级和/或地方的计划，以促进小微湿地的保护、恢复和合理利用；

18. ALSO ENCOURAGES Contracting Parties to develop national and local plans and policies and develop appropriate institutional arrangements to effectively manage small wetlands to maintain and enhance vulnerable populations of threatened migratory or non-migratory wetland-dependent species;

还鼓励缔约方制定国家和地方计划和政策，并建立适当的体制安排，以有效管理小微湿地，维护和改善受胁或迁徙或非迁徙的依赖湿地的物种的脆弱种群；

19. REQUESTS the Scientific and Technical Review Panel, based on the latest scientific knowledge and feedback from Contracting Parties, to develop guidance on inventories and monitoring of small wetlands and their multiple values for biodiversity conservation, drawing on the draft framework contained in Annex 1 of the present Resolution, and national best practices and experiences; and

请求科技委员会根据最新的科学知识和缔约方的反馈，借鉴附件1的框架草案以及国家最佳做法和经验，制定小微湿地及其对生物多样性保护的多重价值的调查和监测指南；

20. REQUESTS the Secretariat, subject to available resources, to compile exemplary policies and cases related to small wetland conservation and develop promotional material or a handbook and include a section on small wetlands in the future editions of the *Global Wetland Outlook*.

请求秘书处在资源允许的情况下，汇编与小微湿地保护相关的示范性政策和案例，并编制宣传材料或手册，在未来修订《全球湿地展望》时纳入一个关于小微湿地的章节。

Annex 1
Draft framework for the inventory, classification, management and restoration of small wetlands
附件 1
小微湿地调查、分类、管理和恢复框架草案

A. Apply relevant Resolutions and existing guidance for the inventory, classification and assessment of small wetlands, as outlined in document SC59 Doc. 13.3[①] on the consolidation of wetland inventories

如 SC59 Doc. 13.3 文件关于湿地清查汇编所述，将相关决议和现有指南应用于小微湿地的调查、分类和评估

Purpose: To ensure the inventory and assessment of small wetlands is consistent with and benefits from the existing guidance on wetlands.

目的：确保小微湿地的调查和评估符合并受益于现有的湿地指南。

List of relevant Resolutions on the inventory, classification and assessment of small wetlands:

• Resolution Ⅷ.6-Annex: *A Framework for Wetland Inventory*;

• Resolution Ⅸ.1-Annex E: *An Integrated Framework for wetland inventory assessment and monitoring*;

• Resolution Ⅸ.1-Annex E.i: *Guidelines for the rapid assessment of inland, coastal and marine wetland biodiversity*;

• Resolution Ⅹ.15-Annex: *Describing the ecological*

---

① https://www.ramsar.org/document/sc59-doc133-draft-consolidated-resolution-on-inventories.

character of wetlands, and harmonized data formats for core inventory.

关于小微湿地调查、分类和评估的相关决议清单：

• 决议Ⅷ.6-附件：湿地调查框架；

• 决议Ⅸ.1-附件E：湿地调查评估和监测的综合框架；

• 决议Ⅸ.1-附件E.i：内陆、沿海和海洋湿地生物多样性快速评估指南；

• 决议Ⅹ.15-附件：描述湿地的生态特征，以及核心调查的统一数据格式。

B. Identify the types of small wetlands that may be overlooked in national and local wetland inventory, assessment and management

确定在国家和地方湿地调查、评估和管理中可能被忽视的小微湿地类型

Purpose：To improve the inventory, assessment and management of small wetlands by considering the types of small wetlands that are likely to be omitted in local and national inventory.

目的：通过考虑地方和国家调查中可能被忽略的小微湿地类型，改进小微湿地的调查、评估和管理。

Examples of small wetland types include：alpine wetlands, ponds, karst wetlands, springs, and temporary/ephemeral streams.

小微湿地类型包括：高山湿地、池塘、喀斯特湿地、泉水和临时/季节性溪流。

• Identify the types of small wetlands that may be overlooked in national and local inventory of wetland ecosystems, including small wetlands that provide ecosystem services for adjacent communities or otherwise support people and the environment.

确定在国家和地方湿地生态系统调查中可能被忽视的小微湿地类型，包括为邻近社区提供生态系统服务或以其他方式支持人类和环境的小微湿地。

• Integrate small wetlands into national and/or subnational wetland inventories.

将小微湿地纳入国家和/或国家以下各级湿地清查。

• If there is no national classification system, apply the Ramsar Classification of Wetland Types.

如果没有国家分类系统，则应用公约的湿地类型分类。

• Where national or regional classification schemes more accurately map or describe small wetland types, align these schemes to the Ramsar classification system where practical.

如果国家或区域分类方案能够更准确地绘制或描述小微湿地类型，在可行的情况下，将这些方案与公约分类系统相结合。

• Apply existing and innovative tools for wetland inventory, including those outlined in *A toolkit for national wetlands inventories* (Convention on Wetlands, 2020).

应用现有的和创新的湿地清查工具，包括《国家湿地清查工具包》(《湿地公约》，2020 年) 中概述的工具。

C. Collate information on the multiple values of small wetlands, and pressures on the ecological character of

small wetlands
收集整理关于小微湿地多重价值的信息，以及对小微湿地生态特征的压力

Purpose：To ensure the values of small wetlands are described to inform national and local plans for the management and restoration of small wetlands.
目的：确保描述小微湿地的价值，为小微湿地管理和恢复的国家和地方计划提供信息。

- Describe the unique values of small wetlands that may not be present in regional or national assessment of wetlands, including：
描述区域或国家湿地评估中可能不存在的小微湿地的独特价值，包括：

——rare and endangered species that small wetlands support due to their naturally rare or depleted status；
小微湿地因其天然稀有或枯竭状态而支持的稀有和濒危物种；

——the hydrological functioning of small wetlands, which may be highly vulnerable to changes in water use and current and projected impacts of climate change；
小微湿地的水文功能，这些湿地可能非常容易受到用水变化以及气候变化的当前和未来状态的影响；

——the degree that fragmentation impacts on the ecological character of small wetlands；
破碎化对小微湿地生态特征的影响程度；

—the role of small wetlands in providing refuges, or migratory pathways, for vulnerable populations of wetland-dependent species;

小微湿地在为依赖湿地的脆弱物种提供避难所或迁徙路径方面的作用；

—the function of small wetlands in supporting wellbeing of people, particularly in urban environments; and

小微湿地在支持人类福祉方面的功能，特别是在城市环境中；

—the important ecosystem services provided by small wetlands in regulating water quality, flooding, drought and other regulating, provisioning and supporting services.

小微湿地在调节水质、洪水、干旱和其他调节、供应和支持服务方面提供的重要生态系统服务。

- Describe the unique pressures on small wetlands, considering how changes in physical drivers (e.g. water quantity, sediment), extraction (e.g. water use, peat harvest), pollution (e.g. agricultural nutrients, urban pollutants), invasive species, and wetland drainage and loss may disproportionally impact small wetlands.

描述小微湿地面临的独特压力，考虑物理驱动因素（例如水量、沉积物）、提取（例如用水、泥炭收获）、污染（例如农业养分、城市污染物）、入侵物种以及湿地排水和损失的变化如何对小微湿地产生不相称的影响。

- Ensure the data collated by the Scientific and Technical Review Panel and stored by the Convention Secretariat on small wetlands are easily accessible for the purposes of monitoring, reporting and developing management plans.
  确保由科技委员会收集整理及公约秘书处储存的关于小微湿地的数据能够方便获取，以便进行监测、报告和制定管理计划。

- Apply the *Guidelines for the rapid assessment of inland, coastal and marine wetland biodiversity*.
  应用内陆、沿海和海洋湿地生物多样性快速评估指南。

- Apply the guidance on *Describing the ecological character of wetlands, and harmonized data formats for core inventory* annexed to Resolution X. 15.
  应用第 X. 15 号决议所附关于描述湿地生态特征和核心调查的统一数据格式。

D. Develop and implement local and national plans that specifically consider the needs of small wetlands
   制定和实施专门考虑小微湿地需求的地方和国家计划

Purpose: To promote the development of local and national plans for management and restoration of small wetlands.
目的：推动制定管理和恢复小微湿地的地方和国家计划。

- Apply the information collated from Steps A to C above to develop local and national plans for the

management and restoration of small wetlands.
应用从上述步骤 A-C 中收集的信息，制定小微湿地管理和恢复的地方和国家计划。

- Focus management and restoration efforts on small wetlands that：
将管理和恢复工作的重点放在小微湿地上：

—are under greatest risk from a decline in ecological character；
面临着生态特征下降的最大风险；

—support species and ecosystems that are important for maintaining local, national and global biodiversity; and
支持对维护地方、国家和全球生物多样性至关重要的物种和生态系统；

—provide ecosystem services that are important for maintaining the wellbeing and livelihoods of people, and for regulating the environment.
提供对维持人类福祉和生计以及调节环境至关重要的生态系统服务。

[1] ADAMUS P. Wetland functions: not only about size [J]. National Wetlands Newsletter, 2013, 35 (5): 18-19, 25.

[2] BRAUN D G, CLARK V C. The Benefits of Small Wetlands [EB/OL]. (2017-04-13) [2024-06-05]. https://sustainableecosystemsinternational.com/wp-content/uploads/2017/07/BenefitsofSmallWetlands_BraunClark-rev4-13-17.pdf.

[3] BOULTON A, BROCK M, ROBSON B, et al. Australian Freshwater Ecology: Processes and Management [M]. 2nd ed. Hoboken: Wiley-Blackwell, 2014.

[4] BLACKWELL M S A, PILGRIM E S. Ecosystem services delivered by small-scale wetlands [J]. Hydrological Sciences Journal, 2011, 56 (8): 1467-1484.

[5] BIGGS J, WILLIAMS P, WHITFIELD M, et al. Ponds, pools and lochans: guidance on good practice in the management and creation of small waterbodies in Scotland [EB/OL]. [2024-06-05]. https://www.sepa.org.uk/media/151336/ponds_pools_lochans.pdf.

[6] CALHOUN A J K, MUSHET D M, BELL K P, et al. Temporary wetlands: Challenges and solutions to conserving a 'disappearing' ecosystem [J]. Biological Conservation, 2017, 211: 3-11.

[7] COHEN M J, CREED I F, ALEXANDER L, et al. Do geographically isolated wetlands influence landscape functions? [J]. Proceedings of the National Academy of Sciences of the United States of America, 2016, 113 (8): 1978-1986.

[8] CAPPS K A, RANCATTI R, TOMCZYK

N, et al. Biogeochemical hotspots in forested landscapes: The role of vernal pools in denitrification and organic matter processing [J]. Ecosystems, 2014, 17 (8): 1455-1468.

[9] CASAS J J, TOJA J, PEÑALVER P, et al. Farm ponds as potential complementary habitats to natural wetlands in a Mediterranean Region [J]. Wetlands, 2012, 32 (1): 161-174.

[10] DAHL T E. Status and trends of prairie wetlands in the United States 1997 to 2009 [R]. Washington, D. C.: U. S. Fish & Wildlife Service, 2014.

[11] GOLDEN H E, CREED I F, ALI G, et al. Integrating geographically isolated wetlands into land management decisions [J]. Frontiers in Ecology and the Environment, 2017, 15 (6): 319-327.

[12] HEFTING M M, VAN DEN HEUVEL R N, VERHOEVEN J T A. Wetlands in agricultural landscapes for nitrogen attenuation and biodiversity enhancement: Opportunities and limitations [J]. Ecological Engineering, 2013, 56: 5-13.

[13] HAIG S M, MEHLMAN D W, ORING L W. Avian movements and wetland connectivity in landscape conservation [J]. Conservation Biology, 1998, 12 (4): 749-758.

[14] LEONARD P B, BALDWIN R F, HOMYACK J A, et al. Remote detection of small wetlands in the Atlantic coastal plain of North America: Local relief models, ground validation, and high-throughput computing [J]. Forest Ecology and Management, 2012, 284: 107-115.

[15] MWITA E, MENZ G, MISANA S, et al. Mapping small wetlands of Kenya and Tanzania using remote sensing techniques [J]. International Journal of Applied Earth Observation and Geoinformation, 2013, 21: 173-183.

[16] MUSHET D, EULISS N, CHEN Y J, et al. Complex spatial dynamics maintain northern leopard frog (*Lithobates pipiens*) genetic diversity in a temporally varying landscape [J].

Herpetological Conservation and Biology, 2013, 8: 163 - 175.

[17] NOLAN R H, VESK P A, ROBINSON D. Recovery potential of microwetlands from agricultural land uses [J]. Ecological Management & Restoration, 2018, 19 (1): 81 - 84.

[18] RICHARDSON S J, CLAYTON R, RANCE B D, et al. Small wetlands are critical for safeguarding rare and threatened plant species [J]. Applied Vegetation Science, 2015, 18 (2): 230 - 241.

[19] SUN R H, CHEN A L, CHEN L D, et al. Cooling effects of wetlands in an urban region: The case of Beijing [J]. Ecological Indicators, 2012, 20: 57 - 64.

[20] SCHMIED H M, HELMSCHROT J, FLÜGEL W A. Hydrological functioning of a small wetland patch within a headwater environment in Thuringia, Germany [C] //3rd Annual Meeting of the European Chapter of the Society of Wetland Scienitsts, 2008, Tartu, Estonia. Tartu: Instituti Geographici Universitatis Tartuensis, 2008.

[21] SEMLITSCH R D, BODIE J R. Are small, isolated wetlands expendable? [J]. Conservation Biology, 1998, 12 (5): 1129 - 1133.

[22] TINER R W. Geographically isolated wetlands of the United States [J]. Wetlands, 2003, 23 (3): 494 - 516.

[23] UNEP. Green infrastructure guide for water management: ecosystem-based management approaches for water-related infrastructure projects [EB/OL]. (2014 - 04 - 26) [2024 - 06 - 05]. https: //www. unep. org/resources/publication/green - infrastructure - guide - water - management.

[24] WILLIAMS P, BIGGS J, CROWE A, et al. Countryside survey: ponds report from 2007 [EB/OL]. (2010 - 04 - 22) [2024 - 06 - 05]. https: //www. europeanponds. org/wp - content/uploads/2014/11/CountrysideSurveyPondReport _ UK _ 2007. pdf.

[25] 安树青, 张轩波, 张海飞, 等. 中国湿地保护恢复策略研究 [J]. 湿地科学与管理, 2019, 15 (2): 41-44.

[26] 赵晖, 陈佳秋, 陈鑫, 等. 小微湿地的保护与管理 [J]. 湿地科学与管理, 2018, 14 (4): 22-26.

[27] 康晓光, 霍惠明, 戴惠忠, 等. 乡村湿地生态保护与恢复模式研究: 以常熟市为例 [J]. 湿地科学与管理, 2017, 13 (3): 4-9.

[28] 崔丽娟, 雷茵茹, 张曼胤, 等. 小微湿地研究综述: 定义、类型及生态系统服务 [J]. 生态学报, 2021, 41 (5): 2077-2085.

[29] 陈新芳, 冯慕华, 关保华, 等. 微地形对小微湿地保护恢复影响研究进展 [J]. 湿地科学与管理, 2020, 16 (4): 62-65, 70.

[30] 任全进, 季茂晴, 于金平. 小微湿地的作用及营造方法 [J]. 现代农业科技, 2015 (13): 225-225, 230.

[31] 胡敏, 蒋启波, 高磊, 等. 山地小微湿地生态修复探讨: 以梁平区猎神村梯塘小微湿地为例 [J]. 三峡生态环境监测, 2021, 6 (1): 46-52.

[32] 李田, 何素琳, 幸伟荣. 浅谈小微湿地修复 [J]. 南方农业, 2021, 15 (3): 22-23.

[33] 宋丽萍. 基于小微湿地的环保功能及应用 [J]. 资源节约与环保, 2020 (10): 21-22.

[34] 顾艳. 几种小微湿地生态修复工程的生态效应分析 [D]. 南京: 南京大学, 2019.

[35] 鲁达非, 江曼琦. 城市"三生空间"特征、逻辑关系与优化策略 [J]. 河北学刊, 2019, 39 (2): 149-159.

[36] 叶兴庆. 新时代中国乡村振兴战略论纲 [J]. 改革, 2018 (1): 65-73.

[37] 扈万泰, 王力国, 舒沐晖. 城乡规划编制中的"三生空间"划定思考 [J]. 城市规划, 2016, 40 (5): 21-26, 53.

[38] 田学智, 刘吉平. 孤立湿地研究进展 [J]. 生态学报, 2011, 31 (20): 6261-6269.